天津市自然科学学术著作出版资助

天津市科协资助出版

U0176857

地域性 建筑理论与亚洲现代地域性建筑

Regional Architecture Theory and
Asian Modern Regional Architecture

曾 坚 戴 路 曾穗平 陈 健 著

天津大学出版社
TIANJIN UNIVERSITY PRESS

图书在版编目（CIP）数据

地域性建筑理论与亚洲现代地域性建筑：天津市自
然科学学术著作出版资助 / 曾坚等著. — 天津：天津
大学出版社，2021.5
ISBN 978-7-5618-6912-3

Ⅰ.①地… Ⅱ.①曾… Ⅲ.①建筑设计－研究－亚洲
Ⅳ.①TU2

中国版本图书馆CIP数据核字（2021）第077022号

DIYUXING JIANZHU LILUN YU YAZHOU XIANDAI DIYUXING JIANZHU

出版发行	天津大学出版社
地　　址	天津市卫津路92号天津大学内（邮编：300072）
电　　话	发行部：022-27403647
网　　址	www.tjupress.com.cn
印　　刷	北京盛通印刷股份有限公司
经　　销	全国各地新华书店
开　　本	169mm×239mm
印　　张	24.25
字　　数	498千
版　　次	2021年5月第1版
印　　次	2021年5月第1次
定　　价	88.00元

常肯定这项研究的意义。

　　比起亚洲传统建筑的博大精深、现代建筑的五彩缤纷,这里呈现的只是一鳞半爪的研究心得。对于地域性建筑理论与亚洲现代地域性建筑的研究,本书仅仅是个开始,不当之处恳请读者慷慨地给予批评与指正,我们将在今后的工作中进行修改和补充。

目　录

| 第一章 | 建筑文化与地域性建筑 | 008 |

第一节　文化学框架内的地域性建筑理论　010
第二节　美学视野下的地域性建筑特色　033
第三节　历史进程中地域性建筑的发展　059

| 第二章 | 文化构成与亚洲地域性建筑源流 | 068 |

第一节　亚洲地理与社会特征　070
第二节　东方文化与亚洲建筑　072
第三节　儒、道、释文化与亚洲地域性建筑　075
第四节　伊斯兰文化与亚洲地域性建筑　125
第五节　印度文化与亚洲地域性建筑　141

| 第三章 | 文化趋同与亚洲建筑师应对策略 | 168 |

第一节　全球化的文化含义与文化效应　170
第二节　文化危机与建筑师的观念变革　176

| 第四章 | 文化交融与亚洲地域性建筑演进 | 192 |

第一节　不同文化背景中的地域性建筑理论　194

第二节　两极互动下的亚洲地域性建筑创作　201

| 第五章 | 文化重构与亚洲地域性建筑探索 | 220 |

第一节　自然文脉的探索　222

第二节　人文环境的关注　311

| 第六章 | 文化融合与亚洲建筑新语境发展 | 320 |

第一节　生态视野的重视　322

第二节　技术多元的取向　339

| 结语 | 亚洲现代地域性建筑发展前瞻 | 374 |

第一章　建筑文化与地域性建筑

第一节 文化学框架内的地域性建筑理论

定义与概念是进行科学研究的前提和重要基础。为了全面地理解地域性建筑,进而科学地研究亚洲地域性建筑,首先必须对"建筑的地域性""地域性建筑"等相关概念及其相互关系做科学的考察。

一、地域性建筑的定义与内涵

（一）建筑的地域性的定义及范畴

讨论建筑避不开地域性的概念,在本书中地域性等同于地区性。在建筑理论界,不乏对地域性的论述,这些论述从不同侧面揭示了地域性的内涵。例如,吴良镛在《广义建筑学》一书中指出:"所谓地区性即指最终产品的生产与产品的使用一般都在消费的地点上进行;房屋一经建造出来就不能移动,形成相对稳定的居住环境。这一环境又具有渐变和发展的特征。"[①]

邹德侬等在《中国地域性建筑的成就、局限和前瞻》一文中,通过对"地域""乡土""民族"和"方言"等与地域性建筑相关的词汇做详细的考察后认为:"很难把'地域性''民族性''乡土（方言）性'和'传统'这些概念分个一清二楚,因为'地域性''方言性'和'民族性'之间'你中有我,我中有你',而它们三者又都建立在'传统'这个大平台上。"文章通过表格归纳和比较了这几个用语的关系[②]（表1-1）。邹德侬等进而指出:"事实上,地域、民族、方言（乡土）这些概念密不可分、相互渗透,只是某种属性更加明显罢了。"[②]

张彤为建筑的地域性下过定义,认为:"建筑的地域性是指建筑与其所在地域的自然生态、文化传统、经济形态和社会结构之间特定的关联。"[③]

为了明确写作范围、限定合理的研究对象,本书在进一步比较、分析与归纳的基础上提出,地域性就是指某一地区在自然地理环境、经济地理环境和社会文化

---

① 吴良镛. 广义建筑学 [M]. 北京: 清华大学出版社, 1989: 27.
② 邹德侬, 刘丛红, 赵建波. 中国地域性建筑的成就、局限和前瞻 [J]. 建筑学报, 2002 (5): 4-7.
③ 张彤. 整体地域建筑理论框架概述 [J]. 华中建筑, 1999, 17 (3): 20-26.

表1-1　有关用语及其语义

用语	语义		
	《现代汉语词典》的释义	*Longman Dictionary of Contemporary English* 的释义	作者设定在建筑中的语义倾向
传统	世代相传、具有特点的社会因素,如文化、道德、思想、制度等	Tradition: a belief, custom, or way of doing something that has existed for a long time	突出时间因素的作用,因世代相传所产生的建筑属性
地域	面积相当大的一块地方	Region: a fairly large area of a country or of the world, usually without exact limits	突出空间因素的作用,因自然条件所产生的建筑属性
民族	特指有共同语言、共同地域、共同经济生活以及表现于共同文化上的共同心理素质的人的共同体	Nation: a large group of people of the same race and language	突出种族因素的作用,因信仰习惯所产生的建筑属性
方言	一种语言中跟标准语言有区别的、只在一个地区使用的话……	Vernacular: the language spoken in a country or area, especially when it is not official language	突出人文因素的作用,因风土人情所产生的建筑属性

环境方面所表现出来的特性[①],是某一地区有别于其他地区的特点。地域性体现在自然地理和人文地理两方面,与空间和时间有关。

在空间概念上,地域性包括地形地貌、河流湖泊、气候环境和动植物分布等要素;在时间概念上,它包括历史演变、文化变迁、民族衰亡与发展、传统与现代等运动变化(图1-1)。如果说自然地理多与空间相关,那么人文地理则多与时间相关。实际上,地域性是这二者互动的结果。适应性、连续性、大众性是地域性建筑文化的一个重要特点。

由此可见,建筑的地域性包括两方面内容:既包含自然环境的特殊性与一贯性,同时又带有特定地区文化意识形态的特殊性与一贯性。因此,地

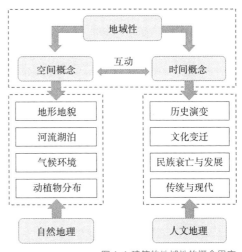

图 1-1 建筑的地域性的概念界定

---

① 按地理学的概念,地理环境可分为自然环境(或自然地理环境)、经济环境(或经济地理环境)和社会文化环境。详见:中国大百科全书光盘(1.1版):地理学卷 [CD]. 北京:中国大百科全书出版社,2000.

域性是"整个社会（或社区）的产物，并贯穿其历史发展进程"①。

建筑的地域性是指建筑与建造地点之间的自然、经济、技术、社会、文化、地理方面的关联，它是某一地区的建筑有别于其他地区建筑的特点。地域性建筑表现出显著的地区差异。这一特性既反映在自然环境方面，如地理、气候、资源等，又反映在形式、风格、空间格局、使用材料、建筑色彩、建造工艺等方面，还反映在使用方式、隐喻、象征等方面，如民风、民俗、宗教信仰等。因此，建筑的地域性并非一个恒久不变的要素，它会随着历史的发展而发展。

建筑之所以表现出地域性，从使用目的来看，是因为建筑为特定地域的人们提供服务。其他艺术，如绘画、小说和音乐，可以纯粹表达自身价值与观念，而建筑必须与它所处的地点和环境紧密相连，一旦脱离所处的地点和环境，就不能满足特定地域人们的生活需求；同时，建筑凝集了所处时代和地区的经济、技术、自然条件以及文化精神，带有特定地域的文化特性。从存在方式来看，建筑作为建造在一定地点的人类生活场所，与气候、环境、地形和地貌等密切相关；同时，建造地点的特定性和使用过程中的不可移动性，使之带有地域的自然特性。正如吴良镛所指出的："建筑本是地区的建筑，（地区性）是建筑的基本属性，是建筑赖以存在、发展的基本条件之一。"②

（二）地域性建筑的定义

在当代建筑理论领域，带有地域性特征的建筑的称谓，除了地域性建筑，还有乡土建筑（vernacular architecture）、地区建筑（regional architecture）等。

伯纳德·鲁道夫斯基（Bernard Rudofsky）在《没有建筑师的建筑》（*Architecture without Architect*，1964）一书中"通过介绍鲜为人知的非正统建筑世界，试图冲破我们对建筑艺术的狭隘观念"。这里的"非正统建筑"，他还称之为乡土（vernacular）建筑、无名（anonymous）建筑、自生（spontaneous）建筑、本土（indigenous）建筑或农村（rural）建筑③。

保罗·奥利弗（Paul Oliver）在《世界乡土建筑百科全书》（*Encyclopedia of Vernacular Architecture of the World*，1997）一书中，对乡土建筑进行了详细的定义。他认为，乡土建筑采用当地的资源和传统的技术，因特定的需求而建，并同当时的文化、经济及生活方式相适应④。

国际古迹遗址理事会（International Council on Monuments and Sites，ICOMOS）第十二届全体大会于1999年10月在墨西哥通过了《关于乡土建筑遗产的宪章》，该宪章指出乡土建筑"是一个社会的文化的基本表现，是社会与它所处地区的关

---

① CORREA C. Foreword[M]//LIM W S W, BENG T H. Contemporary vernacular. Singapore: Select Books Pte Ltd, 1998.
② 吴良镛. 吴良镛学术文化随笔[M]. 北京：中国青年出版社，2002：65.
③ 伯纳德·鲁道夫斯基. 没有建筑师的建筑：简明非正统建筑导论[M]. 高军，译. 天津：天津大学出版社，2011：序言.
④ 潘玥. 保罗·奥利弗《世界风土建筑百科全书》评述[J]. 时代建筑，2019（2）：172-173.

系的基本表现,同时也是世界文化多样性的表现。……是社区自己建造房屋的一种传统的和自然的方式"①。

万书元在论述地方主义和乡土主义时,指出二者不同的文化取向所形成的美学特征,认为:"所谓新地方主义、新乡土主义,作为一种富有当代性的创作倾向或流派,其实是来源于传统的地方主义或乡土主义(的),是建筑中的一种方言(vernacular),一种民族或民间风格。因此,从本质上说,地方主义和乡土主义源于同一种美学的和文化的动机。一般而言,地方主义实际上是一种尊重客体文化的乡土主义,而乡土主义则是一种表现亲缘文化或本土文化特征的地方主义。比如,一个外地的建筑师,当他在某地设计建筑时,如果他充分尊重该地的文化传统和风格特性,并且在建筑中对这种传统和特性加以表现,那么,他就是地方主义的;如果一个建筑师是在自己所属的文化圈内设计建筑,并且在建筑中表现了这种文化特性,那么,他就是乡土主义的。"② 因此,必须在详细考察地域性建筑这一学术术语的相关语境的基础上,方能进行准确的定义。

邹德侬等认为,地域性建筑是"以特定地方的特定自然因素为主,辅以特定人文因素为特色的建筑作品"③。同时,他还列举了地域性建筑的一些最基本的特征:

(1)回应当地的地形、地貌和气候等自然条件;

(2)运用当地的地方性材料、能源和建造技术;

(3)吸收包括当地建筑形式在内的建筑文化成就;

(4)有其他地域没有的特异性并具有明显的经济性。

本书赞同邹德侬等的观点并认为他们提出的定义对划分传统地域性建筑十分有效,且提供了有价值的基本研究视角,可将其作为地域性建筑的基本定义。

在辨别或创作现代地域性建筑时,人们会面临一个时间因素的问题。例如,某一地区的文化特征和地方性材料、建造技术等,是不断发展和变化的,那么应当以何时的技术条件、文化环境等作为地域性建筑创作的依据呢? 以印度文化为例,如果着眼于11世纪以前,应当将雅利安文化视作印度的地域文化,而伊斯兰文化是外来文化;如果将考察的时间段放到11世纪以后,则应将伊斯兰文化包括在印度的地域文化之内。事实上,经过漫长的岁月,人们早已将伊斯兰文化视为印度地域文化的一个重要组成部分。就如季羡林在论及印度文化时所言:"现在我们谈印度,至少要看两个成分,一个是雅利安,另一个是穆斯林……这两个成分实际上也形成了印度文化的两个特征:前者深刻而糊涂,后者清晰而浅显。"④

同样,对于自然环境来说,也存在需进一步明确的属性问题,因为在现代社会中地形、地貌变化较大。在地理学中,根据自然环境受人类社会影响的程度,往往将其划分为天然环境和人为环境两个层面。

---

① 陈志华. 由《关于乡土建筑遗产的宪章》引起的话. [J]. 时代建筑,2000(3):20-24.

② 万书元. 新地方主义建筑美学论[J]. 东南大学学报(哲学社会科学版),2001,3(1):69-72.

③ 邹德侬,刘丛红,赵建波. 中国地域性建筑的成就、局限和前瞻[J]. 建筑学报,2002(5):4-7.

④ 张光璘,李铮. 季羡林论印度文化[M]. 北京:中国华侨出版社,1994:275.

天然环境(即原生自然环境)指那些只受到人类间接或轻微影响而原有的自然面貌未发生明显变化的地方,如极地、高山、大荒漠、大沼泽、热带雨林、某些自然保护区以及人类活动较少的海域等。人为环境(即次生自然环境)指那些受到人类直接影响和长期作用而自然面貌发生重大变化的地方,如农业、工矿、城镇等利用地[1]。

除了以纯天然的地形环境为创作的参照物以外,建筑创作是否还应对人为环境做出回应?尤其是在城市环境中,这种对地形、地貌的回应,是否应该包括对现存的建筑群、城市公共空间、街道肌理等人为环境的回应呢?

如此看来,当用发展的眼光来看地域性建筑时,必须将时间因素列入其界定条件中,同时应进一步将自然环境拓展为包含天然环境和人为环境的自然环境。这种对时间因素的强调,可以从印度建筑师查尔斯·柯里亚(Charles Correa)对乡土建筑的论述中发现,他认为"乡土"这个词暗示了建筑是一个在整体上包含社会的有机过程的概念[2]。

由此,本书在上述学者研究成果的基础上,提出了一个地域性建筑的扩充性定义,作为研究亚洲现代地域性建筑的基础:

地域性建筑是回应当地地形、地貌和气候等天然环境和人为环境;利用适应某一时期当地的经济和技术条件,包括经本土化的外来建造技术、材料和能源;吸收包括当地建筑文化和经本土化的外来文化在内的建筑文化成就;适应当时某一地域的生活方式,具有其他地域所没有的文化特异性,并具有明显的经济性的建筑。

地域性建筑亦是平常所说的地方性建筑。地域性建筑在自然地理环境层面,强调自然条件实际上包括经改造后的人为环境,如城市环境;在经济地理环境层面,强调适宜的本土与外来的材料、能源和建造技术;在社会文化环境层面,强调对经本土化的外来文化成果的吸收,强调适应当时的生活方式,同时也强调有明显的地域文化特征。

(三)地域性建筑的区域划分

在地域性建筑理论研究中,一个必须考虑的问题是:地域性建筑的区域划分应以什么为标准?是以历史文化地理,即文化的发源地和分布区为标准,还是以地理气候的分区为标准?同样,在进行亚洲地域性建筑研究时,应按什么方式来分区?对于这些问题的界定,直接关系到地域性建筑的分区和分类问题。因此,必须从建筑学的特点出发,借鉴文化地理学、地理学和气候学等相关学科的科学理论来综合考虑这个问题(图1-2)。

---

① 中国大百科全书光盘(1.1版):地理学卷 [CD]. 北京:中国大百科全书出版社,2000.
② CORREA C. Foreword [M]//LIM W S W, BENG T H. Contemporary vernacular. Singapore: Select Books Pte Ltd, 1998.

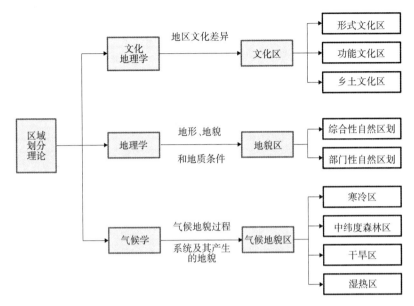

图 1-2 区域划分理论与标准

　　目前,文化地理学、地理学等学科领域的专家和学者根据本学科的研究对象和学科特点,提出了许多划分区域的方法。例如,19世纪末至20世纪初,针对文化地理学中对文化区域的划分,文化人类学家提出了文化区(culture region)的概念。文化区主要根据地区文化差异而划分。在《中国大百科全书》中,文化区的定义是:"具有某种共同文化属性的人群所占据的地区,在政治、社会或经济方面具有独特的统一体功能的空间单位。"[①]其划分依据是,是否有文化上的同一性,以及是否具有相似的文化特质和文化复合体。由此可见,文化区是以文化特征为基准进行划分的,即使各地自然地理有很大的差异,只要具有相同的文化特征,仍然属于同一种文化区。

　　在文化地理学中,文化区按特征一般分为形式文化区和功能文化区。形式文化区是指同属一种或多种共同文化体系的人所居住的地区。其中的文化起源地即为文化核心区。离文化核心区越远,则文化的影响力越弱。除了难以逾越的地理障碍外,文化区并无绝对的边界,其边沿往往与其他文化区相重叠。功能文化区是指在政治上、社会上或经济上具有某种功能的地区,如一个行政区、教区或经济区都可视为一个功能文化区。具备某种功能的组织的所在地,即文化核心区。由于作用范围比较明显,功能文化区有明确的边界。此外,还有学者划分出第三种文化区,即乡土文化区或感性文化区。这是存在于某地居民意识中的一种"地区"概念,既无一致的文化体系,也无具备某种功能的组织,只能根据流行文化或民间文化的地区间的差异特征来加以划分。

———————————

① 中国大百科全书光盘（1.1版）: 地理学卷 [CD]. 北京: 中国大百科全书出版社,2000.

在学术界,不同的文化地理学家提出了不同的文化区划分方案。例如,1977年,布利季(Harm J. de Blij)将世界划分成十二个文化大区,分别为西南亚-北非、欧洲、印度及附近地区、中国及有关相邻地区、东南亚、非洲、中南美洲、北美洲、澳大利亚-新西兰地区、苏联、日本、太平洋诸岛。斯潘塞(J. E. Spencer)和托马斯(W. L. Thomas)[1]将世界划分为十一个文化区。

比文化区地域范围更大的是文化圈(cultural circle),它是社会学与文化人类学中用于描述文化分布的概念之一。

"文化圈"的概念由德国的格雷布纳(Fritz Graebner)和奥地利的施密特(Wilhelm Schmidt)两位民族学家提出。格雷布纳在《民族学方法论》(1911)一书中将"文化圈"的概念作为研究民族学的方法论。他认为,文化圈是一个空间范围,在这个空间范围内分布着一些彼此相关的文化丛或文化群。从地理空间角度看,文化丛就是文化圈。施密特主张,文化圈不限于一个地理空间范围。这意味着一个文化圈在地理上不一定连成一片,世界各地可以同属一个文化圈;同时,一个文化圈可以包括许多部族和民族,形成一个民族群。在与文化丛相关的不同地带,只要有一部分文化元素相符,它们就同属一个文化圈,如东亚文化圈、北美文化圈等。文化圈可以独立持久,也可以向外迁移。文化圈的整体文化,包括人类生活所需要的方方面面,如器物、经济、社会、宗教等。文化圈向外迁移的既可能是整体文化的个别部分,也可能是整个文化模式[2]。

在地理学中,一般按照地形、地貌和地质条件来划分区域。例如,综合性自然区划的对象是自然地理环境的整体,它是根据自然地理环境的综合特征进行区域划分的;部门性自然区划的对象是自然地理环境的各组成成分,它是根据地貌、气候、水文、土壤、植被、动物等进行区域划分的。

在气候学中,根据气候地貌过程系统及其产生的地貌进行气候地貌分区。例如,法国地理学家特里卡尔(Jean-Léon-François Tricart)根据气候地貌过程系统把全球划分为四个大区:寒冷区、中纬度森林区、干旱区与湿热区。

上述这些理论均为本书研究地域文化的分区问题提供了借鉴。由于各学科的视角不同,所划分的区域类型也不同。在建筑界,对地域性建筑的区域划分,一般有如下三种方法。

第一种方法以历史文化地理为依据,划分地域性建筑。例如,将世界范围内的建筑划分为基督教文化圈、中华文化圈、印度文化圈和伊斯兰文化圈。陈凯峰在《建筑文化学》一书中,以历史文化地理为依据,将世界建筑文化区分为九大区

---

① 斯潘塞和托马斯著有《文化地理学导论》(*Introducing Cultural Geography*, 1978)一书,书中提出文化地理学的人地关系图式。该图式展现了一个社会文化系统内人地关系的模式,其中有四个要素,即人口、自然生物环境、社会组织和技术。

② 中国大百科全书光盘(1.1版):社会学卷 [CD]. 北京:中国大百科全书出版社, 2000.

域,并将亚洲分为西亚、南亚和东亚三大建筑文化区[①]。同时,他认为东南亚受基督教的影响较大,可视之为基督教亚文化区。此外,他还专门划分了一个伊斯兰文化区。

第二种方法以国家和地区等行政区为主要依据,划分建筑的区域。例如,中国建筑、印度建筑、日本建筑等。

第三种方法以自然地理气候为依据,划分建筑的区域。例如,热带、亚热带地区建筑,寒冷地区建筑,沙漠地区建筑等。

由此可见,研究地域性建筑的分布区域,必须将某一区域建筑最明显的共同特征作为划分的主要依据。由于地域性建筑受地理、气候和环境等自然因素以及历史、社会、宗教等文化因素的影响最大,因此应以自然因素和文化因素为主要依据,划分地域性建筑的类型和分布范围。

当划分的地域性建筑所处的区域范围不同时,其共同特征各有侧重。这时,为划分非同一国家和地区的地域性建筑的分布区域,文化要素便成为最重要的依据。例如,当将亚洲地区建筑作为研究对象时,往往以文化圈或以文化大区[②]为单位。在这种情况下,地域性建筑的所属区域与文化地理学的文化圈和文化区几乎重合。实际上,只有从文化特性着眼,方能找出各区域最明显的区别。这时,地域性建筑的含义在一定程度上又与宗教建筑或国家性、民族性建筑的含义重合。

当着眼于国家范围内地域性建筑的区域划分时,文化因素与自然因素所形成的特征同等明显,应根据研究的侧重点不同加以划分。当侧重文化因素时,所划分的地域性建筑与传统建筑的内涵重合度较高;当侧重自然因素时,其更符合地域性建筑的基本定义。

综上可以得出以下结论:在一般情况下,研究的地域的范围越大,该范围中的建筑按照文化因素进行考量,其共同特征越明显,因此应以文化因素为主要划分标准,辅之以自然因素作为修正因子;研究的地域的范围越小,建筑中自然因素作用下形成的共同特征越明显,应以自然因素为主要划分标准。在实践中,由于影

---

① 陈凯峰. 建筑文化学 [M]. 上海: 同济大学出版社 ,1996: 247. 书中将世界建筑文化区分为九大区域, 其中亚洲有三大区域:

"西亚建筑文化区, 形成于两河流域的古巴比伦文化, 也是人类文明起源最早的地区之一……除了红海、地中海、黑海、高加索山脉、里海等阻隔了其与欧、非两洲的联系外, 还受阻于西面的伊朗高原地带, 而成为早期的一个较小的独立发展的建筑文化生存发展的地区。

"南亚建筑文化区, 源于印度河、恒河流域的古印度文化, 尽管伊朗高原阻碍了其与西亚的沟通, 但公元前 1200 年左右的雅利安人也曾跨过伊朗高原进入印度河流域, 构成其传统文化的一个组成内容, 只是交流尚少, 而东北阻于喜马拉雅山脉, 仅东面有一狭小地带可通东南亚, 而东南亚文化发展又落后, 故而也就形成了一个独立发展的建筑文化自然区域。

"东亚建筑文化区……传统建筑文化主要以中国的黄河、长江流域为形成源地, 其传播除了受隔于喜马拉雅山脉、受阻于天山山脉和帕米尔高原以外, 其余地区都得到广泛的辐射, 同样也形成了一个相对独立发展的建筑文化区域。"

② 1978 年, 斯潘塞和托马斯提出文化大区、文化区和文化副区的划分依据, 与地域等级系统相对应。文化特质在地域上的分布称为文化源地, 文化复合体对应于文化副区, 文化体系对应于文化区, 相关的文化区集合则成为文化大区。一个大的文化区可以共有某些中心思想和基本实践。

响建筑的因素的复杂性,对地域性建筑进行区域划分时应随机应变,不能固守僵化的原则(图1-3)。

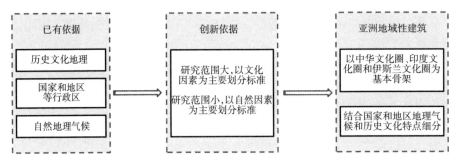

图 1-3 地域性建筑区域划分

在本书中,亚洲地域性建筑的划分主要以中华文化圈、印度文化圈和伊斯兰文化圈为基本骨架,结合国家和地区地理气候和历史文化特点,再细分为若干区域,以考察各自的不同。

二、地域性建筑文化及其影响因素

地域文化是地域性建筑理论中经常涉及的一个重要概念。在西方,广义的文化泛指人类创造出的一切成果,而定位于语言、艺术、宗教、哲学、科学、风俗习惯等理论层面上的文化则为狭义的文化。在中国,文化的定义也一直沿用广义和狭义的两种解释:"从广义来说,指人类社会历史实践过程中所创造的物质财富和精神财富的总和。从狭义来说,指社会的意识形态,以及与之相适应的制度和组织机构。"①这样,广义的文化包含了器物、制度、精神三个层面;而狭义的文化仅指精神文化,它以哲学思想为核心,主要包括哲学、艺术、科学、宗教、道德等内容。

根据这一界定,可以将广义的地域文化定义为某一地域历史上所形成的物质与精神产品的总和,它包括物质文化、制度文化和精神文化三个层面的内容,反映当地的经济水平、科技成就、价值观念、宗教信仰、文化修养、艺术水平、社会风俗、生活方式、社会行为准则等社会生活的各个层面。狭义的地域文化则可定义为该地域历史上所形成的精神文化。

不同的地域文化具有不同的文化模式和文化特性,这是区别不同地域文化的主要根据。上文所讨论的与地域性建筑相关的环境要素中,经济地理环境、社会文化环境以及包括人为环境的自然地理环境均属于地域文化的范畴。自然地理环境是变化较小的要素,经济地理环境和社会文化环境包含相对复杂的内容,是变化较大的因素。

研究对象不同,地域文化所指的地域范围也不同。建筑文化作为地域文化的

---

① 辞海编辑委员会.辞海:1999年版缩印本(音序)4[M].上海:上海辞书出版社,1999:2218.

一个重要组成部分,反映了地域文化的诸多特性。人类的聚居生活,不仅与自然环境发生联系,而且与某一地域的经济、政治及宗教活动相关,从而形成相关的营建方法、规则和技术手段等。

由于地域文化与传统文化、宗教文化之间有千丝万缕的关系,同时又经常受到外来文化的影响,因此其构成复杂,涉及的文化属性颇多。在本书中,地域文化主要指与地域性建筑相关的文化内容。从时间上看,地域文化有传统和现代之分;从来源上看,有本土和外来之分;从内容上看,有宗教性、政治性、民俗性、技术性、经济性、商业性等之分(图1-4)。

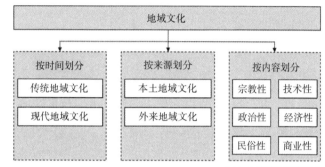

图 1-4 地域文化的划分

（一）传统与现代要素

在地域文化中,传统与现代作为时间维度,反映了地域文化的时间特性。

在《辞海》中,传统是指"历史沿传下来的思想、文化、道德、风俗、艺术、制度以及行为方式等"①。传统是历史的产物,是构成地域文化的时间因素。对于特定的地域文化而言,其主要成分是所在地域的传统文化。同时,地域文化中土生土长的传统文化的成分越多,其地域特征就越明显。建筑也是一样的,经代代相传,成为地域文化的重要载体。

在《中国大百科全书》中,传统文化(traditional culture)被解释为"文化体系中本来就有,且通过世代流传下来的那些文化元素和文化集丛"②。传统文化有广义与狭义之分。广义上,所有的文化都是传统文化。文化是人类社会的一份遗产,每一代人只能从上一代人那里继承这份遗产。狭义上,传统文化专指工业社会以前的文化,是文化中更古老的部分,如民风、民俗、民德。参照历史学中对人类历史的分期以及社会学中对传统社会与现代社会的划分,可以将人类进入工业社会以前的文化称作传统文化,进入工业社会以后产生的文化称作现代文化。纵观历史,建筑传统是一个不断发展的连续过程,在这一过程中,建筑形式不断发生变化。建筑文化是传统与现代、本土与外来文化的混合体,它们在传播、混合的过程中,得以延续和发展,并产生新的文化模式。同时,建筑的"文化传统"实际上是

① 辞海编辑委员会. 辞海: 1999 年版缩印本（音序）1[M]. 上海: 上海辞书出版社, 1999: 301.
② 中国大百科全书光盘（1.1 版）: 社会学卷 [CD]. 北京: 中国大百科全书出版社, 2000.

人们为了满足当代生活的需要,主动从历史长河中选择某些有现实意义的文化素材,摒弃和排除不利因素的结果。因此,传统总是处在一种动态的演变、排斥和创造的过程之中。

在地域性建筑文化中,每一个历史时期的文化发展,都是在传统文化和现代文化的交互作用中进行的。传统文化如同地域性建筑的土壤,只有扎根于这一土壤中,地域性建筑才能吸收外来文化的养料,以在不断演进的当代世界文化中起到平衡点的作用,并根据自己的速度和节奏来筛选融合各种变化①,为当代建筑创作注入活力。

新加坡建筑师林少伟(William Lim)认为,传统是经过筛选的历史遗产。对于传统的继承,埃利奥特(T. S. Eliot)在针对文学与诗歌的评论中曾指出:"传统是不能被继承的,如果你想获得它,就必须付出巨大的劳动……过去应当为今天所改变,正如今天要得到过去的引导一样……"②同时,林少伟极力推崇建筑作为传统文化遗产的作用,认为:"遗产保护的范围包括已建成的建筑和自然环境,有记载的和口头流传的各种形式的艺术,以及社会的信仰、价值观和生活方式。每个人、每个家庭或者宗族,都继承着内涵丰富、历史悠久的传统遗产。在多元文化、多种族、多宗教的地区,记忆和经历的复杂性会增加社区结构的丰富性,同时也增加了矛盾性、危险性。"③

实际上,传统文化是由不同因素以不同层次构成的一个综合体。随着历史的发展,在这一综合体中,各种构成要素发生很大变化——从主流地位变为从属地位者有之,从主要因素变为次要因素者有之,从显性结构变为隐性结构者有之,甚至有的因素被人遗忘。随着社会的变迁和人们生活方式的改变,在建筑创作中,文化综合体中不同要素的地位和作用将发生根本性变化。有些在传统文化中居次要地位或不起眼的文化内容,有可能在现代地域性建筑创作中发挥重大作用,而曾占主流地位的文化要素,却可能丧失其主导地位。

因此,对待传统文化,必须以批判的眼光有选择地继承和发扬。传统文化作为一个民族在文化创造过程中所留下的成就和结果,包含了物质形态和精神形态两方面的内容。随着历史的发展,物质形态中的一部分会僵化,会过时,必须及时地抛弃,以适应时代的发展。传统文化中具有审视功能、批判功能、创造能力的文化精神,作为一种集体无意识、一种潜意识、一种观念和力量、一种无形的"道",可以通过对既有物质文明的审视,帮助人们自我反省和自我解剖,在不断地批判中追求文化的复兴和发展。正是这种生生不息的文化精神,使地域文化能够不断开拓新境界,创造新形态。重新发现和努力发掘传统文化中适应时代发展的文化精神,在当代地域性建筑创作中尤为重要。将这种文化精神融入当代地域性建筑创作中,可以使建筑文化的价值体系为更多的人所认同。

① 林少伟. 当代乡土: 一种多元化世界的建筑观 [J]. 单军, 摘译. 世界建筑, 1998 (1): 64.
② 转引自林少伟. 当代乡土: 一种多元化世界的建筑观 [J]. 单军, 摘译. 世界建筑, 1998 (1): 64.
③ LIM W S W. Asian new urbanism[M].Singapore: Select Books Pte Ltd, 1998: 88-89.

在中西方文化变迁的历史上,都曾出现过大规模的文化复兴和文化再发现活动。例如,西方文艺复兴时期人们努力探索古希腊的文化精神;在中国近代以来的文化变迁过程中,人们也深入研究了儒家学说中有益于现代社会的文化精神,努力发现明清之际启蒙思想家的民主科学思想因素,在"非儒学派"中发现了移植西方哲学和科技成果的土壤。可见,当代建筑文化的发展,离不开对古代建筑文化的重新发现。

地域文化作为一个开放的体系,既包括"过去的"传统文化,又包括"现代的"传统文化,还包括"当代的"传统文化。形成于"过去的"传统文化环境中的地域性建筑,作为该地区全部历史作用的产物,往往出自个人和集体的记忆与经验。因为"人们似乎天生懂得如何建筑自己的居所,就像鸟儿筑巢一样自然和出于本能"①。这种地域性建筑综合地反映了所在地区的人们的智慧,完美地结合了所在地区的气候条件及特定环境。在当代社会中,地域性建筑创作要面对许多现代影响因素,在这些因素的影响下,许多外来的文化已被本土化。

柯里亚在为《当代乡土》(*Contemporary Vernacular*,1998)一书作序时,清楚地指出当代地域性建筑创作所面临的另一种文化语境,认为存在"一个与时代更为同步的范例,一种现代传统……它是个源于欧洲文艺复兴的传统,到了20世纪末的今天,已风行全球"①。柯里亚所说的现代传统,实际上是指建立在西方近代工业技术基础上的现代建筑文化,他认为这种现代传统"在建筑方面很明显是个人努力的结果"。现代传统作为当今建筑创作的环境条件,反映了时代的变化,当它被引入地域性建筑创作中时,可以产生新的生命力,这是一个不可回避的文化要素。同时应当看到,它与传统文化是互补的而非对立的。没有传统文化,地域文化便会发生断层,无从积累。

随着数字化技术的飞速发展,当今世界已逐步进入信息化社会,文化的变化将会越来越快,现代文化的成分在地域文化中将会越来越多。在这样的社会环境下,建筑创作应当充分体现建筑的"时代性",促进传统和现代文化的碰撞与融合,从而实现新的地域文化创造。只有这样,才能延续历史文脉,弘扬地域文化,创造出富有地方特色的当代地域性建筑。

(二)本土与外来要素

1. 本土文化与外来文化的相互作用

本土文化是地方与乡土造就的自然风土文化,它是原生的、持续时间相对较长的传统文化,对建立地域性建筑文化具有强烈的内在制约性。对于某一地域而言,本土文化无疑是构成地域文化的主要成分,在某种意义上,它们是同义词。

建筑作为一定地域条件下人类创造的生活环境,体现了人们的精神需求,反映了人们的思想观念。因此,地域性建筑是地域文化的结晶,是文化观念在物质

---

① CORREA C. Foreword[M]// LIM W S W, BENG T H. Contemporary vernacular. Singapore: Select Books Pte Ltd, 1998: 10.

形态层面的发展,反映了一个特定民族、特定地域所独具的生活理念。"它不拘一格,自由活泼,同自然环境融为一体。它产生于民众生活,崇尚实用性和功能性,与民间习俗相结合,成为各种民俗文化活动的空间和场所,本身也构成民俗环境的一部分。……因与风土密切相关,随着地理、物候而婉转多姿,呈现出惊人的多样性和鲜明的区域个性。"①

本土文化是地域性建筑文化产生的根源。例如,在中国江浙水乡,文人荟萃,人杰地灵,当地自然和人文环境相生共存,形成了历史悠久的吴越文化,孕育了以小桥流水、粉墙黛瓦为特色的清朴、含蓄、素雅的建筑文化。在绍兴,河流水系为人们提供交通、灌溉、生产和生活的便利,人们在水岸边聚族而居,形成村庄、集镇和城市。因此,绍兴古城成为"东方'水的建筑文化'的杰出代表"②。它简朴自然,幽雅怡静,体现了独特的文化韵味和地域性建筑文化;其独特的自然与人文景观,如乌篷轻渡、石板拱桥,尽显淳朴的民风和动人的风光。

全世界各民族和各地区的文化,既有产生于本土的,也有外来的。人们发现世界各地文化存在许多相似之处,同时世界各地的人们有类似的生活方式。此外,人们还在民居和其他建筑中找到许多相同的要素。例如,对于中国文化,哲学家张岱年指出:"历次民族大融合和中外文化交流给中国传统文化带来的变化是很巨大的。大到文化结构、哲学宗教观念,小到衣食住行,处处都留下了历次融合和交流的深刻印记。从文化结构上看,佛教的传入,打破了儒学一统天下的局面,使中国传统文化在很长一段时间内在儒释道三足鼎立的格局中发展。佛教哲学对宋明理学有着明显的影响。少数民族及外来的文学艺术、生活器具、服饰打扮等等给中国传统文化的影响是如此之大……唐代汉族妇女竟着胡装,如头戴锦绣浑脱帽,上穿翻领窄袖袍,下着条纹波斯裤。宋辽金元时期,'胡乐番曲'大量输入中原地区,'街巷鄙人,多歌番曲'。"③

同样,外来文化在印度建筑发展史上也留下了深深的印迹。从史前的雅利安人到中古的阿拉伯人,再到近代的多个殖民主义国家,无数次外族入侵,都在当地的建筑和艺术中留下了印迹,在一定程度上导致了外来文化与当地建筑文化的融合。公元前3世纪起,印度文化与波斯、希腊文化相融合,砖石建筑与雕刻成为其建筑演化的主要特征;11世纪起,伊斯兰建筑中融入了印度已有的传统因素,形成新的特征。16世纪起,随着葡萄牙航海家的到来,印度开始受到欧洲文化的冲击。殖民文化是外力强制输入的结果,凌驾于本土文化之上,体现了层次分明的社会关系。在建筑形式上,既有当地与外来技术、材料、劳力混合产生的"混血形式",也有本土文化主动吸收和融合外来文化后呈现出的外来建筑形式。这些在中国历史上也都出现过,在沿海与内陆等广大地域普遍存在,古代的佛教建筑,近代的里弄住宅,现代的办公高楼……建筑文化随着时代的推移,逐渐融入

① 萧加. 中国乡土建筑:人生只合越州乐(浙江)[M]. 杭州:浙江人民美术出版社,2000:9.
② 萧加. 中国乡土建筑:人生只合越州乐(浙江)[M]. 杭州:浙江人民美术出版社,2000:32.
③ 张岱年,程宜山. 中国文化与文化论争[M]. 北京:中国人民大学出版社,1990:181.

地域性因素,外来建筑文化在这个过程中被本土化(图1-5)。

2.文化传播与地域文化的发展

图1-5 本土文化与外来文化相互作用

文化人类学家通过研究大量的文化现象发现,文化和其他物质一样,具有动态向外扩散的特点,并指出,当一种文化元素或文化集丛在某地产生以后,必然要向四周扩散。文化人类学家将这种现象称为"文化传播"(cultural diffusion),并定义为:"一种文化中的文化集丛或文化元素从其发祥地扩散到不同地方而被模仿、采借和接受的社会现象和过程。"[1]

文化传播的特点是由文化中心区向四周扩散,由于传播途中信息递减,离文化中心区越远的地方,文化元素的变形就越大。当某种文化元素传播到另一个地区后,随着文化信息不断被修改,该文化元素原来的形态和含义就会被逐步改变。例如:印度的窣堵坡原是埋葬佛祖释迦牟尼的舍利的一种佛教建筑,窣堵坡即是坟冢的意思,但在被引入中国后演变为佛塔;同样,亚洲各国的佛像和佛教建筑均有不同的变形现象。

亚洲地域辽阔,外来文化多,在两个及以上文化的交汇区域即会出现混合文化,又称"边际文化"(marginal culture)现象。文化中心区为文化发源地,因而受外来文化影响小,而边缘处受外来文化影响则较大,一种既非完全的本民族文化,又非完全的外来文化的边际文化逐渐形成,如新加坡文化等。边际文化通常通过文化采借、文化传播和文化融合逐渐形成,从中可以看到多元文化的混合现象。对外来文化的采借有两种方式,即主动引进和被动输入,主动引进指将外来建筑文化完整接纳过来,被动输入指通过传入地人们的思考、消化、融合,从而形成新文化的创造过程。

本土与外来文化接触后发生传播,各自的文化精华在传播过程中被互相采借,这是文化发展中的普遍现象。此时的采借标准有三个:一是有使用价值,二是合乎本民族的文化模式,三是符合民族的心理特性[1]。文化传播可以引起社会变迁。批判地采借和吸收外来文化可以推动社会进步。

中国传统文化是本土与外来文化不断融会的结果。印度佛教自汉代传入中国后,与中国本土文化相融合,演变出以禅宗为代表的中国化佛教,形成中华文化儒、释、道并存的格局。本土文化的儒、道文化相互渗透、吸收,形成魏晋玄学。儒、释、道文化的相互吸收,又逐渐形成三教合一的宋明理学,这也是中国文化和印度佛教文化长期融合的结果。随着伊斯兰教的传入,儒、释、道、伊斯兰教四教会通,一大批著名的思想家,如刘智、王岱舆、马注、马复初等在这种文化体系下出现[2]。

① 中国大百科全书光盘(1.1版):社会学卷 [CD]. 北京:中国大百科全书出版社, 2000.
② 蔡德贵. 东方文化发展的大趋势 [J]. 浙江海洋学院学报(人文科学版), 2000, 17(1):1-7.

在信息社会中,互联网技术和数字化技术的大量运用,以及交通技术的飞速发展,加快了世界范围内的文化传播,极大地增加了跨文化交流的机会。在这种情况下,各地区的跨文化交流就需要有清晰的地域文化意识,地域性建筑创作不仅需要吸收外来文化中的养料,获得新的文化视野,更需要处理好与新技术的关系,用自身强烈的文化特性丰富和发展新的地域文化,避免肤浅的文化盲从,有效地防止文化趋同的发生。

3.文化交融与外来文化本土化

从空间范围来看,本土文化和外来文化是相对的概念。对于某一狭小的地域文化圈而言,从这一地区以外的地方输入的文化为外来文化;对于更大的地域文化圈而言,与其相近的文化均可以视为本土文化。在一定条件下,本土文化与外来文化会相互转化,不断发展。外来文化的引入和冲击,使本土文化在内容或结构上发生变化,引起新文化的发展和旧文化的改变。例如,亚洲的外来文化,从地域方面看,是西方殖民者带来的欧洲基督教文化和西方的现代工业文化;从文化圈方面看,对于文化输入国来说,输入中国的佛教文化和输入印度的伊斯兰文化等,均可视为外来文化。

在亚洲地域文化中,各时期的外来文化不断被本土文化吸收、同化或摒弃,本土与外来文化相互混淆、相互转化,从而使地域文化呈现多元性与复杂性。这种经过本土化的外来文化,后来逐渐被该地区的人们视为地域文化或传统文化。当本土文化接触外来文化时,根据文化相容度的大小,会产生两大类不同的文化变迁形式:相容度大时,出现交融性文化变迁;相容度小时,产生冲突性文化变革。

交融性文化变迁一般表现为文化演进、文化嫁接和文化融合等形式和过程。文化演进是指本土文化作为文化主体,在吸收另一种相近文化的过程中,由于文化冲突较少,经过一定时间的磨合和修正后,便能够保持持续而稳定的发展状态。文化嫁接是指通过社会的交往,将不同民族、地域的文化相互移植和吸收。此时,应确定本土与外来文化何者为"母本"的问题。文化融合指两种性质比较相近的文化体系接触后,外来与本土文化没有根本冲突,所出现的文化整体处于相互认同、相互促进、相互协调的状态。这时,原来的文化体系随之消失或改变结构,两种文化相互借鉴、融会,从而产生一种新的文化体系。

冲突性文化变革往往包含文化冲突、文化选择和文化变革等形式和过程。文化冲突是指当外来文化与本土文化接触或被强制输入时,因每种文化都具有排他性,接触后或会发生矛盾——如果原有的文化观念和心理结构无法接受、解释和说明这些文化内容,文化冲突便会发生。文化选择是指在文化交流中,人们根据自身的文化需要和价值标准,选择外来文化中有价值的因素,择优汰劣、去粗取精。文化变革是指在外来文化冲击下,本土文化结构发生变化,旧文化向新文化过渡,用新文化结构代替旧文化结构的文化质变过程,是扬弃和建设的统一。

4.文化变迁及其不同阶段的内容

当某一地域或国家的本土文化接受外来文化时,文化变迁将会发生。同样,本土与外来建筑文化的交融和发展也是按照文化变迁这种方式进行的。本土文化吸收外来文化的过程,可分为文化反省、文化选择和文化整合等阶段(图1-6)。

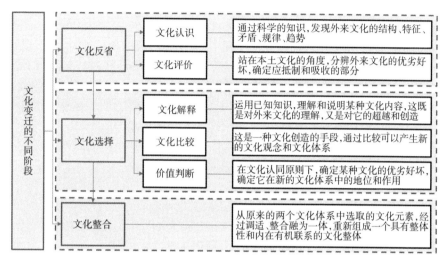

图 1-6 文化变迁的不同阶段

1)文化反省阶段

文化反省是吸收外来文化的前提。在外来文化的冲击下,本土文化会主动或被动地进行文化反省,重新认识自我;同时,也会对外来文化进行深入思考,进行文化认识和文化评价。因此,文化反省是构成文化变迁的认识论和价值观的首要元素,文化反省的结论制约着本土文化的发展方向。

文化反省在亚洲现代地域性建筑创作中起重要作用。其中,印度建筑师的创作经历尤为典型。许多印度建筑师都有西方建筑教育的背景,却鲜有完全追随西方建筑流派的倾向。在20世纪60年代中期,曾在国外接受教育的年轻一代印度建筑师,他们吸收传统建筑文化的精华,并运用现代材料和技术,从特定区域的生活形态、地理地貌、气候特点和人本精神出发,将设计方法从"由外而内"转为"由内而外",将使用者的需求置于首位。这些建筑师积极探寻印度现代建筑的创作道路,努力探索更适合印度本土需要及生活方式的设计方法。

2)文化选择阶段

文化选择包括文化解释、文化比较以及价值判断等内容。文化解释是从一定的文化视角,运用本土文化知识对外来文化进行诠释的过程。由于文化具有多元性、开放性和发展性,在选择阶段,文化解释必不可少。外来文化产生于不同的自然与人文环境,包含本土文化未接触过的许多观念和内容,必须通过充分的文化解释,方能实现外来文化的本土化。因此,文化解释既是对外来文化的理解,又是对它的超越和创造。

文化比较是文化选择的重要方式和内容,也是一种文化创造手段。只有通过深入比较,才能发现文化观念的异同,从而决定文化的取舍。作为一种自觉的心智活动,文化比较是文化创新的一种重要方法,包含着思维的建构和创造。在比较的过程中,人们可以发挥主观能动性,通过对所比双方的互释、互动,重新解释、重新发现和重新整合,形成新的文化观念和文化体系。

价值判断是在文化认同原则的支配下,对文化对象的价值评价。它包括两方面内容:一是确定某种文化的优劣好坏,二是确定它在新的文化体系中的地位和作用。这两方面直接影响文化选择和文化整合的结果。外来文化本土化的过程也是本土文化在吸收外来文化的基础上实现自我升华的过程。在这个过程中,本土文化顺应时代的发展方向,外来文化适应当地的生活需求并被本土文化所认同,这是文化的扬弃过程。它要求文化主体对外来文化客体进行认识和评价。认识和评价的结果,将为本土化文化变迁提供理论指导。

3)文化整合阶段

文化整合是将原有的两个文化体系中的文化元素调适、整合从而使它们融为一体,重新组成一个具有整体性和内在有机联系的文化整体。文化主体在文化认同原则的指导下,通过价值判断选择了一系列文化之后,需要结合本土文化的要求,对这些外来文化的文化元素进行文化整合。这是文化创新的另一种重要方法,包含两种情况:一种情况是,偶然将两个或两个以上互不关联的观念或物质凑到一起,创造出某些新的事物;另一种情况是,有目的地打碎、分裂既有文化,使其成为文化的碎片,然后依照新的文化价值取向,对这些文化碎片进行综合或重构,从而产生新的文化结构和文化形态,整体性质的变化发生,新的文化形成。

近代以来,中国各学术流派分别提出了"中体西用""西体中用""中西互为体用"等文化整合模式,企图用"体用"的不同主从关系组合,调适中西文化诸要素的关系。改革开放以来,随着文化观念的发展,中国更多地强调本土文化为主、多元互补的文化整合形式。在建筑创作中,整合是指不同的建筑文化经过冲突、交融、吸收异质之后的更新。

综上,外来文化本土化是指外来文化的精神内涵已被当地人民接受,其特征要素已被当地文化吸收或同化,外来文化中不能满足当地社会生活要求的成分已被摒弃。因此,外来文化本土化是本土文化吸收外来文化中的有益文化养料,在文化交融过程中生长和发展的过程。

从建筑发展的角度来看,跨文化交流无疑是发展建筑文化的重要手段。各地区、各民族的文化均有自身的优势和特色,历史上各种形式的跨文化交流促进了建筑文化的丰富与发展。在全球化的环境中,更有必要推进各种方式的跨文化交流。

世界各地灿烂的建筑文化,不仅是自身长期进化的结果,而且是各地区、各民族建筑文化相互影响、相互吸收和相互交融的结果。例如,中国建筑文化对东亚各国的广泛影响,中国对印度佛教文化的主动吸收以及伊斯兰文化对南亚的影响等,都遵循跨文化交流的规律。因此,吸收本土建筑文化精华,促进外来建筑文化与本土建筑文化交融,是发展地域性建筑文化的重要途径。

现实表明,外来文化只有与本民族生活习惯相符,与本土自然条件相适应,才能被接受;本土文化只有进行广泛的对外交流,才能保持其青春与活力。加强文化的"交流"而不是"取代",促进"多元化"而不是全球文化"均一化",这样才能促进人类文化的进步。

因此,地域性建筑的创作,既要吸收和反映本土文化,又不能排斥已被本土化的外来文化。只有通过跨文化的交流,不断融合和吸收外来文化,才能不断为本土文化提供新鲜的文化养料,为地域性建筑的创作提供一个良好的文化环境。

（三）民族与宗教成分

1.民族文化与地域文化

在地域性建筑的研究与创作中,民族文化、宗教文化与地域文化相互关联、密不可分。

民族是指"人们在一定的历史发展阶段形成的有共同语言、共同地域、共同经济生活以及表现于共同的民族文化特点上的共同心理素质的稳定的共同体"[①]。在不同场合,民族有不同含义:有时指处于不同社会发展阶段的各种人的共同体,如原始民族、古代民族、近代民族、现代民族,甚至氏族、部落也可以包括在内;有时指一个国家或一个地区的各民族,如中华民族、阿拉伯民族等;有时指更小的民族单位,如藏族、壮族等。伯伦智理(J. K. Bluntschli)认为民族[②]有八种特质:①起源于同一居住地;②起源于同一血统;③具有相同的肢体形状;④具有相同的语言;⑤使用同一种文字;⑥具有相同的宗教信仰;⑦具有相同的风俗;⑧具有相同的经济生活方式。可见,作为历史上形成的一种社会集团,民族与地域的划分有许多相同之处。

民族文化是指"各民族在其历史发展过程中创造和发展起来的具有本民族特点的文化。它包括物质文化和精神文化。饮食、衣着、住宅、生产工具属于物质文化的内容;语言、文学、科学、艺术、哲学、宗教、风俗、节日和传统等属于精神文化的内容"[③]。

---

① 中国大百科全书光盘（1.1版）：民族卷 [CD]. 北京：中国大百科全书出版社,2000.
② 汉语中"民族"一词出现的年代较晚。在中国古籍里,经常使用"族"这个字,也常使用民、人、种、部、类,以及民人、民种、民群、种人、部人、族类等字。梁启超在1902年就提出了"民族"的概念,此后又于1903年发表了题为《政治学大家伯伦智理之学说》的文章,借用伯伦智理（欧洲知名政治学家、法学家,1808—1881）的概念界定,首次就民族的产生和特征进行解释与说明,认为"民族者,民俗沿革所生之结果也"。其特有有八:共同的居住地、共同的血统、共同的肢体形状、共同的语言、共同的文字、共同的宗教、共同的风俗、共同的生计。
③ 中国大百科全书光盘（1.1版）：民族卷 [CD]. 北京：中国大百科全书出版社,2000.

地域文化与民族文化紧密相关,这源于民族的产生需要共同的地域这一基础条件。由于具有共同的地域、语言和经济生活,人们逐渐形成共同的风俗习惯、宗教信仰等,进而形成表现于共同文化上的共同心理素质。这些既是民族文化的重要内容,也是该所在地的地域文化的重要内容。因此,民族文化的特色主要由该民族的生活方式和所处地域的自然环境决定。

但是,民族文化不等同于地域文化。地域文化是与空间紧密相关的概念,具有相对的空间稳定性,而民族文化可以是一个流动的概念。这是因为,一个民族一旦形成,将长期保持该民族的文化特质。该民族的传统、风俗习惯、语言文学、宗教信仰、居住方式、生产特点和民族意识等具有相对的稳定性。由于民族具有流动性,因此民族文化带有流动的特点,并不会因为居住地的改变而迅速发生变化。在某种条件下,一个民族的建筑文化,往往会成为某地的外来建筑文化。由于地域文化是一个变化的、开放的体系,不仅包含本民族的文化,还与其他民族文化不断融合,因此民族文化是地域文化的变动性要素。地域文化仿佛一棵扎根于大地的大树,尽情吸收日月精华而生长繁茂,一旦脱离了土地,它就会枯萎;民族文化则如一江春水,一路东流,尽管映照出两岸之景色,却始终带有自身的特性。

2.宗教文化与地域文化

对于许多地域性建筑,仅从地理、气候角度,无法解释其承载的文化现象,其中一个重要原因是它们包含了大量宗教文化内容。对于亚洲地域性建筑而言,同样如此。正如马里奥·布萨利在《东方建筑》一书的绪论中所指出的:"对于亚洲大陆的北部地区,包括苔原、森林和部分中央地带的沙漠和草原上的建筑发展状况……该地区只有各种类型的地下陵墓(如墓室和墓穴),在其地表上设有环形堆石、墓冢或其他方式的标识物,表明这些建造活动显然是由于祭神和葬礼的目的发展起来的。那种罕见的、后期出现的地下住宅形式,是气候(如为了御寒)和某种特殊功能要求下的产物。这种功能要求,只有从其特有的宗教文化角度才能加以了解。例如,置于结构之上的萨满教标识物具有象征的意义,但一旦这些标识物与孕育它们的文化背景相脱离,这些易理解的、富有生命力并代表了不同社会阶层的标识物就变得荒诞不经了。它们是一种典型的象征与巫术的功能主义,即便在亚洲也是相当夸张的极端个例。"[1]

宗教文化既有地域性,又有超出地域性的文化内容。从宗教信仰来看,它包括原始宗教、地区性和民族宗教以及世界宗教等类别。原始宗教一般包括图腾崇拜、巫术和万物有灵观念,现不同程度地存在于中南半岛、非洲、美洲和太平洋岛屿的某些民族中。原始宗教与地域要素紧密相关,原始宗教的文化反映出浓厚的地域特色,原始宗教建筑更是如此。地区性和民族宗教种类很多,如犹太教、神道教、印度教等。由于地区性和民族宗教分布范围较广,同一种宗教建筑文化,因所处地域不同而反映不同的地域特色。世界宗教是指佛教、基督教(包括新教、天主

---

① 马里奥·布萨利.东方建筑 [M].单军,赵焱,译.北京:中国建筑工业出版社,1999:6.

教、东正教)和伊斯兰教①。正是由于宗教信仰的内容与形式的不同,各地域的宗教建筑才呈现出五彩斑斓、样式繁多的景象。

亚洲具有浓厚的宗教文化基础,世界三大宗教中有两个发源于亚洲。亚洲的政治、经济、文化活动均与宗教密不可分。布萨利指出:"在这一地区,无论是政治理论还是政府权力的实际运转,统治者唯一可能与其臣民百姓相沟通的就是他们共同信奉的超自然的价值观——或是玄学的,或是宗教的。换言之,宗教的虔诚与狂热是统治者与平民之间唯一共同的基础。……于是,宗教思考的重要性被提升到一种西方人无法理解的高度,而这是建立在宗教与世俗之间总体上并非对立的观念基础之上的。"②他进而指出,亚洲地区的城市状况与居住方式对宗教文化的影响:"……宗教在亚洲大陆较之在其他大陆有着更为坚实的基础和重要性。以一种乡村网络形式分散布置的聚居方式,为宗教的冥思默想提供了可能性。这一特殊的因素,以及虔诚求道的灵魂可以散布在远离城市的隐修处修行——一种不受外界干扰而宁静的生活——有益于修行人精神上的悟道,而这对于亚洲以外地区的人们而言是不可理解的。此外,亚洲城市的不发达也会对这种特有的思维模式产生间接的影响。"在宗教文化的影响下,宗教建筑迅速发展,并在地域性建筑中留下了深刻的痕迹,它为建筑文化的发展提供了丰富的艺术素材。为了表达宗教含义,人们借用传统建筑形式和世俗性的艺术语言反映超俗的宗教精神,体现某一类宗教建筑的基本特征,从而保证其文化识别性。

宗教建筑的特色往往不受地域空间的限制。一般而言,大部分的居住建筑以满足日常生活为基本目的,更加关注地域环境气候;宗教建筑则以满足精神性功能为主要目的,强调对环境气氛的营造。因此,在建筑语汇上,宗教建筑往往采用典型性宗教符号和特定空间类型,表现出某些跨越地域的文化特征,从而与狭义的地域性建筑有一些明显的差别。

(四)国际性与地域性

20世纪30年代,建筑领域中出现的国际风格,使得建筑文化的地域性、民族性与国际性的关系问题开始成为人们关注的热点。20世纪60年代,全球化进程日益加快,愈加突出的文化趋同引起人们对建筑文化地域性的关注。如何协调和处理建筑文化的国际性与地域性的关系,已成为当代建筑创作中最为热门的一个话题。

如前所述,建筑是经济、技术、艺术、哲学、历史等各种要素的有机综合体。作为一种文化类型,建筑文化具有时空和地域特性,这是不同生活方式在建筑中的反映,同时这种文化特性又与社会的发展水平相关。例如,在农业社会中,由于交通不便和各地生产方式、经济结构等不同,传统建筑文化具有明显的地域性与民族性;而在工业社会中,随着交通工具的进步、经济和科技的发展、信息的传播,某

---

① 中国大百科全书光盘(1.1版):宗教卷[CD].北京:中国大百科全书出版社,2000.
② 马里奥·布萨利.东方建筑[M].单军,赵焱,译.北京:中国建筑工业出版社,1999:8.

些建筑文化成为"国际性"建筑文化。这种"国际性",是特定时期某一地域性、民族性文化提炼、升华以及被广泛认同和接受的结果。

毋庸置疑,优秀的地域性建筑文化在适应当地气候、维护生态环境平衡、体现可持续发展理念等方面,均有自身的优点。同时,它具有强大的社会凝聚力,在促进社会的稳定与人际关系的和谐中,发挥着重要的作用。因此,需要大力保护地域性建筑文化,使建筑文化具有鲜明的地域特色。但是,在全球化的环境中,跨文化交流越来越频繁,随着经济、技术等的一体化,要想保持本土文化的纯洁性已经越来越不可能。因此,必须辩证地看待建筑文化的国际性与地域性问题:从空间属性看,国际性是地域性的范围的扩大;从适应性角度看,国际性是地域性建筑文化适应范围的扩展,即从适用于特殊性问题变为适用于普遍性问题;从建筑文化的特点看,国际性是将多样性的地域性建筑文化转变和提炼为带有同一性特征的建筑文化。因此,它们具有相辅相成的关系。

从发展的角度看,地域性建筑作为一个文化生态系统,有其新陈代谢的规律,它将随着历史的发展而发展。随着全球化进程的推进,当代建筑师需要摒弃地域性建筑中封闭落后的功能模式,变革其与现代生活方式不相适应的部分,大力改善地域性技术与现代施工方式相矛盾的状况,努力寻求地域文化与全球意识的结合点,把人类优秀的传统文化融会于当代建筑文化之中,使地域性建筑文化中优秀的部分不断地转化为国际性建筑文化。

因其特殊性与普遍性,地域文化和民族文化在一定条件下可以转化为国际文化;同样,国际文化也可以被吸收、融合成为新的地域与民族文化。在人类文化交流史中,一些优秀的民族文化突破地域限制转化为国际文化。例如,在服装领域,西服已经成为世界性服装;原产于美国西部的牛仔裤,也因受到各国人民的喜爱而成为国际性服饰。在建筑历史的长河中,伊斯兰教、佛教和基督教建筑文化,以及发源于欧洲的现代建筑文化,不断突破地域的限制,成为或部分成为国际性建筑文化。

同样,在跨文化的交流中,国际文化和外来民族文化不断被吸收、融合成为新的地域文化;国际文化和本土文化的相互作用,不仅可以促进文化交流和发展,而且可以丰富建筑作品的文化内涵。例如,日本建筑师原广司(Hiroshi Hara)的作品"大和中心",通过对世界各地聚落形式的表现与交融塑造当代日本的建筑文化。其作品充满现代建筑的美学魅力,同时体现了传统日本文化对外来文化的包容精神。中国建筑师莫伯治、何镜堂的作品广州西汉南越王墓博物馆,突破传统文化概念,广泛吸收中外建筑文化的精华,塑造当代建筑精品。瑞士建筑师马里奥·博塔(Mario Botta)的诸多建筑作品,将抽象、清晰的现代建筑形式与地域文化相结合,表现出对历史传统的尊重,对地域文化的深度挖掘,以及对现代主义的批判继承,创造了一种新的地域性建筑文化。

随着人类社会跨入信息时代,工业时代侧重"分析"的科学思维模式逐步转向"综合"。工业时代的文化价值观表现为"人类与自然""传统与现代""国际性与地域性"等的"二元对立";在全球化的信息时代,文化价值观已经超越"二元对立",表现出"多边互补"的特性。因此,"国际性""地域性"和"民族性"文化将互融共生。

对于建筑文化的国际性问题,邹德侬着重分析了它与地域性的中观层次——国家性的差异。在《在国际性和国家性建筑框架里的中国现代建筑》一文中,他提出"国家性建筑"(national architecture)和"国际性建筑"(international architecture)这两个概念,并且表达了以下观点。

(1)国家性建筑是一个国家根据自身的条件所发展的一种具有特殊意义的建筑。常说的民族风格建筑就是一种国家性建筑。

(2)国际性建筑是可以或者已经被国际上吸收的一种具有普遍意义的国家性建筑。所谓的国际风格建筑就是一种国际性建筑。

(3)国家性建筑和国际性建筑不存在谁先进、谁落后之分,正像地方性文化和全球性文化之间也不存在谁先进、谁落后的问题一样,它们是特殊性和普遍性之间的关系。

(4)优秀的国家性建筑分为两种:一种是可以被国际上吸收的,上升为国际性建筑的;另一种是基本上不可以在国际上普及或被广泛吸收的,它以自己的独特魅力屹立于世界建筑之林,所谓"越是民族的就越是国际的"[①]。如此说来,这两种建筑都有途径走向世界。

因此,在当今世界,随着建筑文化不断趋同,其发展和进步,既包含地域性、民族性建筑文化向国际性建筑文化转化的过程,也包含国际性建筑文化被吸收、融合成为新的地域性建筑文化与民族性建筑文化的过程。二者既对立又统一,相互补充向前发展。地域性建筑文化是从传统文化中提炼出来并融入时代精神的产物,是全球性文化的重要组成部分,它能与国际性建筑文化产生对话,成为现代科技与传统文化的桥梁。

20世纪建筑的纲领性文献《北京宪章》,基于科学的思维方法,对建筑的国际性与地方性、全球化和多元化等问题做了科学、辩证的思考。对于全球化问题,它指出"全球化和多元化是一体之两面",并认为"随着全球各文化——包括物质的层面与精神的层面——之间同质性的增加,对差异的坚持可能也会相对增加"。针对本土与外来文化的关系,它指出"建筑学问题和发展植根于本国、本区域的土壤,必须结合自身的实际情况,发现问题的本质,从而提出相应的解决办法;以此为基础,吸取外来文化的精华,并加以整合,最终建立一个'和而不同'的人类社会"[②],这为发展当代地域性与民族性建筑文化指明了正确的方向,提出了纲领性实施办法。同时,《北京宪章》在融会东西方文化精华的基础上,突出了发展中国

① 邹德侬. 在国际性和国家性建筑框架里的中国现代建筑 [J]. 建筑师, 1996 (73): 8.
② 国际建协"北京宪章"(草案,提交1999年国际建协第20次大会讨论)[J]. 建筑学报,1999 (6): 6.

家的声音；在深入探索当今建筑与文化的各种关系的基础上，提出了发展文化的科学对策。

对20世纪建筑的三大经典宪章——《雅典宪章》《马丘比丘宪章》和《北京宪章》做文化观念的比较，结果见表1-2。

表1-2 三大宪章的文化观念比较

文化观念	宪章名称		
	《雅典宪章》	《马丘比丘宪章》	《北京宪章》
文化基础	西方文化	西方文化+拉美文化	东西方文化的交融
文化价值	强调同质性	强调差异性的补偿	强调差异与同质的交融
文化特性	国际文化	地域文化	全球-地域文化
文化策略	文化排斥	边缘文化补偿	文化共生、和而不同
文化原点	植根于功能	植根于人的交往	植根于本土

在"传统与现代"和"国际性与地域性"等问题上，《北京宪章》指出"建筑学是地区的产物，建筑形式的意义来源于地方文脉，并解释着地方文脉。但是，这并不意味着地区建筑学只是地区历史的产物。恰恰相反，地区建筑学更与地区的未来相连"，并号召建筑师"运用专业知识，以创造性的设计联系历史和将来"[1]。

面对各种文化的差异，《北京宪章》承认"区域差异客观存在，对于不同的地区和国家，建筑学的发展必须探求适合自身条件的蹊径，即所谓的'殊途'"[1]，从而使"现代建筑的地区化，乡土建筑的现代化，殊途同归，推动世界和地区的进步与丰富多彩"[1]。这些论述对于保护和发展人类建筑文化有着特殊的意义。《北京宪章》摒弃了"西方文化中心论"，建立了"文化多元"的创作观念，科学论证了诸多关于文化发展的哲学问题，充分揭示了21世纪建筑与文化的发展规律，为世界各地尤其是发展中国家的建筑文化，指明了正确的发展方向。因此，它对地域性建筑的发展有着特殊的现实指导意义。

---

[1] 国际建协"北京宪章"（草案，提交1999年国际建协第20次大会讨论）[J]. 建筑学报, 1999（6）: 7.

第二节　美学视野下的地域性建筑特色

传统地域性建筑的特色,主要包括自然特色和人文特色。现代地域性建筑的特色,还包含技术特色。

一、美学特色的影响因素

地域性建筑作为历史发展进程中的产物,其美学特色与自然和人文环境密不可分,这种特色鲜明地表现在建筑与城市的实体和文化空间中。

（一）自然环境对建筑特色的影响

建筑是人类为了生存而创造的自然环境与人文环境的综合体。自然条件对建筑文化的影响之大不言而喻。尤其是在科学技术不发达的古代,自然条件对建筑特色的形成更是起到至关重要的作用。梁思成指出:"建筑之始,产生于实际需要,受制于自然物理,非着意创制形式,更无所谓派别。其结构之系统,及形式之派别,乃其材料环境所形成。古代原始建筑,如埃及、巴比伦、伊琴、美洲及中国诸系,莫不各自在其环境中产生,先而胚胎,粗具规模,继而长成,转增繁缛。其活动乃赓续的依其时其地之气候,物产材料之供给……"①

自然特色是由当地的气候、地形、地貌和资源等环境因素促成的。对建筑形成有影响的自然因素主要包括地理因素、气候因素和材料因素等。进入工业社会前,技术水平低下,人们无法突破自然力的限制,在建筑营造活动中,只能敬畏并尊重自然,被动地顺应自然,保持整体环境的统一性。在相近的自然环境下,传统建筑表现出相同的艺术观念和设计手法;受自然和技术条件的限制,建筑常常选用类似的形制、材料、色调,因而产生相似的建筑形式,建筑群体保持协调一致,同一地域的建筑往往具有某些自然环境的共性特征。反之,在相异的自然环境下,

---

① 梁思成. 中国建筑史 [M]. 天津:百花文艺出版社,2005:3.

不同的平面布局、结构方式、外观造型、材料应用、细部处理和颜色应用等,使得不同的地域形成各自独特的地域性建筑景观,产生各具特色的地域文化。

在中国浙江的温岭石塘(图1-7)、箬山[①]的渔村,自然在建筑中留下了深深的烙印——为了防台风,当地民居往往采用三合院格局,用当地的石材垒外墙、铺地面,并用石块压住屋顶和瓦片,在浑厚的石墙上只开了几个小窗。倾斜的墙角线和四坡顶的炮楼,给人一种强烈的耸身向上却又稳如磐石的坚实感。一些民居更突出石头的表现力,展示出稳定、雄健的美学效果。从海上望去,层层石墙、参差错落的屋面与岩石裸露的山体有机地结合在一起,形成奇特的民居造型[②]。

图 1-7 中国浙江温岭石塘民居

传统的中国园林强调建筑与自然环境相结合;同时,师法自然,用树木、池塘和石块等创造优美的人工景观。造园强调因地制宜,突出重点,努力塑造园之特征,创造出园林景观独特的美学意境。陈从周在《惟有园林》一书中,从鉴赏的角度描述北京圆明园:"我说它是'因水成景,借景西山',园内景物皆因水而筑,招西山入园,终成'万园之园'。无锡寄畅园为山麓园,景物皆面山而构,纳园外山景于园内。网师园以水为中心,殿春簃一院虽无水,西南角凿冷泉,贯通全园水脉,有此一眼,绝处逢生,终不脱题。"[③]日本园林也模仿自然,却表现出更为抽象的特征——采用隐喻、象征的手法,例如用沙子象征水体,形成枯山水的特殊意境。这种雅致的品调,使建筑别具禅意。

韩国传统建筑也强调与自然协调的美学观念。受中国建筑思想的影响,它讲究风水,强调顺应自然,努力显现自然美,在设计中尽量少用人为技巧破坏自然环

① 位于浙江省温岭市东南海滨,原为箬山镇,现已并入石塘镇。
② 萧加. 中国乡土建筑: 人生只合越州乐(浙江)[M]. 杭州: 浙江人民美术出版社,2000: 58.
③ 陈从周. 惟有园林[M]. 天津: 百花文艺出版社,1997: 5.

境。为突出造型的外观美,造型意匠亦有特色,如在总体布局和空间构成上表现出非对称性,在装饰上重视细部,在色彩上变化多样。在造型上,柱子为凸肚状并向内倾斜,隅柱突出,屋檐和屋顶形成曲线,窗户周边装饰也别具风趣。虽刻画细部,但更追求小中见大,拙中取巧。同时,处处考虑人的尺度,让人感到端雅、亲近,避免产生浮夸和华而不实之感。由于重视自然,其外观简朴、淡雅,强调整体之美①。

　　建筑的平面和立面布局特征,也与气候、环境关系密切。在南亚和中亚,利用院落和采用遮阳措施来阻挡强烈光辐射;在西亚和中国新疆等地区,采用相对封闭的平面布局来防止风沙的入侵;在东北亚等高纬度地区,采用独特的构造做法,利用保暖材料,形成陡峭的坡顶以防积雪;在东南亚地区,气候温和多雨,为了便于排水,屋顶往往采用层层出挑的方式;在亚热带地区,为了防潮通风,发展出了高窗和吊脚楼的建筑形式。由此,各具特色的建筑形象形成。

　　现代建筑师也从自然环境中寻找建筑创作的灵感,他们凭借丰富的创作经验,借助现代建筑技术,摆脱形式的束缚,融入气候、环境特色,诠释社会与乡土文化的内涵,从而创造了一批杰出的现代地域性建筑。

　　美国建筑师赖特(Frank Lloyd Wright)受到美国中西部乡村生活的启发,采用当地的石材和传统木材作为墙面材料,设计出与中西部草原相协调的低矮舒展、空间丰富的建筑作品。在草原式住宅中,充分利用砖、灰泥和木材等材料的特性,采用L形、T形或十字形的重叠平面和单元式体系,在造型处理上强调水平出挑的阳台和屋顶。例如,罗宾住宅(Frederick C. Robie House,1909,图1-8)沿街立面保持连续的水平线条,低矮的砖砌体和层层下降的平台,使建筑逐步过渡到地面,创造出内外流动的空间。威斯康星州北塔里埃森(Taliesin North,1931,图1-9)源自实用主义的创作理念,也是尊重地形、地貌的结果,表现出真诚、忠实而不造作的美学性格。亚利桑那州西塔里埃森(Taliesin West,1938,图1-10)是赖特设计的另一个与当地景观紧密相关的作品。在这里,沙漠地形的纹理与色彩,平坦而粗犷的砾石地表,为建筑作品表现大自然的力量提供了丰富的题材。建筑利用阶梯式的露台,低矮的石墙与平屋顶,表现出印第安建筑的风格。

　　在沙漠环境中成长的建筑师朱迪斯·查菲(Judith Chafee)将时尚的现代设计融入索诺兰沙漠。在亚利桑那州图森的拉玛达(Ramada)住宅(1980,图1-11)的设计中,需要考虑干热的沙漠气候和美国西南部强烈的日光,尤其需要考虑冬季结束后戏剧般快速变长的白天。因此,建筑师以光线变化作为建筑设计的出发点,塑造出建筑与大地、空气和水这些要素的景观变化②。查菲没有迎合历史风格,而是将现代主义形式和当代材料(混凝土而非土坯)与传统沙漠风格进行创新结合,使建筑成为土地的一部分,这是从沙漠中孕育出来的现代主义。

---

① 杨洪青,原向东. 浅谈韩国建筑文化的历史发展与几点思考 [J]. 烟台大学学报(自然科学与工程版),1995(1): 70-79.
② CURTIS W J R. Modern architecture since 1990[M]. 3rd ed. London: Phaidon Press Limited,1996: 637.

图 1-8 罗宾住宅

图 1-9 威斯康星州北塔里埃森

图 1-10 亚利桑那州西塔里埃森

图 1-11 亚利桑那州图森的拉玛达住宅

澳大利亚建筑师菲利普·考克斯(Philip Cox)提倡尊重自然的设计思想,努力表现建筑的地域特色,并在气候、地理和文化方面进行了有益的探索。在尤拉勒艾尔斯岩度假村(Yulara Ayers Rock Resort,1981,图 1-12)的设计中,由于建筑所在地位于澳大利亚中部,西面和南面分别为艾尔斯岩和奥伽斯山,因此该地气候炎热干旱,具有典型的沙漠地带景观特点。建筑师巧妙发挥地形的作用,并对气候和文化做出回应,将主体建筑依山就势布置,方便游客欣赏艾尔斯岩和奥伽斯山的自然景色;建筑群各功能分区以庭院或广场为中心布置,周围设有环廊;采用瓦楞铁皮顶、网状遮阳篷等,将外墙喷涂成与沙漠颜色相似的褐黄色,且在室内摆放当地艺术品。无论在总体布局上还是在细部处理上,该设计均反映了澳大利亚内陆地区传统住宅的特点,使该建筑群具有鲜明的可识别性和浓郁的场所精神。该设计以其"具有独特的形式,壮丽的景观,适应特异气候,反映文化传统"[1]的特点,获得 1985 年澳大利亚公共建筑泽尔曼·考恩爵士奖(Sir Zelman Cowen Award for Public Buildings)。

（二）人文环境对建筑特色的制约

1.人文环境的内在制约

尽管自然环境对地域性建筑的影响很大,但它并不是影响地域性建筑美学特色的唯一因素。不同地域的人文环境,同样是建筑产生地域性差异的重要条件。一个地域的人文环境往往包括该地域的政治、经济、文化、技术、价值观念、宗教伦理,以及该地域人们的综合素质、精神风貌、心态性格、生活方式等因素。

建筑作为一种生存环境,与人文环境有着密不可分的内在关联。它既要满足社会的物质功能要求,也要体现人们的思想意识、伦理道德、审美情趣、社会心理

[1] 高亦兰.建筑形态与文化研究 [J].建筑师,1994（56）:6.

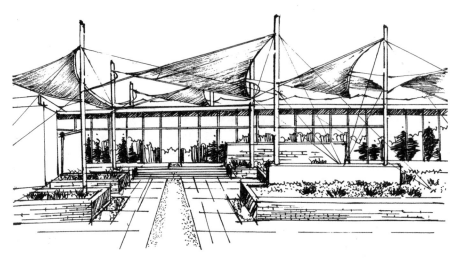

图 1-12 尤拉勒艾尔斯岩度假村

和生活行为方式等。因此,地域性建筑的美学特色,既反映自然环境特性,也在一定程度上表现为人文环境特色。人文环境极大地制约着建筑的空间布局、外观形式、细部装饰等。

2. 人文特色的形成过程

在古代,落后的交通工具和信息传播手段,使得某一地域的人们在心理上达成一种共识——维护类似的价值观和审美评判标准,这种共识潜移默化地影响着人们的现实生活。因此,某种文化生活模式得以扩散,并相对稳定地留存在特定的区域。

现今,科技、信息高度发达,人们的生活方式在不断地趋同,但是个性化、地方化的需求依然存在。因此,无视地域与文化差异的国际性建筑不断受到人们的批评。肯尼斯·弗兰姆普敦(Kenneth Frampton)对无视地方文化的"国际主义"建筑持否定态度,并不赞同这种"全球文明",并大力推崇创造新生地方文化,汲取地方的传统做法。现代地域主义也正是在全球化的发展进程中获得了广泛的基础。

建筑的人文特色,是文化观念在空间中的积淀,是地缘政治、经济技术、生产方式、民俗和宗教等在空间、方位、形式、比例方面的特定形制与要求。例如,中国古代城市具有强烈的封闭性,呈现由外而内的向心性,以厚厚的城墙构筑外城、内城、皇城等城池,体现"内敛"的中国传统文化;而欧洲的城市往往只有城堡而无城墙,呈现由内而外的秩序感,反映了西方文化"外向"的特点。同样,中国建筑注重群体环境,而西方建筑突出单体空间,这与中国文化强调人的社会性、西方文化弘扬人的个性有关。

不同的中西文化观念,亦在园林建筑中得以充分体现。中国传统园林崇尚自然,讲究"虽由人作,宛自天开",强调因借环境,因此建筑与自然联系紧密;西方古典园林整齐对称,突出人工特点,强调几何图案的线条美。中国江南园林融绘画、诗词、歌赋等传统艺术于一体,是古代文人为摆脱宗法礼制对精神的控制而寄情于自然山水的产物,体现了中国文化"重情"的特点。西方园林的几何美,表达了西方文化中"唯理"的哲学精神。因此,建筑是文化的物化形式,是人文精神在空间形态的折射和凝聚。

人文环境产生于自然环境,一旦形成会潜移默化地影响当地居民的思想、行为、生活方式等,进而形成一种新的文化情境,在与外来文化的交融中,不断推动地域文化的改造、更新和发展。

例如,希腊地处欧洲东南角、巴尔干半岛南端,三面临海,海岸线长,良港众多,爱琴海中的大小岛屿星罗棋布,对外交通便利,农业、手工业与工商业繁荣,形成了发达的航海、造船、建筑、制陶和冶铁等技术;同时,该地自然条件独特,气候温和,盛产各种农作物。谷物与葡萄的大量种植以及酿酒业的发展,使希腊人对酒神狄奥尼索斯(Dionysus)产生狂热崇拜。得天独厚的地理环境,使希腊人形成了思想开放、胸襟豁达、高尚热情、崇尚自然、追求理性的民族性格,也使希腊产生了独特的建筑风格。

同样,中国江浙地区由于拥有密布的河网和漫长的海岸线,形成了独特的水乡文化。这种文化注重实际,富有开拓精神,善于吸收外来文化。"海上丝绸之路"的开辟和近代以来的文化交流,使江浙文化深受各国优秀文化成果的影响,得以发展繁荣。正是在这种多文化冲击、包容和整合的社会环境中,江浙民居和近代海派建筑文化才得以孕育。

澳大利亚学者凯瑟琳·斯莱塞(Catherine Slessor)指出,地域主义着眼于特定的地点与文化,关心日常生活与真实且熟悉的生活轨迹,并致力于使建筑与其所处的社会维持一种紧密与持续的关系。更重要的是地域主义试图从经验中学习,借此达到修补、细心琢磨、接纳、排斥、调整与响应当地特色的目的。地方历史、地理、民风、经济、传统、科技以及文化生活等要素都是地域主义的来源[1]。

因此,在研究地域性建筑的美学特色时,应当联系社会文化的各个方面,探讨人类文化的起源和演进过程,研究人类的习俗活动、宗教信仰、社会生活、美学观念及其在建筑上的反映,比较不同地区、不同民族的文化特质,系统地看待建筑与人类社会的内在关系,将建筑与自然和社会环境作为一个整体来研究,不仅考虑建筑的平面、立面、比例、尺度等外观层次,而且必须深入研究形式表现背后的文化内涵。

(三)技术、材料对特色的作用

1.工业材料、技术与建筑

技术作为人类改造自然的一种手段,是主体与客体、自然与人文之间的一座桥梁。建筑是自然环境与人文环境的结合体,其美学特色与建造技术有极其密

---

[1] 凯瑟琳·斯莱塞.地域风格建筑[M].彭信苍,译.南京:东南大学出版社,2001:16.

切的关系。科技成就的表达是现代建筑的一个重要美学特点。早期的现代建筑大师——勒·柯布西耶(Le Corbusier)和瓦尔特·格罗皮乌斯(Walter Gropius)等人,一直强调工业技术在建筑发展中的作用。无论是20世纪初期贝伦斯(Peter Behrens)为通用电气公司设计的柏林透平机工厂(AEG Turbine Factory,1908,图1-13),还是密斯·凡·德·罗(Ludwig Mies van der Rohe)设计的纽约西格拉姆大厦(Seagram Building,1958,图1-14),都表明科技进步是持续推动现代建筑发展的动力。

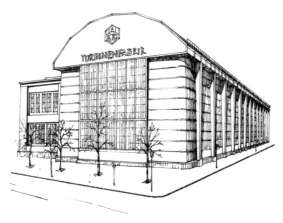

图 1-13 柏林透平机工厂

当代高技派建筑师为了提高建筑的表现力,尤其推崇利用新技术和新材料。作为20世纪最有影响力的结构工程师之一,彼德·莱斯(Peter Rice)利用现代技术和建筑材料,富有诗意地表现了建筑的美学效果。作为奥雅纳工程顾问公司(Ove Arup & Partners)设计团体的成员,莱斯参与了建筑师约恩·伍重(Jørn Utzon)的悉尼歌剧院(Sydney Opera House,1973,图1-15)、伦佐·皮亚诺(Renzo Piano)和理查德·罗杰斯(Richard Rogers)的巴黎蓬皮杜中心(Center Georges Pompidou,1977,图1-16)以及伦敦劳埃德大厦(Lloyd's Building,1986,图1-17)等项目,这些建筑均因带有创新性的暴露结构而著名。而后,在英国史丹斯德机场候机楼(Stansted Airport Terminal,1991,图1-18)和日本大阪关西国际机场(Kansai International Airport,1994,图1-19)项目中,高技术在建筑上的表现力得以进一步体现。莱斯在波浪状的欧洲里尔高速列车(TGV, train à grande vitesse)火车站(Lille-Europe TGV Station,1994,图1-20)项目中将结构技术的艺术魅力发挥到极致。莱斯认为,工程师的真正职责是完美利用材料的物理性能,探索其潜在的结构表现力。

建筑和技术之间不断地确立相互关系。在现代建筑发展初期,建筑师为适应建筑的大批量生产而推崇标准化设计,因此产生偏爱极端功能和缺乏逻辑的现象。在当代,高技术改变了这种设计程序和美学爱好。在建筑建造中,从刻板、理性的功能分区到强调灵活和具有弹性的设计,从引用无场所感的工业程序到推崇结合地域与文化的设计,从推崇国际文化到强调地域与民族文化,从关注建筑的

图 1-14 纽约西格拉姆大厦   图 1-15 悉尼歌剧院

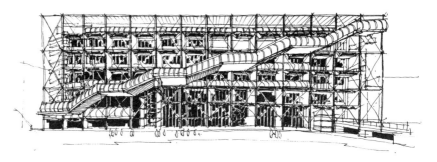

图 1-16 巴黎蓬皮杜中心

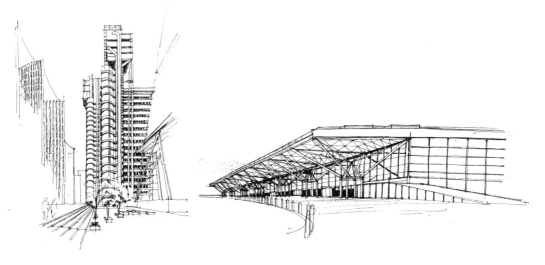

图 1-17 伦敦劳埃德大厦   图 1-18 英国史丹斯德机场候机楼

图 1-19 日本大阪关西国际机场

图 1-20 欧洲里尔高速列车火车站

永恒性和纪念性到追求可持续发展,使城市文脉、民俗民居等成为热门话题。与此同时,环境问题日益得到全社会的重视,社会伦理、行为心理等成为建筑设计关注的焦点,绿色和生态建筑成为建筑的发展方向。皮亚诺在作品中摒弃了早期冰冷的高技风格,在创作中注重挖掘地方技术和传统材料的表现力。在法国里昂国际城(La Cité Internationale de Lyon, 1995,图 1-21)项目中,皮亚诺将陶瓦挂在金属龙骨上。在柏林波茨坦广场戴姆勒 - 克莱斯勒区块设计(Daimler-Chrysler Project Potsdamer Platz Berlin, 1991,图 1-22)中,长条形的陶瓷面砖塑造出木板饰面的效果,使建筑充满人情味和地方情调,表现出重视建筑的地域性、关注环境文脉的艺术精神。

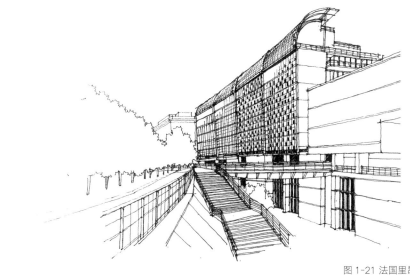

图 1-21 法国里昂国际城

图 1-22 柏林波茨坦广场戴姆勒 - 克莱斯勒区块设计

2. 乡土技术与地域性建筑

建筑材料的地域性也是反映地域性建筑美学特色的一个重要方面。建造建筑需要大量的材料,在交通不发达的年代,许多建材因体积庞大而运输困难,所占造价比重大,因此人们多采用就地取材、就近采集和生产的建筑方法,以最大限度地发挥建材的力学和美学特性。正是由于这一原因,才出现了盛产石材的地区多石作、森林地区多木构和竹楼、黄土高原多窑洞等现象。

乡土技术是利用当地材料、当地设施和地方建造经验进行建造活动的技术,又称地方技术。它易于操作,具有典型的地域特点。对于不发达的国家和地区来说,乡土技术往往是解决居住问题的最佳方法,因而极具生命力。传统的地域性建筑强调利用乡土技术和本地材料作为建造的实现手段。正因如此,"低技建筑"在某种意义上成为乡土建筑和地域性建筑的代名词。

亚洲幅员辽阔,各地气候、资源情况差异明显,因而各地民居形式各异,包含着丰富的地方技术。其中生土技术中的窑洞建造技术、干打垒技术等都极具美学特色,用这些地方技术建造的房屋,节约能源,造价低廉,用它们极易创造出具有地域特色的聚落和民居。

技术和材料在地域性建筑的美学塑造方面主要起到如下作用(图1-23)。

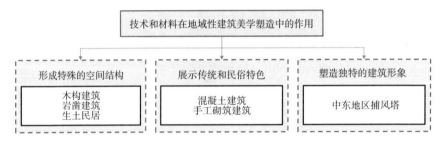

图 1-23 技术和材料在地域性建筑美学塑造中的作用

1)形成特殊的空间结构

亚洲建筑主要采用木构、石构和生土技术等建造,一般由石材、木材、砖或其他材料构成。石构建筑中的岩凿建筑,不仅造型独特,具有特殊的空间结构形式,而且往往与宗教题材相结合。例如,中国的敦煌石窟(图1-24),它用丰富多彩的壁画淋漓尽致地表现了当时顶级的艺术水平。这些壁画及顶部装饰可以掩饰墙和岩穴的粗糙表面,并"减弱那些大块而色调灰暗的、塞满空间的岩石所产生的沉重感,由于光照不足,这种感受更为明显:强烈的开窗欲望因壁画的艺术形式而得到满足,使人们能通过壁画不时看到奇妙而又给人以启迪的外部世界"[1]。岩凿建筑建于石窟中而没有外部空间。石窟的洞口设计醒目,是为了满足出入和采光的要求。

生土建筑指以未焙烧而仅做简单加工的原状土为材料营造主体结构的建筑。例如,中国西北地区干旱少雨,土质优良,人们运用生土技术和材料,设计独特的村镇景观。这里的大量建筑,除门窗外几乎全用生土建成,建筑开窗小而少装饰(图1-25)。窑洞是另一种利用生土技术建造的建筑。它仅呈现一个立面,在外部并不显露形体。由窑洞(图1-26)组成的村镇聚落与一般的村镇迥然,具有极为鲜明的地域和乡土特色。中国南方地区也有使用生土做建筑材料的民居。它采用防水性能佳的青瓦覆盖屋面,以解决生土防水性能差的问题;同时,坡屋顶出檐深远,并用天然石块来砌筑墙基,以防止雨水侵蚀墙体。福建永定地区的土楼(图1-27),用生土构筑墙体,以青瓦覆盖屋面,出檐较深,窗洞很小。不同材料的应用,

---

[1] 马里奥·布萨利. 东方建筑 [M]. 单军, 赵焱, 译. 北京: 中国建筑工业出版社, 1999: 11.

图 1-24 中国敦煌石窟

图 1-25 中国西北地区的生土建筑

图 1-26 窑洞

图 1-27 福建永定地区的土楼

形成色彩和质感的对比,丰富了景观变化。用生土砖砌墙,又以乱石砌筑墙基,形成鲜明的民居地域特色[①]。当代建筑师利用黄土的热惰性和太阳能技术开发出新型的生土建筑,发挥它的采暖、节能优势,努力解决原有的采光、通风、防潮、稳固、能源等方面的问题,为人们提供了造价低廉、节能、舒适的居住场所。他们运用传统建筑中蕴藏的生态技术,为可持续发展做出了贡献。

2)展示传统和民俗特色

地方材料与技术来自民间,能够表现传统与自然的融合,人们能够从中体会到归属感和地区感,这种情感需求的满足使人们在内心深处产生对地方材料的偏爱。例如,典型的地方材料——砖,取材于天然泥土,被加工成与人体尺度相符且适合手工砌筑的尺寸,从而与自然和人均产生了天然联系。

同样,现代地域性建筑通过现代技术和乡土技术的有机结合,在空间、形式和工艺上体现出独特的魅力,反映了当代地域特色。日本建筑师安藤忠雄(Tadao Ando)用混凝土强调材料表面简洁与均质的特性(图1-28),利用反射光线穿透稳重厚实的墙体,使空间呈现非物质化特性,产生空间上的穿透性与流动性;细心处理的几何形式与极简的操作手法,营造出具有日本传统空间特质的静谧空间,发挥材料特性,表现特定形式,塑造出生动且富有生命力的现代地方语言。

荷兰建筑师威尔·艾里兹(Wiel Arets)利用材料的特性,巧妙地将清水混凝土、玻璃砖和砖块等现代与传统材料混合使用,将光线引入空间中,追求对构造的理性表达。光线引入、极简构造以及内外空间渗透等处理手法,在建筑设计中用来表达当代的地域性[②](图1-29)。

3)塑造独特的建筑形象

地域性建筑技术常常塑造出独特的建筑形象。例如,中东一些地区的捕风塔(图1-30)建造技术就是一例。在每年的4月到7月,当地的日间温度超过45 ℃。

① 彭一刚. 村镇聚落的景观分析 [M]. 台北:地景企业股份有限公司出版部,1991: 127.
② 凯瑟琳·斯莱塞. 地域风格建筑 [M]. 彭信苍,译. 南京:东南大学出版社,2001: 21.

图 1-28 安藤忠雄的作品用混凝土强调材料表面简洁与均质的特性

图 1-29 建筑师威尔·艾里兹作品马斯特里赫特（Maastricht）艺术与建筑学院

为了降低温度,捕捉微风进入室内,在每个房间屋顶上都设置了采风器,它们仿佛带斜盖的"烟囱"伸出屋面。在多层住户中,采风器则贯通各层。由于各地夏季主要风向有所不同,有的地区捕风塔方向一致,有的地区塔顶的几个朝向都有进风口。这种技术沿用数百年之久,直至今日,一些建筑师仍在运用,以达到节能和增强地域识别性的目的。

二、文化内涵的空间折射

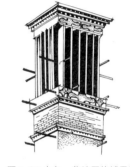

图 1-30 中东一些地区的捕风塔

地域性建筑的一个重要美学特色,是在建筑的实体形式、空间方位、装饰和符号象征等各个层面,都渗透和反映了深层的文化内涵。

（一）形式中的美学特性

在建筑形式中,地域性建筑主要在空间与界面、标志与节点、光影与色彩等方面表现出独特的美学特色。

1.模糊复杂的空间与界面

与现代建筑空间相比,传统地域性建筑空间的一个美学特征是空间性质的多元性和空间界面的复杂性。传统地域性建筑群由带状或线状空间构成,带有结构和秩序感的模糊性。例如,村镇聚落中的主街和分巷,形成"树"状分布的模式(图1-31),建筑分布于街巷两侧,具有较强的封闭性和私密性,天际线丰富,空间曲折多变。随着建筑的高宽比不同,开阔感与封闭感相互交错,空间的流通感呈动态的变幻,曲折迂回的局部变化不断强化空间感,形成层次众多的空间格局和起伏高潮。

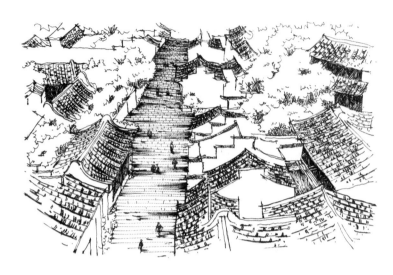

图 1-31 村镇聚落"树"状分布形成的街巷

　　传统山地居住区的房屋(图1-32)低矮且密密麻麻,斑驳陆离,放眼望去,可见曲折上下的条石街巷,纵横交错的遮篷支杆,新旧不一的生活器皿……在这里,经典的空间秩序已被剥夺,空间等级关系也被打破和颠倒。它所表现的空间矛盾性与复杂性,赋予了整个群体空间模糊性、复杂性、反秩序性,产生混沌和视觉交错的美感。于是对这一真实存在的和谐的"不和谐",人们再也不能用原有对空间的认知框架去描述它的形态特征,而必须放弃种种先入为主的认知,回到空间形式所形成的本源中。人们不再把以和谐为特征的秩序美作为评价或构成空间效果的唯一标准,不再认为"风格"的统一是构成建筑形式美的必要条件,不再以秩序解释反秩序[1]。

　　传统地域性建筑的欲扬先抑处理,疏密、虚实的对比,空间层次和递进变化,形成"起、承、转、合"的艺术效果。在这样疏密有致、起伏变化的街道中,建筑的重复排列、檐口轮廓线的转折与起伏变化以及材料和色彩的对比,使之出现不可意料之戏剧性的空间效果:建筑群整体造型前后呼应,产生丰富、独特的美学韵味和艺术内涵。

　　地域性建筑的另一个特点是公共与私有空间的模糊性。在传统村镇中,公共空间(如广场、街和市场)与生活空间混杂在一起,虽有一些扩大的空间节点和场院,但在整个空间体系中却显得分量不足。同时,公共空间往往随着时间的变化而变化。例如,一些传统村镇聚落在进行定时性的集市贸易时,敞开两边的门面,从而增大街道空间的容量,形成面状可变性商业空间,当集市散去后,关闭两边店面,形成线状空间(图1-33)。

① 苏勇,胡纹. 反秩序之美: 山地建筑空间与形式精神初探 [J]. 重庆建筑大学学报, 1998, 20(3): 30-35.

图 1-32 传统山地居住区的房屋

图 1-33 店面关闭后形成的线状空间

多元与混杂是亚洲建筑文化的一个重要特征,这一特征同样反映在建筑上。如混杂的表现之一是建筑功能的混杂。布萨利就指出:"在中世纪的日本,我们注意到别墅庄园和宗教建筑之间是可以相互转换的。例如,著名的京都平等院凤凰堂(图1-34),最初是属于藤原氏族的庄园,后来被同族的摄政王赖道改为一个宗教建筑。"[1]

---

[1] 马里奥·布萨利. 东方建筑 [M]. 单军, 赵焱, 译. 北京: 中国建筑工业出版社, 1999: 9.

图 1-34 京都平等院凤凰堂

2.特色鲜明的标志与节点

标志与节点是地域性建筑美学中建筑的地域属性与精神象征表现的特殊场所。在地域性建筑中,标志分为自然标志和人工标志。自然标志指特殊的树木、山体、湖泊与环境轮廓线等。日本建筑师隈研吾(Kengo Kuma)于轻井泽新艺术美术馆旁建造了一座消隐于自然的桦树苔藓教堂(Birch Moss Chapel,2015,图1-35)。建筑师在垂直钢结构的外表包裹白桦树干,仿佛树林中一棵棵树木撑起小教堂的透明玻璃屋顶。室内的长椅由玻璃和亚克力制成,苔藓地面从外部延伸至内部。建筑既与环境高度融合,又成为自然中的标志。虽然教堂没有浓厚的宗教意味,但为人们提供了一个与自然对话的平台。

凯文·林奇(Kevin Lynch)把节点当成"观察者可以进入的战略性焦点,典型

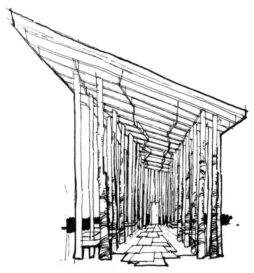

图 1-35 桦树苔藓教堂

的如道路连接点或某些特征的集中点"①。各地的地域性建筑分别用不同的标志表现空间的分界点,并表现不同的精神内涵。西方教堂的尖塔、纪念碑、凯旋门,中国传统建筑中的牌坊、塔等,往往成为空间起点的标志。

丹麦建筑师约翰·奥拓·冯·斯普莱克尔森(Johan Otto von Spreckelsen)设计的拉德芳斯大拱门(Grande Arche de La Défense,1989,图1-36),位于巴黎新旧城区的分界点,110米高的巨型透空立方体成为巴黎香榭丽舍大道上的一个高潮节点;同时,"门"的形体意象使新旧城区得以延续,这座建筑也成为巴黎的重要标志。

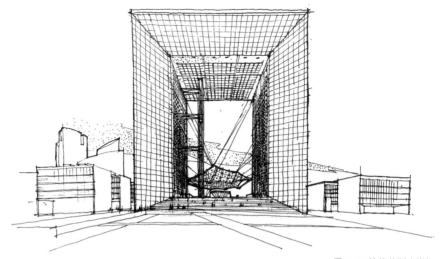

图 1-36 拉德芳斯大拱门

中国新疆吐鲁番维吾尔族传统聚落中都设有一座清真寺,以满足人们每天五次做礼拜的需求。处于居住环境中心的清真寺建筑成为整个民居群的焦点。这个焦点既是吐鲁番维吾尔族聚落的中心,更是当地维吾尔族的精神中心。

3.奇幻精妙的光影与色彩

光影与色彩的处理能够体现地域性建筑独特的空间氛围,为建筑留下场所的独特印记。光影之于空间,如同灵魂之于生命。它点亮了冰冷的建筑,在精神上既可以给人以慰藉,也能够营造纯粹的环境氛围。原本静态的空间因光影的变化发生转变,书写着在时间维度上产生的动态美。安藤忠雄的作品——"光之教堂",外形为一简单朴素的混凝土容器,但十字形光线的引入顿时点亮了神圣的内部空间。位于讲坛后方的十字形开口,面朝东切割出戏剧化效果。位于礼拜堂侧边混凝土墙端的两个落地高窗,为教堂提供了辅助光源,减弱了十字形光线与封闭幽暗的空间之间的强烈对比。建筑建成后不仅为人们提供宗教上的庇佑,更成为建筑界的里程碑。

美国建筑师安东尼·普雷多克(Antoine Predock)的作品亚利桑那州立大学纳

---

① 凯文·林奇. 城市的印象 [M]. 项秉仁, 译. 北京: 中国建筑工业出版社,1990: 42-43.

尔逊美术中心(Nelson Fine Arts Center Arizona State University,1989,图1-37),从受山脉影响而形成的索诺拉(Sonoran)沙漠景观中获得灵感,将光影与建筑艺术巧妙结合。建筑因阳光的强弱与角度变化而产生体量感与色调的变化,低矮的建筑与耸立的高塔形成对比,恰如沙漠里的丘陵与山脉。老虎窗引进不均匀光线,创造出奇幻光影。巨大墙面上的小孔分割组合校园建筑的立面,营造出朦胧的美学效果。

图 1-37 亚利桑那州立大学纳尔逊美术中心

孟加拉国建筑师玛丽娜·塔巴苏姆(Marina Tabassum)在达卡为当地居民设计了拜特·乌尔·鲁夫清真寺(Bait ur Rouf Mosque,2012,图1-38)。受到15世纪孟加拉苏丹国陶土砖建筑遗产和路易斯·康(Louis Isadore Kahn)设计的达卡国会大厦的启发,建筑没有采用任何传统形式符号,外形表现为简单清晰的方圆相嵌,巧妙地扭转了场地边线与主体空间朝向麦加的轴线之间的夹角,同时在方圆之间形成了四个弓形的窄院,有效地解决了主体空间的通风、采光以及气候调节的问题。陶土砖和混凝土两种材质的组合,强化了内外空间的对比。外观略显封闭的方盒子严格地控制光线的进入和透出,大厅屋顶中央呈圆形分布的散点状采光口,使光线投射在地上形成光斑。建筑师试图为祈祷者营造具有丰富光影效果的内部空间,同时坚持建筑本质的表达,以拙材巧构的简洁性激发信徒的思索和冥想。

受到路易斯·巴拉干(Luis Barragan)的影响,墨西哥建筑师里卡多·利哥雷塔(Ricardo Legorreta)在建筑设计中经常采用华丽浓艳的色彩,仿佛色彩缤纷的调色盘被打翻。根植于深厚的墨西哥文化,建筑师用色彩打破墙面单调的体量感,创造出视觉上的深度以产生神秘感。尼加拉瓜马那瓜(Managua)的大都会教堂(Metropolitan Cathedral,1993,图1-39)中,鲜艳的颜色与粗糙混凝土的灰色形成鲜

图 1-38 拜特·乌尔·鲁夫清真寺

明的对比,体块之上簇拥的白色穹顶、室内镂空的红墙,使得建筑色彩、形式与自然融为一体。

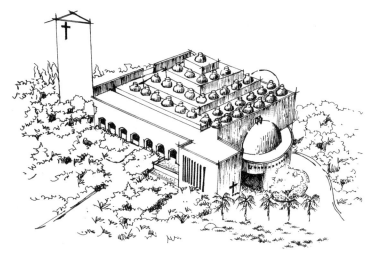

图 1-39 尼加拉瓜马那瓜的大都会教堂

　　光线的应用是利哥雷塔赋予空间生命的另一设计手法。墨西哥气候炎热、日照充足,建筑师在设计中努力表现材料纹理的效果及光影变化。光线通过建筑墙体上的孔洞进入室内,透射在水面上,营造出魔幻般的气氛。在当代美术馆(Contemporary Art Museum, 1991,图 1-40)的设计中,建筑入口以三根粗大的蓝色柱子撑起门廊,陶红色装饰的外墙延伸进入前厅,反射光将其他墙面由白色染成红色。钢板屏障分隔了前厅与中部的内院。薄钢板组合成的方格墙,与朴实厚重的墙体形成对比。透过方格形的透空墙面,人们可以看到中庭被分割成一块块的抽象画面。封闭墙面创造出私密性良好的安静庭院,水面反射出柔和的光线,画廊用三面廊道围成。精心安排的窗户与屋顶,使参展艺术品获得最佳的光线,并使观者与都市环境保持密切的接触①。

图 1-40 当代美术馆

(二)空间中的文化内涵

环境行为学领域的奠基者之一阿摩斯·拉普卜特(Amos Rapoport)曾从文化学的视角讨论建筑,认为人们长期生活在一定的文化模式中,就会形成固定的心理特征和行为取向,产生不同的空间需求。研究地域性建筑的美学特征,必须探索其深层的文化内涵。而这些文化内涵在中心与方位、空间符号、宗教与礼法的空间特征等方面得到充分的体现。

1.中心与方位的精神象征

自古以来,人们就有用中心概念解释生存环境的习惯,他们将其作为身心归宿,并渗透到对事物的理解中。例如,德尔斐之于古希腊人、加庇多山之于古罗马人、克尔白之于穆斯林以及"家园"之于所有人,这些都是人们急欲奔赴的心灵驿站,扮演着精神中心的角色。舒尔兹对这种现象的解释是:"与周围广阔的、未知的、总觉得引起恐怖的世界相对照,中心表示已知的东西。"②人们正是凭借着对"已知"的信任才从中获得了一种回归母体的安全感和归属感。因此寻找精神中心成为人们必经的心路历程,其强大的感召力也使得人们不会畏惧横置于精神归途中的任何困难,甚至希望用克服困难再抵达彼岸的虔诚方式巩固中心的神圣地位。"大部分信仰中,到达中心的困难是共同的。它是理想的目标,是经过'艰辛的旅程'方能到达的。到达中心是参加宗教仪典。在往日世俗的虚构'实在'之后,一个新的、真实的、永远不变而强有力的'实在'到来。……不管怎样经历,哪怕是波

---

① 凯瑟琳·斯莱塞. 地域风格建筑 [M]. 彭信苍,译. 南京: 东南大学出版社,2001: 101.
② 诺伯格·舒尔兹. 存在·空间·建筑 [M]. 尹培桐,译. 北京: 中国建筑工业出版社,1990: 23.

折最少的经历,也可以看成是穿越迷途的旅程。"①

在所有孕育象征灵感的本源中,印度以其丰富的象征形式、浓厚的宗教氛围而闻名于世。在布萨利看来,印度建筑和城市规划的基本母题都是中心,每一座寺庙或宫殿都被塑造成了一个宇宙中心,成了精神母题。印度古代建筑的基本主题就是对中心的表现。这在佛教窣堵坡和印度教神庙等宗教建筑中表现得尤为突出。

与中心象征相关的是方向性。"曼陀罗"(madala)是与中心和方向相关的一个重要图形(图1-41)。印度教神庙严格遵循曼陀罗建造。曼陀罗实际上是象征宇宙中心的妙高山(Meru)的平面化图形,表现了一种"梵我同一"的哲学或宗教观念。在印度教、佛教和耆那教中,都出现了一个重要的符号——万字饰(swastika)②。它规定信徒们按照顺时针方向沿着桑吉窣堵坡主体和围栏、台座和覆钵体之间的两圈绕行甬道(pradakshina-patha)绕行。因为万字饰与太阳崇拜有关,所以绕行仪式也由东面的塔门——"陀兰那"(Tonana)开始,按照太阳自东向西的运行轨迹进行。随着佛教的世界性传播,窣堵坡在其他地区发生变化。它可以是小到几厘米或十几厘米高的缩微形式(具有同等的重要性),也可以像印尼爪哇岛的婆罗浮屠那样,使用200万块石头砌筑,体形巨大。锡兰还有以菩提树为崇拜对象的变体形式"菩提伽罗"(bodhighara)。但无论怎样变化,中心的象征无疑具有本源的意义。印度教神庙外表美观复杂,基本式样简朴,中心的表现是印度教神庙的首要主题。如同佛教的窣堵坡,每个印度教神庙都被设想为世界的轴心,象征性地被转变为神话中的妙高山——印度教众神的居所。此外,中心的主题也体现在神庙内部。在每个印度教神庙的内部中心位置,都有一个供奉神像的密闭小室,称为"胎室"(garbha griha,图1-42)。它没有任何装饰,只在大小和细部处理上有变化。在方位上,神庙入口有朝向性,例如卡久拉霍的西区神庙群多是朝东布置。神庙内部围绕"胎室"也有一圈供进行"右旋仪式"的甬道,这种顺时针的仪式在《摩奴法典》中有明确的规定。

另外,浓厚的地域情结也是追寻精神中心的一种表现方式。费尔巴哈曾说过:"一个人,一个民族,一个氏族,并非依靠一般的自然,也非依靠一般的大地,而是依靠这一块土地、这一个国度;并非依靠一般的水,而是依靠这一处水、这一条河、这一口泉。埃及人离了埃及就不成为埃及人,印度人离了印度就不成为印度人。"③对精神中心的归属在对具体地域的限定中获得了实现,"落叶归根""魂归故里"等老话都体现了这种难以割舍的乡情。犹太人为此不曾停止过抗争,因为任何人都无法忍受失去精神家园后的心灵"漂泊"。

---

① 诺伯格·舒尔兹. 存在·空间·建筑 [M]. 尹培桐, 译. 北京: 中国建筑工业出版社, 1990: 22.
② 万字饰源于梵文 Svastika,意为"吉祥",最初人们把它看成是太阳和火的象征,后大乘佛教认为它是释迦牟尼胸部所现之瑞相,鸠摩罗什和玄奘等将它译为"德"字。在佛经中,"卐"(右旋)有时也被传写为"卍"(左旋),但唐代《一切经音义》认为应以"卐"(右旋)为准。
③ 费尔巴哈. 宗教的本质 [M]. 王太庆, 译. 北京: 人民出版社, 1999: 3.

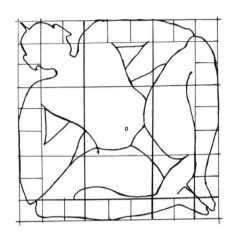

图 1-41 原人曼陀罗

图 1-42 印度教神庙中的"胎室"

2.隐喻与象征的空间符号

在地域性建筑创作中,建筑师常利用隐喻与象征的手法来表达建筑独特的历史文化内涵,实现建筑与人文历史环境的融合。不同文化背景下的隐喻往往有着不同的含义。日本建筑师矶崎新(Arata Isozaki)认为,建筑的意义大部分都是以暗示和隐喻为基础的内涵,而不是外延。在筑波中心广场(Tsukuba Center Square, 1983,图1-43)的设计中,矶崎新将不同历史时期和地域的多种建筑元素进行融合,运用剧场性、对立性、寓意性等概念,使建筑形成了各种各样的隐喻和暗示,构成了对传统设计观念的挑战。

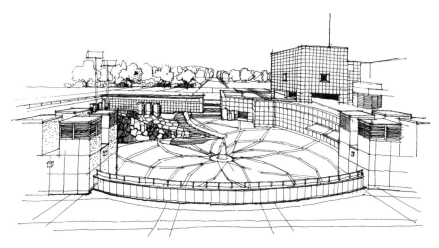

图 1-43 筑波中心广场

　　空间符号在中国传统建筑中有着深厚的文化内涵,其特有的隐喻与象征意义也随处可见。浙江民居普遍都有马头墙,以防火势蔓延;有的大型民居布置水塘,为消防提供方便;屋脊大量运用象征主义手法,用鱼、草等水生动植物做装饰;梁枋被雕刻成翻卷的波浪,好像整座房子被水覆盖。历次的大火灾让人们感到恐惧,一点火星能败倒一户世代簪缨之家,一把火能毁灭半座城池。因此,浙江民居在所有醒目的部位和构件上都以水作为装饰主题,时刻提醒居民留心火的使用。防火已成为居民生活的基本常识[①]。

　　3.宗教与礼法的空间特征

　　在中国传统观念中,地域情结又与血缘关系紧密结合在一起。传统村镇往往都是宗族聚居地。宗法观念、家族制度和血缘关系形成强大的向心力和内聚力,把同一宗族的人紧紧地黏合在一起,对外排斥外族外姓。村镇的规划布局体现并强化了这种社会结构。

　　浙江东阳的卢宅镇是卢姓家族聚居地,据家谱记载已有600多年历史。在三面环水、南面临街的村镇中,以厅堂为中心的居住院落层层递进,形成了数条规整的中轴线。现存的以肃雍堂为中心的轴线上,院落达九进之多,堪称中国民居之最。在总体布局上,主座朝南、左右对称、强调中轴线,这是大型住宅平面构图的重要准则。"北屋为尊,两厢为次,倒座为宾,杂屋为附"规定了房屋内部的布局,体现了内外、主仆、上下、宾主有别的伦理道德和儒家对称与平衡的审美理想。

　　每个宗族都有自己的祠堂。祠堂在中国传统社会中之所以会成为村民们的

---

① 萧加. 中国乡土建筑: 人生只合越州乐(浙江)[M]. 杭州: 浙江人民美术出版社, 2000: 29.

生活核心,其根源就在于它是血缘的象征。"许多表面上看来似乎松散的古村落,实际上却被一种潜在的宗族关系连接为一个感应强烈的心理场,这个场的中心就是宗祠。"[1] 正是源于一种"生于斯、长于斯、死于斯"的血缘归宗愿望,宗祠(血缘)才像教堂(宗教)一样充当了人们的精神母体。费孝通在《乡土中国》中这样写道:"血缘所决定的社会地位不容个人选择。世界上最用不上意志,同时在生活上又是影响最大的决定,就是谁是你的父母……血缘是稳定的力量。在稳定的社会中,地缘不过是血缘的投影,不分离的……地域上的靠近可以说是血缘上亲疏的一种反映……空间本身是浑然的,但是我们却用血缘的坐标把空间划分了方向和位置。当我们用'地位'两字来描写一个人在社会中所占的据点时,这个原是指'空间'的名词却有了社会价值的意义。"[2] 地缘根源于血缘,"很多离开老家漂流到别地方去的(人)并不能像种子落入土中一般长成新村落,他们只能在其他已经形成的社区中设法插进去"[3]。这些人被当地人以"客"相待,"客家""客边""新客"的称谓也是其无法真正被这块土地接纳的证明,自己通常也会承认这种"浮萍式"的生活状态,那个左右地缘的根源——血缘(即精神中心)成了能否融入一个社会群体最重要的标志,由此看来对不同地域(血缘)中心的归属在现实生活中也是人群间彼此认同的依据。

祠堂是祭祀祖先的地方,也是族人聚会之所,还是被族中长老用作宣传教化的场所。因此,宗祠是这个宗族中最神圣的公共建筑,一般伴有戏台,与祠堂南北相对,所谓北祠南台。祠堂正中,供奉着宗族祖先的牌位和宗族里历代所出的文武官员的牌位,还有皇帝御赐的牌匾。祠堂对面是戏台,是村里最高级的文化设施,每逢过年过节供全族人看戏、商讨宗族的大事。有权有势的大户人家,还有自己单独设置的家庙。

然而,即使是在这种礼制精神影响下的民居建筑群,都自然有机地与地形结合,依山傍水,背风向阳,随势而上,布局精巧,好像植物群落一样与自然环境组成和谐统一的风景图画。

---

① 刘沛林. 古村落: 和谐的人聚空间 [M]. 上海: 上海三联书店,1997: 100.
② 费孝通. 乡土中国 [M]. 北京: 生活·读书·新知三联书店,1985: 72.
③ 费孝通. 乡土中国 [M]. 北京: 生活·读书·新知三联书店,1985: 74.

第三节　历史进程中地域性建筑的发展

一、传统地域性建筑源流

地域性是建筑与生俱来的本体属性,一直伴随着建筑的历史发展的整个过程,在建筑设计中,地域性也有着深厚的历史根源。"地域性"的概念最早可以追溯到古罗马时期,维特鲁威(Marcus Vitruvius Pollio)在《建筑十书》中首次提出地域性可用于建筑设计中,之后引发了全世界对这一新概念的关注。至于有意识地提出地域主义的思想、直接寻求地域性的表现,可以追溯到18、19世纪英国的风景画造园运动及其对"地方精神"的追求。这是一种浪漫地域主义,它用场所性和地域性设计要素,对抗着普遍压抑的建筑秩序,是19世纪摆脱衰退的绝对主义贵族统治的政治运动在文化上的反映。浪漫地域主义采用"同化"的方法,选择那些能使人联想到久远年代的地域要素,并将其应用于新建筑,打造舞台背景似的效果,以唤起观者"亲近"和"同情"的感情。在某种程度上,它是一种"做作的、多情的、伤感的地域主义",模拟一种"自我陶醉的家乡场景"①。

早期的地方性建筑通常是对以往定式化的形象、材料和技术的再现,表现出对场所的意识和对传统的尊重;但是,它们在排斥工业时代早期的粗糙与重复以及古典风格定式的同时,也抛弃了时代和社会的现实。这种情况又在20世纪80年代出现。

二、现代建筑及其地方性

一般而言,主流的现代建筑是理性精神的产物,强调标准化、预制化和大批量的建筑设计,追求国际大同的建筑风格。但是,在现代建筑运动中,也有非主流流派,正是这些流派,使现代建筑表现出地方性。从建筑发展史来看,二战后,当现代建筑蜕变成为国际性建筑之后,它们暴露出越来越多的弊病,建筑的地方性日益成为众多建筑师追求的目标。

---

① 亚历山大·忡尼斯,丽安·勒法维.批判的地域主义之今夕 [J].李晓东,译.建筑师,1992(47):88-92.

（一）国际性建筑及其文化弊病

现代建筑最早产生于西方工业化国家,其理性精神建立在西方文化的基础上,并对传统文化产生了深厚影响。因此,伴随工业化而产生的现代建筑又被称为功能主义或理性主义建筑。功能主义是现代建筑的主要设计原则,也是现代主义最主要的特征。"现代性"的基本概念激发了人们超越民族、地域和文化的理想,并在建筑形式和功能组织上形成了特定的设计方法和美学标准。20世纪初,随着科学技术的进步,建筑功能日趋复杂化,建筑领域发生了革命性的变革,建筑观念产生了巨大的变化。现代建筑设计先驱努力探索基于工业社会的设计方法和与之相适应的建筑风格,以满足快速变化的社会要求。现代建筑简洁、明确,表达功能和机械美学,适用于20世纪高效化生活。现代化的城市和城市居民,在共同实现全球现代化的梦想。这种新颖的设计方法和前所未有的建筑形象,在现代建筑运动初期充满生命力,并在世界各地传播。

1928年的CIAM宣言,公开承认建筑学不可避免地受制于政治和经济问题,指出它不能脱离工业化世界的现实,认为建筑是"与人类生活的演变和发展紧密相连的人的基本活动",同时强调建筑质量的高低并不取决于工匠们的手艺,而在于是否普遍地采用了合理化的生产方法[①]。在功能主义思想的指导下,《雅典宪章》将城市划分为居住、工作、娱乐和交通四大功能。这种过分注重技术、功能的思路,破坏了传统城市的文化肌理,产生了枯燥、乏味的建筑和城市风格,使具有历史文化价值的建筑面临毁灭性威胁。

现代建筑在亚洲国家的早期传播,大多是西方殖民主义利用坚船利炮进行文化和经济侵略的结果。这种外来文化常常作为民族性建筑文化的对立面而受到抵制。同时,一些曾在西方发达国家留学的建筑师,为推行建筑文化的变革,主动引进现代建筑的形式,用西方的形象来表达进步的观念,反向向后看和建筑文化停滞。这一阶段在亚洲发展中国家出现的现代建筑形式,通常缺乏现代运动杰作中的诗意和深厚的含义。

二战后,对于欠发达地区,工业化国家提供的发展模式十分诱人。一方面,在城市化浪潮的冲击下,现代功能、技术和建筑材料的应用,使现代建筑成为这些国家纷纷追求的目标。另一方面,一些西方国家也把现代建筑作为城市飞速发展的简单化应对方式。由于大量拷贝和误用,现代建筑设计原则成为一种教条,使现代建筑蜕化为国际性建筑。这种建筑在全球产生了广泛的影响。功能主义设计方法的广泛运用和国际性建筑文化的盛行,既创造了人类历史上前所未有的建筑奇迹,也引发了一系列新旧文化的冲突和社会矛盾,带来了文化趋同的问题,进而导致场所感和文脉的丧失。对于发展中国家来说,从农业和手工业经济快速地向

---

① 引自CIAM通过的《拉萨拉兹宣言》。CIAM为国际现代建筑协会的法文简称,其英文名称为International Congresses of Modern Architecture,是国际现代派建筑师的国际组织,1928年在瑞士拉萨拉兹(La Sarraz)成立,发起人包括柯布西耶、格罗皮乌斯、阿尔托、吉迪恩(Sigfried Giedion)等。

城市和工业经济转变,其纯粹化、普遍适用的文化观念缺乏创造性和灵活性,无法适应地区特性。

　　现代建筑是功能、材料与艺术表现相结合的产物。但现代主义标准化、预制化的建筑设计与建造方式,并不适用于部分发展中国家。在不同的文化背景和经济、技术条件下,一些对于西方国家来说经济和高效益的建造模式,在发展中国家则可能不经济。这是因为:首先,在许多不发达的国家,建筑的设计与建造不存在严格的工序划分,无法实现建筑师、厂商、建筑工人之间明确的分工要求;其次,大量昂贵的建筑设备和建筑构件需要进口,建造方法也无法与当地技术结合;最后,标准化工业建筑构件替代了以手工艺为特征的建筑细部,现代主义的实用逻辑使地方性风格遭受严重的破坏。正如埃及建筑师哈桑·法赛(Hassan Fathy)所指出,利用工业化方法建造的钢筋混凝土建筑,在运输和雇用工人等方面的费用,比当地传统的自我建造模式更为昂贵,同时,自建住宅还可以保存传统生活的方式。在埃及哈里杰绿洲的新巴里斯村(New Barris Village,1967,图1-44)的设计中,建筑师通过改进埃及传统建筑技术,创造出不用模板支撑砌筑穹隆和拱顶的土坯砌筑技术和方法,采用劳动密集型的建造方式,充分利用当地的材料来解决居住问题。

图 1-44 埃及哈里杰绿洲的新巴里斯村

　　综上,现代建筑的发展,促使建筑艺术风格、建筑设计理论获得重大进展。它强调与工业、科技相适应,也对现今电脑辅助建筑设计、环境科学、复杂科学等理论与建筑领域的结合起到推动作用。但是,文化趋同抹杀了民族特色、地域特色和文化多样化。

　　(二)现代主义地域性创作倾向

　　弗兰姆普敦认为:"一种地方风格出现的先决条件不仅取决于当地的繁荣,而且取决于一种强烈的发展个性的感情。地方主义的主要动机是对抗集中统一的情绪——对某种文化、经济和政治独立的目标明确的向往。……地方主义则是辩证的,它用已在人们头脑中扎根的价值观和想象力结合外来文化的范例,自觉地去瓦解世界性的现代主义。"[①]当现代主义浪潮席卷世界的每一个角落之时,文化的地域性逐渐陷入了危如累卵的形势之中。

20世纪30年代,一些国家开始探索地域主义设计方法,并延续至20世纪50年代。建筑师努力发掘当地传统的、基本的经验,将其应用到不断进化的设计语言中;试图将地域文化的基本特征以及适应当地技术的操作方法转变为新时代的设计语言。

芬兰建筑师阿尔瓦·阿尔托(Alvar Aalto)坚持有别于正统现代主义的地方性设计方法。20世纪30年代后期,阿尔托通过融合高度文明的城市的特征和地方特色的方式,在以玛丽亚别墅(Villa Mairea, 1939,图1-45)为代表的一些建筑中,表现出现代理性主义与人情化的结合,这与当时流行的国际风格迥然不同;珊纳特赛罗市政中心(Säynätsalo Town Hall, 1952,图1-46)则融合了芬兰本地建筑特点和意大利文艺复兴风格,运用当地传统材料——砖,在形式和空间上突破现代主义方盒子式样,通过醒目的砖红色和不规则体量的对比,使得珊纳特赛罗市政厅既美观又实用。

图 1-45 玛丽亚别墅

1951年,美国建筑理论家刘易斯·芒福德(Lewis Mumford)提出"加州海湾地域形式"——它带有"现代主义的本土和人文形式"的特征,并提出用地域主义取代国际风格。西班牙R小组由索斯特斯和博希加斯等人建立,其在20世纪50年代所做的旨在复兴加泰隆尼亚地方传统的探索,可谓新乡土主义的先声,是明确反对集中统一倾向的地域主义思潮。芬兰建筑师雷利·帕特莱尼(Raili Paatelainen)和仁玛·皮蒂拉(Reima Pietilä)设计的赫尔辛基奥坦尼米芬兰学生联合会"第波利"大厦(Finnish Students' Union Building "Dipoli", 1967,图1-47),是新乡土主义最早的

① 肯尼思·弗兰姆普敦. 现代建筑:一部批判的历史 [M]. 原山,等译. 北京:中国建筑工业出版社,1988: 388.

有影响力的作品。

图 1-46 珊纳特赛罗市政中心

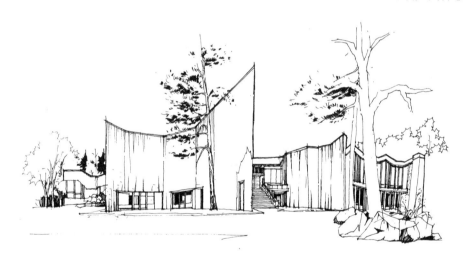

图 1-47 赫尔辛基奥坦尼米芬兰学生联合会"第波利"大厦

　　还有一些建筑师,如奥斯卡·尼迈耶(Oscar Niemeyer)、勒·柯布西耶,转而追寻体现艺术个性化、富于表现力以及关注文化区域特征的创作方法。日本建筑师丹下健三(Kenzo Tange)和前川国男(Kunio Maekawa)等人,也努力将现代建筑设计方法与本土语汇相结合。安藤忠雄的作品表达了在融合日本文化与现代主义过程中领悟到的地域意识。

　　1953年,在埃克斯昂普罗旺斯举行的CIAM第九次会议,是对现代建筑运动开始进行深刻反思的重要标志。新一代建筑师质疑《雅典宪章》的四项功能规划方法,不满意老一代建筑师停留在改良的功能主义上,认为战后的现代主义建筑缺乏原创性和人文关怀,倡导找寻原型作为设计形式的来源,呼吁建筑设计重回人文轨道。这就是后来的"十次小组"(Team 10)。然而,无论是CIAM还是"十次小组",都没能为当代建筑提供有意义的令人信服的建筑样板,这导致了20世纪70年代回溯过去的历史主义及所谓的新古典主义。20世纪70年代能源危机之后,人们以对能源的利用与保护的再认识为契机,重新探讨了建筑的地方性。这些事件使得地域主义在20世纪70年代末、80年代初重新成为建筑思潮中活跃的一支。

博塔是一位在地方主义和新理性主义领域均取得卓越成就的瑞士建筑师。他设计的组合或变形的圆柱形建筑形象,源自当地传统的谷仓。细致构图的砖砌墙体与大面积玻璃格子形成对比,传统的地方情感与当代工业文明巧妙地融合在一起。圆厅住宅(Casa Rotonda Stabio,1982,图1-48)和法国埃弗里大教堂(Evry Cathedral,1992,图1-49)在功能、材料、装饰和文化表征的结合与表现方面令人叹为观止。

旅游业的发展也是地域主义在20世纪上半叶得以兴起的一个重要原因,它要求重现人们熟悉的具有传统地域特征的景观建筑。建筑师往往把乡土建筑作为灵感源泉。然而,"乡土建筑"是使用得最多而被理解得最少的词语。在这类为旅游服务的"地域性建筑"中,商业发展和经济利益是首要目的,这类作品便同那些出于政治目的而产生的地域主义建筑一样矫揉造作。

因此,在很长一段的发展时期内,地域主义建筑都处于国际性建筑的中间地带。只有把地域主义理解成对建筑文化趋同化的一种对抗策略,才能够在其自身固有特性的基础上重新解释世界文化。

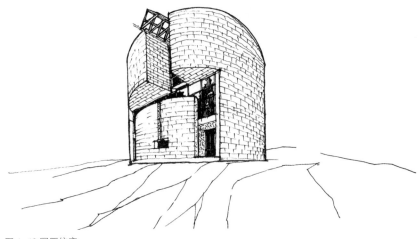

图1-48 圆厅住宅

图 1-49 法国埃弗里大教堂

三、现代地域性理论概述

（一）新乡土主义(Neo-Vernacularism)

通常的乡土主义是指建筑师运用地方材料和建造技术、有当地居民参与进行的设计风格。代表性作品是前文提到的由哈桑·法赛设计的新巴里斯村。新乡土主义"是注重建筑自由构思结合地方特色与适应各地区人民生活习惯的一种倾向。它继承了芬兰建筑师阿尔托的主张并加以发展。这种思潮不仅在芬兰继续传播，而且20世纪70年代以后广泛影响到英、美、日等国以及第三世界国家。新乡土派思潮曾在英国的居住建筑中风靡一时，那些清水砖墙、券门、坡屋顶、老虎窗与自由空间的组合，成了传统砖石建筑造型与现代派建筑构思相结合的产物。这种风格既区别于历史式样，又为群众所熟悉，能获得艺术上的亲切感"①。

城市化发展逐渐削弱建筑的地域特征，与此同时，人们也怀念前工业化时期舒适的工作与生活环境。面对美国后现代建筑师以古典建筑为主题的历史主义、装饰主义等做法，欧洲当代建筑师试图建立新的建筑语言体系，偏重地方工艺与材料，以廉价的砖建造出灵活的建筑形式，再与特定环境相呼应，使得新建筑也可以表达传统生活方式，融汇于环境之中。

（二）抽象的地域主义(Abstract Regionalism)

抽象的地域主义是相对于具象的地域主义而言的。具象的地域主义以日本20世纪30年代"帝冠式"建筑，中国20世纪50年代的"大屋顶"建筑与20世纪90年代"夺回古都风貌"口号下所完成的建筑为代表。作为现代建筑学的一个分支，抽象的地域主义强调地域的建造理念和建造手法，反对从形式上寻求地方性。在

---

① 刘先觉.现代建筑理论：建筑结合人文科学自然科学与技术科学的新成就 [M].北京：中国建筑工业出版社,1999: 10.

阿尔托之后,建筑师们将现代建筑形式构成语言、现代建造技术与材料、现代复杂功能与发展地方性相结合。日本建筑师黑川纪章(Kisho Kurokawa)、墨西哥建筑师巴拉干、印度建筑师柯里亚等,从文化、环境、气候等不同角度解读地方性,其作品中表达出的地域性源自人们的传统生活空间。

（三）批判的地域主义(Critical Regionalism)

在《现代建筑：一部批判的历史》(*Modern Architecture: a Critical History*, 1982)一书中,弗兰姆普敦把现代有明确倾向的建筑作品归为五类：新产品主义、新理性主义、结构主义、通俗主义和批判的地域主义[①]。批判的地域主义出现于20世纪80年代后,由地域主义发展而来。在此理念下所完成的建筑基于特定的地域自然特征建构地域的文化精神并采用适宜技术经济条件建造而成。这是一种辩证开放的思想,其批判性体现在"开创了西方哲学离开给定真理并对自身范畴进行不断的反思和自我批判的历程"[②]。

（四）后现代地域主义(Post Modern Regionalism)

后现代地域主义是查尔斯·詹克斯(Charles Jencks)在《今日建筑》(*Architecture Today*, 1988)一书中提出的,他宣称后现代地域主义与批判的地域主义具有相同之处,强调与地方"场所性"的联系而非对地方传统的模仿。不同之处在于批判的地域主义采用抽象形式,而后现代地域主义更多地采用地方形式和符号。詹克斯意识到仅仅从形式上探讨地方性具有片面性,试图从更深刻的角度来切入,于是转而从场所角度来分析。但他仅仅对一些建筑师的理论和作品进行总结和分类,没有从方法论角度进一步探讨实现场所性联系的方法[③]。

（五）全球的地域建筑论(Glocal Architecture)

全球经济一体化和信息化的快速发展,引发建筑界再一次深刻反思地域性的理论与实践。

在第六届阿卡·汗建筑奖[④]的获奖作品专辑《超越建筑的建筑学》一书的引论"超越地域的建筑"(Architecture beyond Region)中,戴维森(Cynthia C. Davidson)质疑了弗兰姆普敦"批判的地域主义"的观点——在全球化背景下,"地域是否仍要被界定为一种具有边界的场所？"他主张,在信息社会条件下,地域性既要保持其自身的特征,又要在观念上超越地域的局限性,实现"一种超越地域的地域

---

① 肯尼思·弗兰姆普敦. 现代建筑：一部批判的历史 [M]. 原山, 等译. 北京：中国建筑工业出版社, 1988: 382-402.
② https://baike.baidu.com/item/批判性地域主义/10464448.
③ 王育林. 现代建筑运动的地域性拓展 [D]. 天津：天津大学, 2005: 16-17.
④ 阿卡·汗建筑奖(Aga Khan Award for Architecture)是世界最具影响力的建筑奖项之一, 由阿卡·汗四世于1977年创立, 每3年评选一次。近年来, 阿卡·汗建筑奖的评选范围从体现伊斯兰文化复兴和发展中国家地域主义发展的建筑, 逐渐扩展到全球范围内致力于提升建成环境质量的所有建筑作品。

性"①。

　　与"超越地域的地域性"相比较,"全球-地域建筑观"以一种混杂、调和的态度,阐明地域性理论的新发展。由 global 和 local 合成的新词 glocal,表达出"全球化的思考、地方性的行动"(think globally, act locally)的含义。在新的历史语境下,全球性与地域性已经密不可分、殊途同归。

　　建筑与地域、与文化有千丝万缕的关系。研究亚洲地域性建筑,必须对其地理特点与文化渊源做概要的分析;同样,要理解这一地区的建筑文化特色,必须首先了解这一地区的社会背景。

　　季羡林将世界文化分为东、西方文化体系,西方是分析的思维方式,东方是综合的思维方式。东方文化体系又可分为中国文化、印度文化、阿拉伯伊斯兰文化,它们各有特色。虽在文化交流中相互渗透,却未曾相互取代。未来的世界将仍然有东、西两大文化体系并存,在东方文化里,仍然主要是中国文化、印度文化、阿拉伯伊斯兰文化三种文化体系②。

---

① DAVIDSON C C. Architecture beyond architecture[M]. London: Academy Editions, 1995: 23.
② 蔡德贵. 东方: 大视野中的文化分合与定位 [J]. 中国青年政治学院学报,2000(4): 83-88.

第二章　文化构成与亚洲地域性建筑源流

第一节 亚洲地理与社会特征

亚洲(Asia)全称"亚细亚洲",意为"太阳升起的地方",在世界七大洲中面积最大、人口最多。全洲大陆与岛屿面积约为4 400万平方千米,覆盖地球总面积的8.7%（或占总陆地面积的29.4%）。亚洲位于亚欧大陆的东部,东、南、北三面分别濒临太平洋、印度洋和北冰洋,西南亚的西北部濒临地中海和黑海。大陆北至切柳斯金角,南至丹绒比亚,东至杰日尼奥夫角,西至巴巴角,跨越经纬度最广,东西时差达11~13小时,具有从赤道带到北极带几乎所有的气候带和自然带。乌拉尔山脉、乌拉尔河、里海、大高加索山脉、土耳其海峡和黑海为亚、欧两洲的分界。亚、非两洲原以苏伊士地峡相连,后以苏伊士运河为界。大陆海岸线总长69 900千米,海岸类型复杂。

"亚洲"不仅是一个地理学的概念,还包含社会学、文化学乃至人种学的含义,其生产方式、社会制度、人口、人种等作为深层因素,制约并决定着亚洲建筑的内在运行轨迹。亚洲人口总数约为41.643亿,约占世界总人口的60.5%（2019年）。全洲种族、民族构成非常复杂。黄种人为亚洲主要人种,其余为白种人、棕色人及人种的混合类型。亚洲民族的语言极其丰富,分属于蒙语系、汉藏语系、南亚语系、阿尔泰语系、马来-波利尼西亚语系、达罗毗荼语系、闪含语系、印欧语系。亚洲是道教、佛教、伊斯兰教、基督教和犹太教的发源地,此外还有印度教、锡克教、儒教等[1]。

亚洲历史悠久、源头甚多,由于地形阻隔,亚洲各个文明几乎都自成一体,并未构成统一的文明。各民族不一定都保有其固有的文化,也并非在共通的历史或文化基础上建立起活动区域和习俗。在当代,面对全球文化的冲击,亚洲各地区和国家由于经济发展的不平衡性、文化的多元性以及地理位置和气候环境的巨大差异,在地域性建筑方面探索出截然不同的道路。

正因如此,布萨利在《东方建筑》一书中,曾犹疑是否使用"亚洲建筑"这一概念,他写道:"……我们提出的这种'亚洲建筑'的说法是否真正合理呢?不同的

---

① https://baike.baidu.com/item/%E4%BA%9A%E6%B4%B2/133681?fr=aladdin#8_2.

亚洲文明之间表现出文化自身的巨大差异,而面对不同的气候和环境条件,亚洲人所做出的回答也是千差万别的。因此,千百年来亚洲地区所呈现出的广博的社会-文化现象,以及它们在建筑中的相关表现,似乎表明将其视为一个统一的整体在方法上是错误的。从表面上看,上述这种整体性只能从一些微弱和有争议的地域联系上得到证明。"①

实际上,在人种、社会和文化等方面,亚洲均有一些有别于其他洲的共性。而在建筑文化方面,相较于以希腊文明和希伯来文明为基础的欧美建筑文化而言,亚洲建筑赖以生存的文化基础不同,哲学理性精神也有别。因此,有学者用东、西方文化的概念来划分亚洲文化与欧美文化的差别,并从东方文化的角度,认识亚洲地域性建筑的特性。

---

① 马里奥·布萨利. 东方建筑 [M]. 单军,赵焱,译. 北京: 中国建筑工业出版社,1999: 5.

第二节　东方文化与亚洲建筑

　　在文化学上,"亚洲"和"东方"是两个紧密联系的概念。同样,在建筑历史上,亚洲建筑亦被称为东方建筑,布萨利在《东方建筑》一书中,就曾将亚洲建筑与东方建筑合二为一。因此,探索东方文化与亚洲地域性建筑的关系具有重要意义。

　　爱德华·W.萨义德(Edward W. Said)在《东方学》(*Orientalism*,1978)一书绪论中写道:"东方并非一种自然的存在。它不仅仅存在于自然之中,正如西方也并不仅仅存在于自然之中一样。""作为一个地理的和文化的——更不用说历史的——实体,'东方'和'西方'这样的地方和地理区域都是人为建构起来的。"[1]

　　人们对亚洲或东方的认识,往往体现在对其社会属性的界定之中。一些社会和历史学家,通过分析亚洲的历史演变过程,总结出其具有相对统一而稳定的社会形态,进而分析出其社会特征和发展规律。例如,一些西方学者在研究了亚洲古代社会后,往往将它与某种专制政体联系在一起。"东方专制主义"是西方学者对东方社会政治形态的一种经典性概括。"亚细亚生产方式"成为描述亚洲社会经济结构特征的又一经典性说法[2]。建筑为人类提供生活和工作的场所,生产方式对建筑的影响不言而喻。因此,亚洲建筑的特征与"亚细亚生产方式"密不可分。

　　四大文明古国创造了美索不达米亚、古埃及、古印度和中国四种文明形态,发源于不同民族和不同地域的文化,都以不同形式体现着丰富多彩的人类文化图景。"东方"的内涵主要体现为文化特性,远远超过其在地理、方位或社会、经济方面的意义。东方艺术也充分展示出迷人的魅力,无论是陶艺、刺绣、民乐、歌舞,还是书法、绘画、烹调、茶道等,都展现了亚洲所特有的审美标准和工艺传统,并在世界艺术舞台上吸引着世人的目光。东方文化中所包含的神秘现象,如瑜伽、气功、针灸、坐禅等,也成为亚洲特色文化的重要组成部分和东西方文化交融的重要渠

---

① 爱德华·W.萨义德. 东方学 [M]. 王宇根, 译. 北京: 生活·读书·新知三联书店, 1999: 6-7.
② 张三夕. 论东方文化的含义与亚洲视角的建立 [J]. 海南大学学报(人文社会科学版), 2001(3): 102-109.

道(图2-1)。

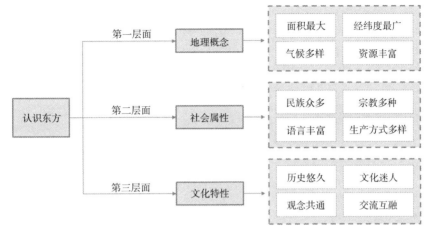

图 2-1 对东方的认识

　　在相近的地理环境、相同的文化圈中,亚洲人民逐渐形成了共同的文化价值观:信奉天人合一,提倡伦理精神,强调修身为本,反对二元对立。概言之,东方文化是"既见树木,又见森林"的综合思维模式,有整体概念,讲普遍联系,接近唯物辩证法。中国的"天人合一"思想和印度的"梵我同一"思想,都是典型的东方思想。这些思想同时也深刻地影响着亚洲建筑的发展与变化。在创造新的地域性建筑文化方面,亚洲建筑师试图依据各自地域的情况,寻找出一条最适合自身地域性建筑发展的道路。

　　透过文化的表象,布萨利在认清了东方文化的实质后指出:"事实上,整个亚洲地区都被一种复合文化体系所笼罩,这一文化体系以部分同质的地区为基础,通过其相互间的影响、接触和交流使自身不断加强和扩展,最终使整个广阔的地域统一为一个整体。此外,亚洲地区的经济和组织结构,虽然不断遭到破坏,但仍然遵循一系列共同的选择和取向;而且该地区的建筑尽管可能表现出极其不同的价值取向和意义,却无疑都有着共同的亚洲血缘。"[1]布萨利将亚洲建筑文化称为"多样化整体",进而对其开展了深入的研究。同样,他根据亚洲建筑文化的特点,从文化影响范围的角度,研究了亚洲现代地域性建筑的发展特点。

　　古代亚洲可以分为三大建筑文化区,即以汉文为中心的东亚及东北亚建筑文化区、以梵文为中心的南亚建筑文化区和以阿拉伯文为中心的西亚建筑文化区(图2-2)。随着时代的发展,三大文化区的建筑文化,从初期的各自独立发展,到逐渐相互交流、传播、影响,它们之间具有了一定的关联性,从而使建筑技术体系也分别产生了各具特色的木构建筑、石构建筑、岩凿建筑以及生土建筑。

① 马里奥·布萨利. 东方建筑 [M]. 单军,赵焱,译. 北京:中国建筑工业出版社,1999: 5.

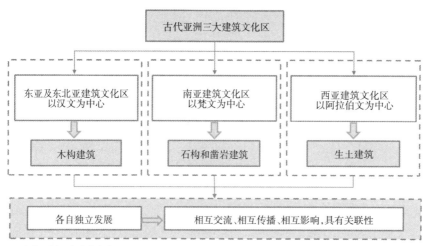

图 2-2 古代亚洲三大建筑文化区

日本学者村松伸(Muramatsu Shin)认为,近世(1500—1800年)存在四个"建筑世界":一是以清朝为中心的中华建筑世界;二是以莫卧儿帝国为中心的印度建筑世界;三是以奥托曼帝国为中心的伊斯兰建筑世界;四是以法兰西、神圣罗马帝国和俄国为中心的欧洲建筑世界。按其说法,在这四个"建筑世界"中,亚洲占了三个。尽管这种观点有"大亚洲主义"之嫌,但中国、印度、波斯等文明古国的传统建筑文化在世界建筑史上的重要地位毋庸置疑。

基于这一观点,要研究现代亚洲地域性建筑,就应从儒家文化、伊斯兰文化和印度文化三个文化圈的角度来分析亚洲传统建筑文化的共性和个性要素;同时,由于亚洲近代长期受殖民主义统治,因而研究时必须注意殖民主义文化对亚洲建筑的影响。由于亚洲区域辽阔,人口众多,本书将选取具有代表性的国家和地区来研究亚洲地域性建筑的特点,归纳其现代地域性建筑的不同类型及其探索道路(图2-3)。

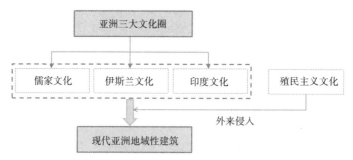

图 2-3 现代亚洲地域性建筑形成

第三节 儒、道、释文化与亚洲地域性建筑

在亚洲多元文化中,儒、道、释文化影响非常广泛,它们在传统建筑中留下的深深烙印,形成了东亚及东北亚建筑文化区。东亚及东北亚建筑文化不同于西方建筑文化,与中亚建筑文化相比也有许多不同的特性,对现代地域性建筑产生了深远的影响。东南亚建筑文化区则是近代逐渐从东亚建筑文化区中分离出来的一个特殊的整体,几乎汇集了世界上所有的古老文化,其产生和发展有着特殊的历史、地理、经济、文化、民族等背景。

一、儒、道、释文化对亚洲传统地域性建筑的影响

儒家文化是以儒家学说为指导思想的文化流派,由春秋时期孔丘所创,倡导血亲人伦、现世事功、修身存养、道德理性,其中心思想是仁、义、礼、智、信、忠、孝、悌、节、恕、勇、让。经过历代统治者的推崇,以及孔子后学的传承和发展,儒家学说对包括建筑文化在内的中国文化产生了持久、深刻的影响。中国的儒学和汉字、律令以及宗教,很早就传播到周围国家,对东亚世界的思想和文化产生了重要的影响。韩国和日本的伦理和礼仪都受到儒家仁、义、礼等观点的影响,至今仍很明显[1]。礼,原指古人祭祀的仪式,表达了人对上天和祖宗的尊敬,也体现了人间的等级和尊卑。孔子将"礼"从宗教范畴推广到世俗社会,使之成为人文世界的行为规范。在城市布局和建筑形式上,儒家思想强调严格的轴线与对称形式,显现出等级制度和营建制度的"礼制"秩序意识。

"天人合一"的中国哲学思想,也是儒家文化的重要特征,强调人与大自然和谐共存,在建筑中表现为追求人、建筑、自然环境的和谐统一,要求建筑的布局与设计应顺应地形和自然环境;巧妙地吸取自然的形式,使建筑与自然达到统一,这在园林建筑中尤为突出;利用借景,通过窗、阁、亭等,将自然的美景引入建筑之中。

---

① https://baike.baidu.com/item/儒家文化/753636?fr=aladdin#11_1.

　　孔子说:"仁者乐山,智者乐水。"中国风水理论是有关城市、村镇住宅、园林等建筑环境与营建布局的基本原理。既讲动中有静、静中有动、动静结合、背山面水的基本格局,又要后高前低、左右环抱、藏风聚气,把蕴藏在大自然中好的生态环境发掘出来。

　　儒家思想讲求中庸、中和的人生理想和人伦观念,认为万事万物应遵循中庸之道,使世界万物和谐共存。中国传统建筑中的向心内聚形式、外来形式与本土形式融合后形成的新形式、建筑内外空间的模糊性等,都在表达一种中庸思想。这种中庸的"模糊"观,在今天又以"灰空间""模糊空间"等理论再现(图2-4)。

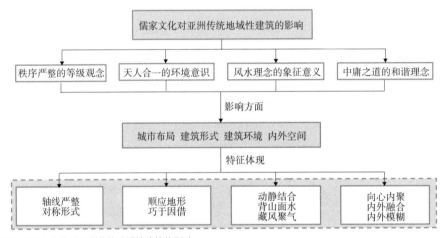

图 2-4 儒家文化对亚洲传统地域性建筑的影响

　　道家思想的核心是大道无为,提倡道法自然、无为而治、与自然和谐相处。春秋时期,老子集古圣先贤之大智慧,总结了古老的道家思想精华,道家完整系统的理论形成。在历史上,道家思想与儒家思想相互补充、相互吸收,都力求与自然环境协调合一:即便是工程巨大的长城,其城墙也随山峦起伏;即便是宏伟的皇家园林,其中也包含了湖、河和山丘。这些景观虽然常常由人工建造,却妙似天然。小花园中的假山石、卵石小径和植物都按某种韵律和奇妙关系布置,虽是人工刻意雕琢的结果,但宛若鬼斧神工。不过,这些诗一般的建筑语汇虽被应用,却无多少记录和整理。在此领域,除了一些有关构造的技术手册外,并没有更多的专门论著。但这种只可意会不可言传的建筑艺术从汉朝开始发展起来,影响遍及整个远东地区[①]。

　　恩格斯在《自然辩证法》(1925)中指出,"辩证的思维——正因为它是以概念本性的研究为前提(的)——只对于人才是可能的,并且只对于较高发展阶段上的

---

① 马里奥·布萨利. 东方建筑 [M]. 单军,赵焱,译. 北京:中国建筑工业出版社,1999:257.

人(佛教徒和希腊人)才是可能的"[①]。这里,恩格斯明确肯定了佛教徒是"相对高级发展阶段上的人",具有辩证思维。

佛教产生于公元前5世纪的古印度,其创立者悉达多·乔达摩(梵文:Siddhārtha Gautama,公元前565—前486年)被尊称为"佛陀""释迦牟尼"。亚洲佛教建筑主要为佛教寺塔。古印度有著名的佛陀伽耶大菩提寺、那兰陀寺遗址,规模极为宏大。柬埔寨的吴哥窟、缅甸的仰光大金塔、印度尼西亚爪哇岛的婆罗浮屠、阿富汗的巴米扬大佛都是闻名世界的佛教建筑。日本的东本愿寺、朝鲜的佛国寺都采用木结构的殿堂形式,雄伟壮丽,是世界知名的古刹。

在两汉之际,佛教由印度传入中国。在儒、道思想的影响下,至隋唐时期,佛教完成了形式和理论上的自我调整和发展更新,佛教文化在中国生根和发展,为中国留下了灿烂辉煌的佛教文化遗产。中国古代建筑中保存最多的是佛教寺塔,现存的河南嵩山嵩岳寺砖塔,山西五台山南禅寺、佛光寺的唐代木构建筑,应县大木塔,福建泉州开元寺的石造东、西塔等,都是研究中国古代建筑史的宝贵实物。敦煌、云冈、龙门等地的石窟则作为古代雕刻艺术的宝库而举世闻名,它们吸收了犍陀罗和印度的特点,发展成为具有中国民族风格的造像艺术,是中国伟大的文化遗产。

二、儒家文化圈的现代地域性建筑发展脉络

建筑以文化为依托,而现代化带来了文化的转变。在现代化进程中,由于儒、道、释哲学不断受到西方文化的冲击,传统与现代、个体与社会、无我与自我的概念彼此模糊。文化在二元对立中发生了渐变。这种渐变迫使人们重新审视传统,寻找新文化的起点。

(一)中国

在历史发展过程中,中国形成了儒、道、释鼎足而立、互融互补的文化。本土与外来文化在矛盾冲突中相互吸收和融合,从单体到群体,从建筑到环境,先贤们创造了举世无双的建筑艺术。中国建筑的创作思想,也是在矛盾中发展前进的。与西方文明不同,中国传统思维强调辩证。在有机宇宙哲学的不断发展中,中国建筑师尽力规避片面思考,注重对建筑的"意境"表达,使人与自然、主体与客体、情与景得以和谐统一。中国建筑师的创作观念特色见表2-1。正是在如此观念的指导下,中国建筑师尽力摆脱在"现代化、国际化"名义下的趋同危机,将中西文化艺术交融、兼容并蓄,皆为我用。以几代人的努力共同创作出中国的现代地域性建筑,这是其始终坚持的创作倾向,力争体现出中国建筑师的独立精神和创作水准。他们在保持传统地方建筑形式、构件和纹饰的基础上,对建筑进行简化、变形或重组,突出形式或空间特征,营造视觉或文化上的传统认同感,这是中国现代建

---

① 中共中央马克思恩格斯列宁斯大林著作编译局. 马克思恩格斯选集: 第3卷 [M]. 北京: 人民出版社,1972: 545.

表2-1 中国建筑师创作观念特色

学术观念的内在特征	
哲学观念	注重唯物辩证精神,尊重科学规律,讲究设计的理性原则
美学观念	遵从和谐统一的审美规律,崇尚质朴自然的艺术精神; 对激烈、振荡、冲突等美学要素尚有一定的抵制心理
历史观念	有强烈的历史情结,注重传统文化
环境观念	追求历史、地域与文化相统一的大环境观
文化心态	有强烈的民族自尊心,又有多元兼容的文化心态
价值取向	以人为本,物为人用; 树立人与自然和谐相处的生态伦理观
社会责任感	有强烈的文化使命感和崇高的社会责任心
发展观念	从无节制的发展,到可持续发展; 从强调物质与经济的片面进步,到追求社会的全面进步
艺术思维	富有浪漫色彩,擅长形象思维
创作特点	注重功能,讲求经济,努力追求最佳综合效益

筑文化中建筑本土化的重要表现。

进入20世纪,西方现代建筑体系输入中国。中国的传统营造方式依然在继续,现代体系与传统方式并存。建筑类型齐备、风格多样的外来地域性建筑形式独具魅力,反映了世界各地民间建筑风情。具有现代建筑技术特征的建筑,起初披着古典形式的外衣,即中国固有之形式与西洋建筑形式并存。之后,在建筑创作思想和形态上,中国建筑渐渐具备了现代建筑的典型特征。中国第一代建筑师也就此产生,其中的大部分人曾前往西方接受学院派教育,以留学美国为主。20世纪20—30年代学成回国后,他们绝大多数选择创办事务所或者投身于教育事业。强烈的文化复兴意识使一些建筑先驱坚决反对中国建筑亦步亦趋于西方古典建筑,他们以激昂的爱国热情孜孜不倦地寻求传统建筑文化与现代生活的结合点。在华盖建筑事务所成立之前,赵深、童寯的作品已显示出"中华传统""中式折中"的思想,例如南京励志社(1927)、上海南京大戏院(1930,图2-5)、《大上海计划》中"大屋顶"投标方案。在日益现代化的过程中,建筑师们已开始思考中国建筑未来走向的问题,如童寯对中国新建筑的出现充满信心,他认为:"中华民族既于木材建筑上曾有独到贡献,其于新式钢铁水泥建筑,到相当时期,自也能发挥天才,使观者不知不觉,仍能认识为中土的产物。"[1]当《首都计划》(1927—1937)的热度退却后,建筑师们开始转向务实严谨、注重功能,"以气局宏大而不以纤巧细琐胜"[2],设计出诸如南京首都饭店(1934)、上海合记公寓(1934,图2-6)、美军顾问团公寓AB大楼(1946)等现代建筑作品。建筑线条虽然洗练,却也透出中华文化的兼容并蓄。同时,这一代建筑师开始兴办建筑教育,为中国地域性建筑的现代化发展指明方

---

① 邹德侬. 中国现代建筑二十讲 [M]. 北京:商务印书馆,2015:95.
② 郭湖生. 怀念童寯师 [J]. 建筑师,1983(16):6.

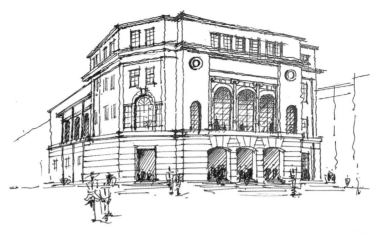

图 2-5 上海南京大戏院

图 2-6 上海合记公寓

向,用民族建筑语汇发声。

20世纪50年代初,在学习苏联的浪潮中,于"社会主义内容、民族形式"的口号下,建筑领域也以一切来自苏联的思想和方法为准则。梁思成对民族形式的解读以及其完成的建筑作品,为当时中国现代建筑的发展指出了具体方向。中国进行了民族形式的广泛探求,建成了中国宫殿式、少数民族式、苏式等风格的建筑。一些建筑师还把眼光投向民间地域性建筑,试图从不同地域的民居建筑形式中寻求民族形式的灵感。作为20世纪50年代初的政府机关办公大楼,由徐中设计的北京外贸部办公楼(1954,图2-7,已拆除),没有沿袭气魄宏伟的官式建筑模式,而是因地制宜,转向亲切的民间"小式"。主楼体量平平,不追求纪念性,与两侧配楼围合成为一个正面庭园。建筑采用当时极为普通的灰色机制瓦做卷棚屋顶,檐口用天沟封住,免去了繁复的檐椽装饰。山花、搏风的处理类似于硬山,涂绿色水泥,构造简单而有装饰性。开窗比例尺度宜人,窗台抹灰处理,做栏杆状图案,并与下层的遮阳板相结合,处理精巧。同时,中国第二代建筑师也在革命浪潮冲洗的社会环境中,受到了良好的德育和专业教育,拥有扎实的基本功和学院派的美学素养。在实践中,绝大多数学生在完成大学建筑系学习后,立刻投身到国家建设中,其中有很多人直接受到前辈建筑师的指导,也有许多在校或初出茅庐的学生参与了"国庆工程"的设计工作。建筑师们将民族自信、传统文化体现在建筑的民族形式中,也体现在建筑的一砖一瓦里,在万众期待中交上了令全国人民满意的答卷。

图 2-7 北京外贸部办公楼

　　20世纪60—70年代,中国贯彻"适用、经济,在可能条件下注意美观"的建筑方针,突出政治,突出节约,强调为人民而作——"我们的建筑是为人民服务的,具有广泛的人民性。'最大限度地体现对人的关怀',这就是社会主义建筑的基本原则"[1]。以广州为代表的一些地区的建筑师,从温暖的气候和得天独厚的自然条件出发,深入探索新建筑的形式,同时确保新园林的设计方法与之并肩而行。例如,莫伯治等建筑师的作品广州矿泉客舍(1974,图2-8)中有多个院落,精致的大小庭院与巧妙的绿化布置,使原来没有观赏价值的平坦地形成为具有自然魅力的场所,建筑空间与自然环境相结合。主体建筑首层是敞开的支柱层,作为会议室、会场及旅客休息的公共空间使用,不再占用标准层的面积。简洁的建筑立面成为园林环境的一部分,是传统园林与现代建筑相结合的良好范例。

　　20世纪80年代,中国进入发展转型的新时期。建筑文化从封闭走向开放。第二代建筑师在艰难的创作环境中摸索和创造,继承了适应中国发展的现代建筑思想和方法,如适度装饰,就地取材,注意节能,成为中国改革开放初期建筑战场上打头阵的主力军。这一时期,中国建筑的本土原生环境和国际共生环境都发生了根本的变化,在转型性重构的过程中,建筑师们以建筑本体和现实生活为客观依据,以科学技术为支撑,从观念、方法、体制等方面全方位地重构新条件下的中国建筑体系。建筑师们立足国情,重视功能,讲求经济,努力发挥材料的最大效益;他们秉持科学精神,坚持唯物辩证创作观念,遵循客观求实的设计原则;他们不懈

---

① 刘秀峰. 创造中国的社会主义的建筑新风格 [J]. 建筑学报, 1959 (Z1): 3-12.

图 2-8 广州矿泉客舍

地追求艺术创作规律,力求达到技术与艺术统一、理性与情感交织的境地;他们富有社会与历史责任感,努力解决生态、地域与环境问题,探索民族与世界建筑文化未来的发展方向。第二代建筑师肩负重任,成为奠定改革开放后的建筑成就的承前启后的过渡性集体。这一时期的建筑也由单一化转向多元化。在宽松的创作环境下,地域性建筑成为繁荣创作的亮点,许多优秀原创作品相继问世。齐康的作品武夷山庄(1983,图2-9),位于福建武夷山自然风景区崇阳溪畔,建筑与特定的自然环境和乡土建筑文脉有机结合,体现出武夷山"碧水丹山"的独特风貌。建筑由单体建筑组合设计而成,借鉴和发展了闽北传统村居的空间形式和布局,使用地方材料、坡屋面、悬梁垂柱、三段处理。室内设计突出主题意境,发掘砖雕、石刻、木雕、竹编等传统技艺来塑造内部环境的潜力,提高了建筑的艺术和文化品位。

　　这样的例子不胜枚举。到20世纪90年代,福建、江浙、新疆、广东、陕甘等地区已经形成自己的建筑特色。以邓小平南方谈话为契机,全国性的建筑设计市场更加开放,中国开始形成新的建筑思想和理论。自此,在中国地域性建筑创作中,环境意识逐渐深入人心。对特定地点的自然和人文环境进行完善和发展,创造体现人文景观的场所,能使人有明确的归属感;重建建筑创作文化观,这是对以梁思成为代表的老一辈建筑师的传统建筑思想的发展,不仅为其注入了现代概念,还深挖了其内在因素。20世纪90年代中期,随着经济和城市建设的高速发展,中国进入了一个大规模的建设时期,越来越多的青年建筑师出现在中国建筑创作舞台的中心,并对国际建筑界产生影响。中国第三代建筑师在竞争中磨炼意志,增长才干,其作品以符合现代建筑发展的社会条件作为存在的价值基础,开拓出具有

图 2-9 武夷山庄

"中国气派" 的作品,为中国建筑发展做出了应有的贡献。

1994年9月,建设部、人事部下发《关于建立注册建筑师制度及有关工作的通知》(建设〔1994〕第598号),决定在中国实行注册建筑师制度,并成立全国注册建筑师管理委员会。为了加强对注册建筑师的管理,提高建筑设计的质量与水平,保障公民的生命和财产安全,维护社会公共利益,1995年国务院颁布《中华人民共和国注册建筑师条例》(国务院令第184号),1996年建设部下发《中华人民共和国注册建筑师条例实施细则》(建设部令第52号)。成为注册建筑师意味着需要承担行业主要的社会责任,推动整个建筑产业的良性发展。

在1999年国际建协第二十届世界建筑师大会上,吴良镛做了题为《世纪之交展望建筑学的未来》的主旨报告。在报告中他指出,建筑师应当努力寻找下一个世纪的 "识路地图"。他认为改弦易辙的开始是 "环境意识的觉醒",建筑师要在规划和设计中走可持续发展之路。随着 "地区意识的觉醒",建筑师可以吸收融合国际文化,以创造新的地域文化或民族文化;"方法论的领悟",使得人们认识到建筑的发展需要分析与综合相结合,倡导广义的、综合的观念和整体的思维,使得传统的建筑学走向广义的建筑学[①]。

2001年中国加入WTO,在全球化的推动下,中国全面开放、深化改革。新型技术与材料改变了原有的建造方式,东西方建筑文化的交流拓宽了建筑师的视野。但是,现代建筑的标准式操作忽视了地区的多样性与差异性,也忽视了地域文化的特殊性与历史性。地域性建筑与现代建筑需要借用彼此的优势来弥补自身的缺陷,需要将对方视为可供参考的资源,从而实现共同发展。在文化趋同的

---

① 吴良镛. 世纪之交展望建筑学的未来: 国际建协第二十届世界建筑师大会主旨报告. 建筑学报 [J],1999(8): 6-12.

情境下,在传统与现代的博弈中,中国建筑师的设计思路愈发开阔,将外来文化与地域文化结合,努力追求现代化,使建筑语言更加丰富,以适应新的建筑类型并设计出彰显中国文化、具有地域特色和时代风貌的和谐建筑。21世纪的地域性建筑实践以地域性为创作原点,在建筑自然环境与文脉、建筑技术与材料、地域文化、可持续发展及人文生活等方面,均对建筑界产生了一定程度的影响。

在建筑自然环境与文脉方面,以中国国际建筑艺术实践展展区接待中心(2011,刘家琨,图2-10)为例,其客房部分被细化为单元并沿着山的形态进行布置,从而形成一种聚落的形态;公共区域顺着山势被安排在山洼处,部分屋顶也成了客房的院落,从而消隐于山体中,消除了大规模建筑与景观之间的冲突。

图 2-10 中国国际建筑艺术实践展展区接待中心

在建筑技术与材料方面,以高黎贡手工造纸博物馆(2010,华黎,图2-11)为例,其以当地丰富的木材作为建筑材料,由当地工匠以熟练的木构技术建造而成,这种建筑材料与建造方式的选择赋予了建筑强烈的地域性。陕西富平国际陶艺博物馆(2008,刘克成,图2-12)同样采用当地传统的建筑材料与砖砌拱技术建造而成,并列组合的变径砖拱形成的韵律使建筑极富现代感。博物馆在整体上犹如风道一般,适应了当地冬冷夏热的气候特点。

在地域文化方面,以浙江美术馆(2008,程泰宁,图2-13)为例,设计者从水墨画中提取灵感,用黑与白的色调还原了江南建筑的韵味;层层跌落的外墙体暗示着对玉皇山的延伸;抽象的坡屋顶用钢架玻璃构成,钢架玻璃所形成的阴影落在石材铺设的大厅中,其本身作为艺术展览品,形成了令人震撼的空间感受。在中国美术学院象山校区二期(2007,王澍,图2-14)中,建筑之间丰富的层次,曲折反复、不断变化的光线与视角,白色粉墙与青瓦屋顶,都直白地表述着江南园林空间的关系;借景、对景、框景等手法的运用使得建筑更加生动与深邃。

图 2-11 高黎贡手工造纸博物馆

图 2-12 陕西富平国际陶艺博物馆

图 2-13 浙江美术馆

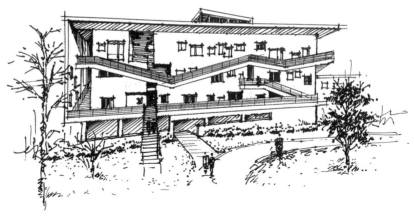

图 2-14 中国美术学院象山校区二期

　　在可持续发展方面,以深圳万科第五园(2005,王戈,图2-15)为例,设计中借鉴了广东地区传统建筑构造做法来达到降温防晒的目的;传统建筑材料不仅在零污染、零排放方面具有天然的优势,而且易于塑造地域环境。在上海世博会沪上生态家(2010,曹嘉明,图2-16)中,建筑通过呼吸窗、生态核、导风墙的设置实现了自然通风,并利用风力发电机对风能进行转化,也通过建筑自身形式与绿化的共同作用实现遮阳,以智能化系统控制照明,屋顶设置了太阳能热水与光伏发电系统,照明则采用LED新型照明技术。

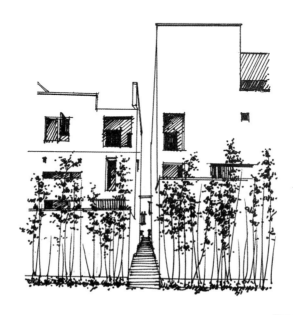

图 2-15 深圳万科第五园

图 2-16 上海世博会沪上生态家

在人文生活方面,以杭州钱江时代-垂直院宅(2007,业余建筑工作室,图2-17)为例,设计着意于在高层居住建筑中重塑传统生活方式。建筑以江南小院为原型,

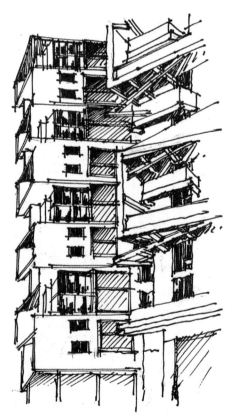

图 2-17 杭州钱江时代 - 垂直院宅

两层为一个单位,青色砌块与白墙强化了江南小院的空间感。即便居于高空,人们也能够获得亲近自然的心理感受。建筑师以这种基本单位纵向进行空间组织,从而创造出具有归属感的场所。

21世纪快速发展的经济、开阔的全球化视野,使中国现代建筑迈上了一个新台阶,中国建筑师随之进入了创作的高峰期。第三代建筑师偏重感性与理性相结合的创作态度,强调建筑的自我表现意识,他们注重感性经验,结合多元化理论,所创作的许多建筑作品往往带有个人倾向,积极推进了当代建筑的多元化发展。"文革"后成长起来的第三代、第四代建筑师思维活跃,勇于创新,尤其在传统和现代如何承接的问题上,他们身上没有前辈们背负的沉重责任感和历史压力。在1992年经济体制改革后开始执业的第五代建筑师,逐渐成为当今中国建筑界的重要力量,并且被国际建筑界所关注。

在中国现代建筑的发展过程中,地域性设计逐渐由一种设计策略转向忠实于现代建筑基本规律的适宜策略,它将地域个性与时代共性融合。"建筑的地域性原本是一个朴素的概念,并无任何神秘可言,它并非某种程式化的风格、主义、流派,究其实质是一个'以人为本'的创作观与方法论。"①它用适合的空间与构造来塑造一个具有归属感的生活环境,让人们在其中寻得庇护感,保留了人们生活的本原,自然就实现了文化的延续。(表2-2)

表2-2 中国现代地域性建筑发展脉络

时期	历史背景	建筑特点	代表作
1900—1950年	西方现代建筑体系输入中国	前期以"中式折中"为主,后期强调现代体系与传统方式并置	南京励志社 上海合记公寓
20世纪50年代	学习苏联,提出"社会主义内容、民族形式"的口号	形成中国宫殿式、少数民族式、苏式等建筑风格	"十大建筑" 北京外贸部办公楼
20世纪60—70年代	受政治、经济条件制约,强调为人民而作	突出政治,突出节约;全局停滞,局部前进	广州矿泉客舍
20世纪80—90年代	政治宽松,经济腾飞,在竞争的市场环境中加速发展	建筑由单一转向多元;环境意识深入人心;适度装饰,就地取材,注意节能	武夷山庄
21世纪初	全面开放,深化改革,文化日益趋同	自然环境与文脉结合;当地材料与技术创新;文化注入与韵味还原;能源再生与可持续性	中国国际建筑艺术实践展示区接待中心 高黎贡手工造纸博物馆 浙江美术馆 深圳万科第五园

---

① 梅洪元,张向宁,朱莹. 回归当代中国地域建筑创作的本原 [J]. 建筑学报,2010(11):106.

纵观中国的建筑创作,虽然地域性建筑一直处于低调发展之中,但它却是对建筑本质最朴实的表达方式;它对环境、文化、生态、技术、观念的开放性与包容性,注定其拥有广阔的发展空间,必然吸引众多建筑理念的回归。对地域性建筑的探索是中国建筑师始终坚持的一个方向。虽然这种探索在特定时代中总会存在一定的局限性,但中国建筑所具有的强大包容力预示着其广阔的创作前景。正如邹德侬等所指出的,中国的建筑师在地域性建筑方面的成就,既是特殊条件下的合理选项,又是中国建筑师对世界建筑的独立贡献[①]。

(二)日本

日本地处亚洲大陆东端,与中国一衣带水。历史上,中国文化、宗教思想经由朝鲜传入日本,其建筑风格也一并漂洋过海抵达岛上。由于日本的气候和地理特征与中国不完全相同——日本国土面积较小,气候温和,虽有地势起伏,但没有高山、平原或沙漠,于是形成其独特的建筑审美趣味:喜爱小巧雅致、简洁质朴,而不追求宏大规模。同时,因饱受自然灾害威胁,资源又严重匮乏,日本民族性格中的悲苦个性同佛教禅宗的理念相契合,因此日本民众对禅宗倍加推崇。他们将禅门艺术和意境蕴藏在枯山水的造园艺术和建筑设计中,将其发挥到极致。

19世纪后半叶,日本进行了最为重要的一场革命——明治维新,提出"和魂洋才"的口号,由此日本建筑界迎来巨变。受到"先锋派运动""新艺术运动"的极大影响,传统的建筑体系受到冲击,城市进步飞速。日本在短短数十年间完成了全面摄取和移植欧洲文化的过程,在"制度的、形式的和技术的"方面获得极大提升,为日本现代建筑蓬勃发展、风靡世界奠定基础[②]。尤其体现在国家性重要建筑和工业建筑上,前者象征政治意图,如鹿鸣馆(1883,英国建筑师乔赛亚·康德,图2-18),供西化后的日本权贵或聚会风雅,或外交谈判;后者则代表日本走上工业化道路,如以军工为核心的工业建筑。

20世纪20年代,日本演变出"帝冠式"建筑,即在西式古典建筑的顶上增加日式风格的瓦屋顶,以此象征日本帝国凌驾于欧洲之上的国粹主义。与之相似的还有同时期的"亚洲主义""近代和风"建筑。这一时期,对西方文化的渴求使得日本建筑师对本土建筑地域性的探索充满迷茫和混乱[③]。直至西方现代主义建筑大师对日本传统建筑的特质进行重新挖掘和提炼,概括出规划与结构的单纯性、尊重材料的美、缺少装饰、非对称、与周围自然保持和谐、模数单位[④]这六点"日本性"——这些恰好与西方现代主义建筑的"现代性"不谋而合,终于为日本地域性建筑的新发展探索出了光明的道路。在美国失意的赖特,意外地在日本找到了设计理念上的共鸣,留下了自由学园明日馆(1921)、东京帝国饭店(1922,1968年拆除重

① 邹德侬,刘丛红,赵建波.中国地域性建筑的成就、局限和前瞻[J].建筑学报,2002(5):4.
② 藤森照信.日本近代建筑[M].济南:山东人民出版社,2010:222-235.
③ 俞左平,徐雷.日本建筑现代化历程中的文化碰撞[J].建筑与文化,2019(5):227-229.
④ 藤冈洋保.20世纪30年代到40年代日本建筑中关于"传统"的想法与实践:通过现代建筑的滤镜转译日本建筑传统[J].李一纯,译.时代建筑,2014(1):146-151.

图 2-18 鹿鸣馆

建,图2-19)这样的传世之作。这些建筑并非简单地追求传统形式,而是深入日本文化内核,以低矮的坡屋顶和平缓的线条体现日本文化中恬静的禅意。在结构上,充分考虑日本地震灾害多发的情况,精准计算,量身打造,成就震后不倒的传世佳话。

图 2-19 东京帝国饭店

　　二战后的日本,真正迎来了现代建筑的觉醒:不仅要注重政治、经济的恢复,更要重新建立民族的文化自信。在此期间,日本建筑师不再盲目学习西方建筑的现代性,开始积极地探索适合本国文化的建筑思想。自此,日本在现代地域性建筑领域一直坚持研究与尝试,并逐渐成为全世界地域性建筑方面富有建树的国家。

　　20世纪40—70年代,日本建筑师在地域性建筑领域有了初步发展,以黑川纪章为代表的新陈代谢派[1](Metabolism)开始对日本建筑本土化进行新的探索。在

① 新陈代谢派:在日本著名建筑师丹下健三的影响下,以青年建筑师大高正人(Masato Ohtaka)、桢文彦(Fumihiko Maki)、菊竹清训(Kiyonori Kikutake)、黑川纪章(Kisho Kurokawa)以及评论家川添登(Noboru Kawazoe)为核心,于1960年前后形成的建筑创作组织。他们强调事物的生长、变化与衰亡,极力主张采用新的技术来解决问题,反对过去那种认为城市和建筑固定地、自然地进化的观点。

世界现代主义思潮的席卷下,日本第一代建筑师既没有完全照搬、模仿西方现代建筑,也没有完全认同和执着于传统文化,他们大多有意识地结合了现代与传统,建造出一批有着浓郁地域风格的日本现代建筑。这一时期,日本地域性建筑表现为对传统建筑表象特征的继承与发展[1],这是当今日本卓有成就的现代地域性建筑的原型。丹下健三对日本传统建筑进行了大量详细的研究,他提取传统建筑精髓,采用大胆抽象的形式,开创了新时代的日本建筑。香川县厅舍(1958,图2-20)通过混凝土结构的技术手段,表现日本传统的木结构特征,高层部分处理得像日本传统的五重塔,用水平的栏板和挑梁的组合形成了独具特色的外观,表现了他为超越日本弥生时代的传统而表现绳文时代的传统所做的努力[2]。

图 2-20 香川县厅舍

　　20世纪80年代,日本开始进入地域性建筑发展的多元化时期。地域性建筑摆脱传统建筑表象特征的束缚,表现出文化精神或美学特征。在建筑创作中,矶崎新用"左手创造,右手分析",从历史中汲取丰厚滋养,提出"间"的创作概念,并将这一概念运用到日本群马县立近代美术馆(1974,图2-21)的设计中。以榻榻米居室的障子门方格为主要设计语言,使建筑主体模糊淡化。从外部的镜面材料到内部的空间结构,建筑整体都隐匿着流动感。这既契合了"间"对非实体的关注,也将现代主义手法引入日本传统建筑空间。黑川纪章从传统建筑中提取出"灰空间"(即模糊空间)的概念,同时总结出"共生"理论,在东方的传统建筑空间中,渗入模糊性的灰空间,让房屋、庭院、街道等元素融合共生。其作品名古屋市艺术博物馆(1987,图2-22),由舒展的玻璃幕墙向下沉式庭院延续,形成内外交融的过渡领域。建筑从室内延伸到外部,将自然引入内部。上述思想为日本现代地域性建筑的发展奠定了理论基础。桢文彦进行人性与地域性的空间思辨,提出"奥"空间,在风之丘火葬场(1997,图2-23)中,通过多样的建筑策略,引入不同的光线,使葬礼厅气氛迷离,火葬厅超脱寂静,休息厅舒缓亲切。整个建筑空间与时间串联,建筑与环

① 白淼 . 武汉当代地域建筑特征研究 [D]. 武汉:武汉理工大学,2007:5.
② 马国馨 . 丹下健三 [M]. 北京:中国建筑工业出版社,1989:101.

图 2-21 日本群马县立近代美术馆

图 2-22 名古屋市艺术博物馆

图 2-23 风之丘火葬场

境相称。安藤忠雄为日本建筑的地域性带来了更多新的思考——他对精神层面更为关注。他以清水混凝土的材料形成建筑冷漠却又精致的外表,以丰富而又灵动的光影营造变化而又充满人性关怀的内部空间。他的作品使用现代建筑简洁的几何形体,但其精神内核却是日本传统的禅宗哲学,体现文化内涵中的悲苦、素静,使人远离尘嚣,凝神静心。他在《从自我封闭的现代建筑走向普世性》一文中写道:"我生长在日本,在日本干我的建筑设计工作。我想,可以说我所选择的方法是把开放的、普世的现代主义所发展的语汇和技术,应用到一个有个性的生活方式及地域差别的封闭领域中去。"[1]光之教堂(1989,图2-24)是安藤忠雄最为著名的作品之一,他在建筑中利用光创造空间意象。在讲坛后面的墙体上,从垂直和水平方向的开口引入自然光,形成著名的"光十字";在墙壁和地面拖出一个长长的十字架阴影,使原本平淡无奇的方形建筑获得了极具特性的空间体验。这也使建筑具有了一种超自然性和神秘性,使人们感悟这座殿堂内在的精神世界和外部的物质世界,从而体现日本审美文化中的"幽玄"[2]。21世纪后,20世纪50年代出生的中青年建筑师成为日本建筑舞台的主角,他们在后现代主义的浪潮中成长,与老一辈建筑师相较,他们的设计更具个性。其建筑创意散发出无限能量,呈现出地域的独特魅力,且以"四两拨千斤"之巧,给人意料之外的视觉震撼,引发人们的深刻思考。

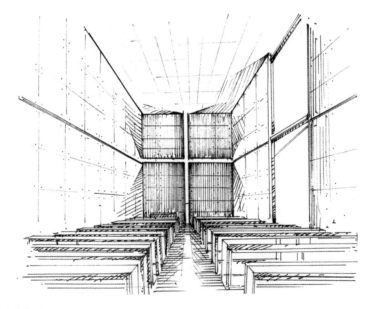

图 2-24 光之教堂

---

① 肯尼斯·弗兰姆普敦. 现代建筑:一部批判的历史 [M]. 张钦楠,等译. 北京:生活·读书·新知三联书店出版社,2004:366.
② 单琳琳. 民族根生性视域下的日本当代建筑创作研究 [D]. 哈尔滨:哈尔滨工业大学,2014:183.

日本建筑文化中对"轻盈"的表达是内生于本土文化特质中的,建筑精巧,形式简约。妹岛和世(Kazuyo Sejima)乐于使用大面积玻璃和白色墙体,用暧昧的手法体现设计中的"禅"之情怀。妹岛认为建筑由人工所为,同自然相违,因此要使建筑尽量配合环境,能让人自由出入,随意穿梭游走,让内部与外部自然连接。金泽21世纪美术馆(2004,图2-25)如同一个巨大的圆盘,上面安置了大小不同的方盒子;展览区位于正中,四周用玻璃围合出互动区域,空间通透均质;四个庭院提供自然光线,照亮内部空间。它仿佛是城市里面的公园,消解了整体,以小的形式确立存在,同人更好地发生关系,同城市建筑相融合,以暧昧和消解表达特有的日本韵味[①]。

图 2-25 金泽 21 世纪美术馆

日本建筑文化中统一的环境体现源于对地域的尊重,对日本建筑师来说,"建筑"并非"夸张""惊人"的代名词,平实的风格更能体现文化的承袭。新一代的建筑师不再追求强烈的符号感,更关注使用主体和场所营造。隈研吾极其偏爱自然材料,热衷于让建筑消解为零甚至为"负",令其谦卑地低头匍匐,以沟通人与自然。广重美术馆(2000,图2-26)以当地取材的杉木制成木格栅,在立面上形成统一的秩序,通过远红外照射使木材耐火性提高。格栅以半透明的方式连接建筑的内外空间。在隈研吾看来,虽然很多地域材料是脆弱的、有限制的,但科技能够为其提供重生和再利用的可能性。

日本建筑文化通过多变的设计手法体现。新时代大量的信息为地域性建筑的发展拓展了思路。全球化对建筑的影响足以启发建筑师以全新的视角思考地域性。惜物的思想被深深地烙入日本建筑师的骨髓,频繁的自然灾害更引发建筑师对人文关怀的思考。坂茂(Shigeru Ban)化柔软为坚韧,创造了以"纸"为建筑材料的一系

① 孙坤. 妹岛和世建筑设计的解读及启示 [D]. 长春: 东北师范大学, 2012: 10-12.

图 2-26 广重美术馆

列作品,为当地灾民迅速搭建起坚固实用、易于拆卸重组、能支撑起成百上千斤重的"纸管建筑"。日本神户发生7.3级大地震后,他带着学生赶到,迅速建起"纸房子",解决了灾民们暂时的生存问题,使灾民们免于灾后露宿街头的难堪;他又用58根纸管作为主体结构建起教堂(1995,图2-27,现已搬至中国台湾),庇护人们受创的精神世界。先锋建筑师青木淳(Jun Aoki)的作品沉稳、简约,外部装潢少到没有。青森县一年中冬季漫长,森林被白雪覆盖,白色成为当地的代表色。青木淳从三内丸山遗迹中获得灵感,其设计的青森县立美术馆(2006,图2-28)整体以白色为基调,由简洁的线条组成,形体错落,同冬日雪后的环境完美相融;"土墙"和"白墙"交错碰撞出地域之美,为室内引入光线,形成灵动光影。在他看来,虽然各国建筑的形式逐渐趋同,但日本建筑师会在不断变化的条件中改变设计原则,以面对日新月异的环境。

图 2-27 纸教堂

图 2-28 青森县立美术馆

　　这一代的日本建筑师更为自信,传统之于他们并非负担,而是汲取灵感的源泉。日本建筑师代际关系百年之中未曾断裂,他们的设计思想不是简单地一脉相承;时代激活了他们的设计灵感,地域赋予了他们的建筑创作以灵魂,"民族趣味"在新建筑中以多样的方式体现。对于日本建筑师群体来说,这是一种集体信仰;同样,这也是传统审美影响下日本大众的共同选择。"在这种信仰的作用下,无论是以钢材取代木材,还是以混凝土取代石材,建筑师都可以自由地对其进行转化,重新创造出新的建筑"[1]。在表达地域文化上,日本建筑师进行了前卫、有效的探索,走出了一条吸收—重构—生成的发展之路(表2-3)。

表2-3 日本现代地域性建筑发展脉络

时期	历史背景	建筑特点	代表作
19世纪后半叶	明治维新,提出"和魂洋才"口号	国家性重要建筑和工业建筑快速发展	鹿鸣馆
20世纪20年代	渴求西方文化	"帝冠式""亚洲主义""近代和风"建筑盛行,后由西方现代主义建筑大师总结出"日本性"	自由学园明日馆
20世纪40—70年代	二战后亟须恢复政治、经济,重新建立民族文化自信	抽象传统形式与现代建筑相结合	香川县厅舍
20世纪80—90年代	经济急速发展,但化为泡沫	建筑多元化,摆脱传统建筑表象特征的束缚,表现出文化精神或美学特征	风之丘火葬场 光之教堂
21世纪	经济逐渐恢复,对传统更自信	轻盈简约,尊重环境,手法多样	金泽21世纪美术馆 广重美术馆

　　(三)韩国

　　韩国位于朝鲜半岛的南部。朝鲜半岛在20世纪经历了前所未有的动荡局面:1910—1945年受到日本的殖民统治。此后,苏美两国以北纬38度线为界,分别进

① 单琳琳 . 民族根生性视域下的日本当代建筑创作研究 [D]. 哈尔滨: 哈尔滨工业大学 , 2014: 19.

驻朝鲜半岛北半部和南半部。1948年9月9日,北半部成立朝鲜民主主义人民共和国,加入社会主义阵营,建筑上表现为纪念性风格;1948年8月15日,南半部成立大韩民国(简称"韩国")。在20世纪60年代以来的迅速重建中,韩国受到欧美理性主义、功能主义和国际主义意识形态的强烈影响,产生了一种本地化的"简单结构风格",并且这种风格的建筑很快取代了传统的低层木结构瓦顶建筑。

从历史发展的角度看,韩国的建筑文化在各个阶段不尽相同,受到政治、经济、文化、社会、历史、宗教、民族等众多因素的影响。韩国人自古以来崇尚自然的思想以及韩国的特殊社会条件和自然条件,塑造了韩国特有的建筑文化特征——朴素、清晰、典雅,而又与自然相协调[1]。从地理位置来看,韩国位于亚洲大陆东北部朝鲜半岛南半部,受到中国大陆文化和大洋文化的双重影响;此外,韩国地形具多样性,低山、丘陵和平原交错分布,风景秀丽,四季分明。韩国传统建筑文化表现出简洁、自然和对大自然的极大尊重。在这种尊重心理的影响下,其建筑通常给人一种平和宁静的感觉。木材、石材、瓦片、泥土及石灰为韩国古代使用较多的建筑材料。韩国古代石造物发达,留下许多优秀的石窟、石塔、石碑等[1]。

1876年朝鲜王朝与日本签订《江华条约》,港口开放,打开国门。随着开化运动的普及和西欧文化的流入,近代建筑也在朝鲜半岛逐渐发展起来。它们在材料施工方法上有别于前一时代的传统建筑样式,在形式上从古典主义到浪漫主义均有体现,例如日本公使馆、西欧诸国公使馆等使馆建筑。19世纪后半叶,日本带来了掺杂木制日式、对西欧建筑手法的模仿样式,近代建筑的萌芽开始被镇压。1900年,应统治家族的邀请,一位英国建筑师在汉城(今首尔)市区德寿宫园内设计了一座文艺复兴风格的王家住宅。这座两层的石建筑后来被改为国立博物馆,是19世纪末20世纪初外国人在汉城等一些大城市建造的众多西式建筑之一。一些宗教建筑也开始逐渐兴建。桂山圣堂(1902,图2-29)是一座天主教教堂,它的建立在那个时代具有重大的宗教意义。一些外来国家,出于实际需求和作为象征的需要,纷纷兴修房舍,建筑业逐渐发展起来。这一时期的西式建筑,外表新颖,使用方便。例如,哥特式的天主教堂明洞圣堂、文艺复兴式的韩国银行总行大楼(1912,图2-30)、首尔火车站、罗马式的圣公会教堂贞洞堂(1916,图2-31)以及首尔市政厅大楼(1925,图2-32)等都是那个时期留下来的建筑。

随着日本在朝鲜半岛政治势力的增长,这里的建筑业被逐步接手。新建的办公楼、银行、学校和商业机构,绝大部分是有日本风格的西式建筑。日本总督府是这一时期留下的建筑物中最重要的代表,这座四层文艺复兴式花岗石建筑由德国建筑师设计。1945年后,它被用作韩国中央政府办公楼。1983—1986年,韩国政府对其进行大规模翻修,之后将其作为韩国国立中央博物馆(1986,图2-33)使用至今。

① 杨洪青,原向东. 浅谈韩国建筑文化的历史发展与几点思考 [J]. 烟台大学学报(自然科学与工程版),1995(1):70-79.

图 2-29 桂山圣堂

图 2-30 韩国银行总行大楼

图 2-31 圣公会教堂贞洞堂

图 2-32 首尔市政厅大楼

图 2-33 韩国国立中央博物馆

　　历史上这里的传统建筑的建造技术曾依靠师徒相传,木工、石工都拜技艺工匠为师来学习技术。直到1916年,学校开始教授西方建筑学和工程学。在现代建筑发展初期,西方建筑的新思想、新技术逐步介入并产生影响。被日本政府雇用的年轻工程师中,有少数人会另开公司,他们成为韩国现代建筑早期的开拓者,并因其作品而在历史上留名。其中包括朴吉龙和朴东镇,他们分别设计了和信百货公司大楼和高丽大学校主楼(1932,图2-34)。

　　在朝鲜战争结束后的建设时期,韩国现代建筑进入一个新的发展阶段。1960年,韩国第一本建筑专业杂志《现代建筑》创刊。1965年,韩国以立法形式建立了注册建筑师(建筑士)制度。1966年,《空间》杂志问世[1]。国立中央博物馆与妇女博物馆的传统表现,引发了全国性的争论,并提供了一个摸索和研究韩国建筑传统问题的机会。从法国归国的金重业和从日本归国的金寿根,是韩国第一代建筑

① 曾昭奋. 韩国建筑初访 [J]. 世界建筑,1994(4):13.

图 2-34 高丽大学校主楼

师的杰出代表,他们使韩国建筑进入了博采众长的时代。金重业设计的首尔法国大使馆(1958,图2-35)和金寿根设计的自由中心(1963,图2-36),都为首尔增添了令人耳目一新的建筑景象。金寿根于1960年11月创办了空间事务所(即现在的Space Group of Korea)。在实践中,金寿根将韩国建筑的传统特色融汇于现代建筑之中,表现出精细而多姿的风格,如蒙特利尔博览会的韩国馆(1965)、空间事务所本馆(1971,图2-37)、新德里韩国大使馆(1977)、首尔奥林匹克体育场(1977)、奥林匹克公园体操馆(1984)、驻美大使馆官邸(1984)等。为表彰其贡献,韩国于1990年举办第一届"金寿根文化奖"。这两位建筑师都受到柯布西耶的影响,但是他们又发展出个人不同的处理方式,对韩国现代建筑的发展起到极大的推动作用。

图 2-35 首尔法国大使馆

图 2-36 自由中心

图 2-37 空间事务所本馆

　　20世纪70年代以来,政治的安定和经济的持续发展,给韩国建筑带来了发展机遇。在此期间,韩国国家综合开发10年计划和新土地利用整理计划,为建筑界注入了活力。1975年以后,西化的建筑造型明显地表现出来,韩国本土建筑受到冲击。之后,韩国的政治、经济和社会遇到转型,由封闭转向开放,一系列商业、文化、旅游建筑的建设以及1986年亚运会、1988年奥运会设施的兴建和城市开发工程,给韩国建筑师带来了前所未有的发展契机,也"把韩国的城市建设和建筑创作推上了新的阶段,达到了较高的水平"[①]。金洹、金锡澈和赵乾永等20世纪40年代出生的韩国第二代建筑师在这一时期开始对国家建筑产生影响。韩国艺术中心是建筑师金锡澈的代表作。在对建筑群体进行规划设计时,他致力于打造外部环

---

① 曾昭奋.韩国建筑初访[J].世界建筑,1994(4):13-14.

境的连贯性、开放性和宜人气氛,形成富有民族特色的艺术风格,并不拘泥于其中个体建筑的形式。这个艺术中心包括国家歌剧院、音乐厅、书法艺术馆、音像艺术馆、艺术图书馆等,其中"剧院顶盖取传统韩国男帽的形式,音乐厅的屋顶则像一把展开的折扇。二者似乎是一男一女,但都有传统的含意。而音像艺术馆和艺术图书馆则像由花岗石和玻璃立方体组成的冰山。正是由于外部空间的开阔和自由以及园林绿化尤其是传统园林的穿插和点染,减少了不同建筑体量和不同建筑样式间的不和谐"[1],简洁、有力地体现出浓浓的韩国风情,这也让该方案在一次国际竞赛中脱颖而出,成为韩国地域性建筑的成功探索。

《韩国建筑师》杂志曾组织"20世纪再回顾"专题讨论与研究。其中在《近现代建筑设计理念之思考》的研究文献中,分别从时间序列与基本价值观念两个方面对韩国现代建筑发展过程进行了概括与总结。研究认为,与韩国现代建筑的价值与意义密切关联的问题有地域文化、结构与构造以及材料技术、时代生活方式与功能、城市发展脉络和社会意识形态这五个方面。其中,地域文化、城市发展脉络和社会意识形态方面都在不同层次上直接涉及民族文化问题[2]。韩国建筑师在现代建筑设计实践之中,亦给建筑打上了深深的民族烙印。其特征主要体现在以下几个方面。

(1)综合运用多种民族艺术表现特殊的民族审美情趣,赋予建筑特殊的表现力。例如,金重业设计的首尔奥林匹克体育公园正门"和平之门"(1988,图2-38),巨大的高强钢骨混凝土桁架结构,两个深深出挑的屋顶侧翼,异常醒目,两翼屋顶呈曲线升腾的态势。出自美术家之手的巨幅天花装饰彩绘色彩明丽,颇具民族文化特点。周边还有雕塑家创作的图腾列柱,既结合了韩国的假面艺术,又给该建筑增加了强烈的民族色彩。该建筑在1989年获得韩国建筑师协会大奖。

图2-38 首尔奥林匹克体育公园正门"和平之门"

(2)简化与重组传统建筑形体的构成要素。例如,在景福宫光华门前一侧建成

[1] 曾昭奋. 韩国建筑初访 [J]. 世界建筑,1994(4):15.
[2] 张建华. 韩国现代建筑发展过程与民族文化思潮 [J]. 建筑学报,2002(4):61.

的市民开放广场,面向中部广场的历史文化主题空间由传统韩国挡墙形式的若干片墙体围合而成,广场上列柱小品的造型仿照韩国传统大木作的梭柱,颇有韵味。

(3)传统建筑艺术空间理念与现代社会生活相契合。建筑师金锡澈设计的首尔韩国艺术中心(1993,图2-39)于1993年获韩国建筑师协会大奖。在室内和室外空间的过渡与划分上,充分利用现代材料与技术来表现韩国传统空间的开放性和内外连贯性[1]。

图2-39 首尔韩国艺术中心

韩国现代建筑发展过程引发建筑师对于当代建筑文化的深层次思考。韩国建筑界称,20世纪60—80年代是以地域主义为核心观念的,这种文化倾向至今仍在建筑领域延续,并作为建筑艺术探索的一个特定目标,进入更深层次的研究与探索阶段。

不同于20世纪金寿根、金重业以韩国地域文化作为建筑创作的决定因素,21世纪的韩国建筑师更多是以现实环境作为基础,对本土地域文化进行批判性思考并积极利用现代发达的科学技术[2]。建筑师不主张对传统盲目地接受和全部地继承,而是将过去与现实同步考虑,权衡优劣,实现多方面共赢,并通过建筑手法有效实现。在高层、超高层建筑中注入绿植,将传统庭院与现代形式融合;探索台地布局,适应全国普遍的山地地形;抽象出历史要素,在传承的基础上实现形式创新。同时,信息时代也为建筑设计带来了新思路——通过计算机技术辅助,在精确计算后再反馈到建筑中。例如济州岛的布兰克森霍尔亚洲分校(Branksome Hall Asia,2012,图2-40),使用木材和金属制作单元体维护结构的肋板,在节点处以钢结构连接固定,对抗海洋性飓风天气;测算出木肋板间距,合理设置弧度以实现遮阳,从而更好地适应当地热带海洋气候。

随着整套承包合同制的终结,共享逐渐成为韩国建筑设计的共识。2013年发

① 张建华.韩国现代建筑发展过程与民族文化思潮[J].建筑学报,2002(4):64.
② 李龙君.韩国当代本土建筑创作研究[D].大连:大连理工大学,2015:30.

图 2-40 济州岛的布兰克森霍尔亚洲分校

表的《首尔建筑宣言》写道："建筑是任何人都可享有的文化背景。(普遍性)——建造能在全世界的千篇一律中兼具个性与不同的全球都市建筑。"在此之后，设计评审会上允许大众参与评审，也通过网络直播公开评审现场①。建筑的地域性源于大众，如今将选择权交还给大众，以期建造出适应不同地域、不同需求、不同个性的建筑，从而有效抵制全球化潮流的副作用——普遍性。

韩国现代地域性建筑发展脉络见表2-4。

表2-4 韩国现代地域性建筑发展脉络

时期	历史背景	建筑特点	代表作
19世纪末—20世纪初	港口开放，开化运动普及，西欧及日本文化流入	材料、施工方法有别于传统建筑式样，从古典主义到浪漫主义均有体现	日本公使馆、桂山圣堂
20世纪初—1945年	受日本殖民统治	绝大部分是有日本风格的西式建筑，韩国现代建筑开始开拓	日本总督府、高丽大学校主楼
20世纪50—60年代	朝鲜战争结束，国家进入建设期	将传统特色融汇于现代建筑之中，表现出精细而多姿的风格	蒙特利尔博览会的韩国馆、空间事务所本馆
20世纪60—90年代	政治安定，经济持续发展；社会转型，迎来更多机遇	极具民族审美情趣，简化与重组传统建筑形体的构成要素，传统理念与现代生活相契合	首尔奥林匹克"和平之门"、景福宫光华门市民开放广场、韩国艺术中心
21世纪	整套承包合同制终结，共享成为共识	以现实环境为基础批判思考，用科学技术使传统元素与现代形式融合	布兰克森霍尔亚洲分校

① 郑东贤，尹秀妸.韩国建筑师的60年 [J].城市·环境·设计，2013（11）：36-39.

（四）新加坡

新加坡位于马来半岛南端、马六甲海峡出入口,北隔柔佛海峡与马来西亚为邻,南隔新加坡海峡与印度尼西亚相望,由新加坡岛及附近63个小岛组成,其中新加坡岛占全国面积的88.5%。新加坡属热带海洋性气候,常年高温潮湿多雨。

19世纪初,新加坡成为英国的殖民地,以西方文明为基础的英国殖民文化强行介入,并与这里的多元文化开始互相影响、互相渗透,东西方文化的融合造就了新加坡独特的建筑文化。直到第二次世界大战前,新加坡已经形成了类似于欧洲城市的单一中心布局,殖民者占据市中心,其他不同种族、不同信仰的居民被隔离在不同的聚居区。

19世纪上半叶,由于新加坡主要的公共建筑、殖民者的私人住宅等受到英国同期新帕拉第奥式样的影响,因此其中心区与希腊雅典卫城相似。19世纪中叶,为适应本地气候条件,新加坡建筑开始采用坡屋顶形式,形成了热带帕拉第奥风格[①]。19世纪下半叶到20世纪,一些公共建筑受到英国维多利亚风格的影响,其中教堂建筑经历了从帕拉第奥式样到乔治亚风格,再到哥特风格的转变。典型的例子是乔治·德拉姆古尔·科尔曼(George Drumgoole Coleman)设计的亚美尼亚教堂(1835,图2-41),以类似于圣马丁学院(1728)的手法加上了乔治亚风格的塔楼和尖顶。哥特风格的建筑有安纳马莱设计的威斯利教堂(1912,图2-42)。直至20世纪30年代,乔治亚风格和哥特风格的教堂还一直在建造,但各种族聚居区的建筑和住宅等具有本土文化的特征。早期的居住建筑形式有东西融合产生的带围廊的住宅(terrace)、店屋(shophouse)和殖民风格住宅(bungalow)等。

图 2-41 亚美尼亚教堂

20世纪30年代初期,现代建筑已经进入新加坡,但是规模有限,只有少量的办公楼、私人住宅和交通建筑运用了现代建筑形式。弗兰克·多灵顿·沃德(Frank Dorrington Ward)设计的卡兰机场(1936,图2-43),摒弃古典建筑沉重的立面形式,

---

① 乔恩·林.新加坡的殖民地建筑（1819—1965）[J].张利,译.世界建筑,2000（1）: 70-72.

图 2-42 威斯利教堂

图 2-43 卡兰机场

采用大面积的玻璃窗、细柱支撑和混凝土挑檐板,是新加坡体现现代建筑基本特征——"功能合理,采用新材料、新技术"的最早实例。巴马丹拿事务所设计的18层中国银行大厦(1954,图2-44),是战后新加坡最早使用中央空调系统的现代高层建筑。其立面仍采用保守的半封闭式,对石头和青铜器的细部运用中国样式的处理手法,体现了新加坡的地域文化倾向。

　　20世纪60年代,新加坡步入现代化进程。1959年新加坡脱离英国自治后,与其他发展中国家面临着相同的问题——社会动荡与经济落后。文化与种族的多元性,使新加坡成为多种要素、记忆与传统并置的场所。随着现代建筑形式在全球的流行,新加坡也开始接受这种形式,并以此作为民主时期政治理想的表达。向现代建筑学习和创作民族性、国家性倾向的现代建筑成为这一时期新加坡建筑的主题。此时,日本新陈代谢主义(Metabolism)、英国粗野主义(Brutalism)以及荷兰新功能主义(New Functionalism)对新加坡的城市规划与住宅建设产生深远的影响。从新加坡建筑师的作品中可以看到特奥·凡·杜斯堡(Theo van Doesburg)、柯

图 2-44 中国银行大厦

布西耶、阿尔托以及其他大师的影子。新加坡会议中心的讲堂由一系列分层的建筑所环绕,与阿尔托的芬兰厅有一定的相似性。同样,从 PUB 大厦的横向长窗、底层架空的体量处理,也可以看出拉图雷特修道院(Couvent of La Tourette)的影响①。王匡国(Alfred H. K.Wong)设计的新加坡国家剧院(1963,图 2-45),通过充分运用现代结构技术和材料,象征新加坡自治后的自信。马来西亚建筑设计公司(MAC)设计的 NTUC 大厦,既适应热带气候条件,又突出混凝土材料的表现力,显然受到柯布西耶粗野主义风格的影响,但由于缺少本土文化的特征,而被称为"中性的现代建筑"②,它代表了 20 世纪 60 年代新加坡建筑界对现代建筑的认识。

图 2-45 新加坡国家剧院

　　20 世纪 70 年代开始,新加坡政府改变发展战略,致力于将新加坡打造成国际

① 李晓东 . 当代新加坡建筑回顾 [J]. 世界建筑 , 2000(1):26-29.
② 译自 POWELLYR. Innovative architecture of Singapore[M]. Select Books Pte Ltd,1995: 20.

大都市,他们采用西方城市的发展模式,进行大规模的城市现代化改造。市区重建局(URA)通过土地出让吸引私人开发商与政府合作建造大型项目,并采用国际招标方式,吸引了一批国际知名建筑师参与建设。这一时期,国外建筑师成为主角,承接了许多大型建筑项目。他们带来的国际风格建筑普遍脱离新加坡的地域条件与社会现实。与此同时,本土建筑师也在积极探索本土建筑的创作,如DP建筑师事务所设计的珍珠坊大厦。20世纪60年代后期,唐人街牛车水是新加坡人口最密集、文化最丰富的区域之一。当时政府已经开始实行租金管控,并向人们提供经济适用房,但因缺乏翻新、维修举措,导致这里过度拥挤,居住条件很差。在这种情况下,1967年,珍珠山脚下人民公园市场的一片土地被重新出售。这一举措推动了城市的更新进程,但建筑师在改造的同时也必须很好地融合和传承当地的华人文化及生活习惯。DP建筑师事务所设计了亚洲最早的一座商住综合体建筑,这是新加坡的首座多功能建筑,它集住宅、购物、办公、停车场功能于一体。建筑师赋予建筑空间以"客厅"的概念,人们既可以在这里购物、居住、工作,同时也能社交、娱乐。该作品为东南亚地区开创了一种新的建筑类型。

20世纪80年代中期以后,新加坡经济发达,物质水平提高,建筑文化朝着多元化的方向发展。在运用先进技术和设计方法的同时,新加坡本土建筑师重新挖掘传统要素用于建筑创作,成为这一时期建筑创作的主要特征。

1. 建立传统与现代的联系

1983年,店屋集中的翡翠山(Emerald Hill)街区是新加坡的第一个历史保护街区。No.102店屋是其中的一个保护项目。建筑师将店屋外立面完整地保留下来,用公共空间替换了内部原有的封闭空间,用楼梯联系各个房间和公共区域,并通过现代空间设计手法对店屋进行改造,使传统的建筑空间与当代人们的生活习惯相适应,建立了传统与现代之间的联系。这一作品影响了新加坡后来的城市保护项目,改变了新加坡以往对传统建筑文化的态度,重新挖掘了传统店屋的社会价值和经济价值。另一个比较成功的旧建筑改造案例是救世主教堂(Church of Our Savior,1987,图2-46)。建筑师将一个旧电影院改造成教堂,该建筑突破了传统的空间形式,成为适合当代社会精神交流的场所。其不规则的单体元素分散布局,创造了有利于公众交流的空间,歌舞、演奏等活动取代了肃穆的宗教祈祷,舞台、会议室、活动用房等丰富了教堂的功能。洁白的墙面与星星、云朵形灯具发出的光线形成鲜明的对比,产生了强烈的戏剧性效果。原有的外部建筑形式与现代功能的室内环境并置,满足了当代使用者趋于多元化、复杂化的需求。旧建筑再利用的方式解决了传统与现代之间的对立,并具有经济实用的优势。

20世纪80年代后期,新加坡本土建筑师林少伟在挖掘、提取传统建筑文化精髓的基础上,根据当代建筑理念进行创作,完成了乡土建筑的现代化。"当代乡土"的设计原则是:充分利用那些今天仍有意义的建筑类型、传统构造方式、建筑材料等,在此基础上进行再创作。其中比较成功的案例有路透住宅和查茨沃斯住

图 2-46 救世主教堂

宅。查茨沃斯住宅(Chatsworth House, 1996, 图 2-47)取材于殖民时期的带柱廊平房,混凝土的建筑主体结构与本地的红木柱支撑的屋顶彼此脱离,钢材与本土的天然材料结合使用,现代与传统设计手法相融合,创造出来源于传统的现代住宅形象。在全球文化趋同现象加剧的背景下,这一作品提取传统建筑文化精华,并与当代建筑相结合,其设计思路鼓励着其他亚洲国家正视自己的文化传统。查茨沃斯住宅由四个住宅单体组成,其中一个是殖民时期的带柱廊平房,其他三个住宅的设计语言均来自它。尽管每个住宅都采用相同的材料与形式,但平面布局不同,彼此个性迥异。阶梯形的组合体与场地周围环境融为一体。但当代乡土方法也有一定的局限性——仅适用于住宅、旅馆等小体量建筑,不适用于大型多层建筑。这是传统的局限所在,简单复制并非对待传统的正确态度。

图 2-47 查茨沃斯住宅

2. 建筑与环境的有机交流

林少伟事务所设计的8号公寓采用后现代主义的多元方法,建成后曾引发争论。为了减弱荷兰路的噪声影响,临街外立面仅开小窗,流动的曲面内立面与扁平的外立面形成强烈对比。这一复杂的建筑形式使8号公寓成为荷兰路这一路段的标志性居住场所。淡滨尼北社区中心反映了当代新加坡的社会状况。三层高的流通框架围墙构成了建筑的立面,围墙内有四个不规则的较大单体及两个较小矩形单体,分散的元素体现了当代社会的多元性。该建筑突破了常规的社区综合体建筑形式,为社区居民的交流与活动提供了开放、自由的空间,既有序又偶然,既稳定又具动态。立面展现了明确的建筑结构,室外空间均做了遮阳措施;建筑形态重现了传统的骑楼(也被称为"五脚基",five-foot way);所有空间均采用自然通风,充分反映热带的生活方式。

RDC(Regional Development Consortium Architects)设计的马里士他坊商住楼(1986,图2-48),沿中央走廊两侧对称布局,入口采用传统骑楼的尺度;底部三层采用框架形式,四层以上变为向上逐层收分的立方体居住单位;白墙面上有大面积凹进的粉红色阳台,开窗形式多样,建筑形象复杂,实现了建筑形式与城市环境之间的积极对话。

图 2-48 马里士他坊商住楼

3. 新材料与新技术的应用

在现代与传统、国际化与地域化、表现技术进步与回归传统的手工技术等关系的对话中,新地区主义创作方法主张利用先进的技术解决建筑问题。南华建筑Ⅱ事务所(Akitek Tenggarra Ⅱ)设计的碧山科技教育学院(Bishan Technological & Educational College,1994,图2-49)是将先进技术手段应用于地域性创作的一个重要作品。学院由两个长250米、内径170米的略弯曲的教学楼组成,二者之间隔有18米宽的景观带,并通过几座钢桥相互连接。立面上开有许多透空的间隔,内部走廊开放,使得建筑内外通透,有利于空气流通。出挑的拱形屋面由钢结构屋架支撑,起到遮阳避雨的作用。它运用线、网和阴影等建筑语汇,创造了与热带条件相适应的地域性建筑形象,开辟了一条独特的地域性建筑道路。

图 2-49 碧山科技教育学院

作为在新加坡接受建筑教育的本土建筑师,董元美(Tang Guanbee)非常重视运用现代建筑语言,不仅对适应热带气候的传统形式进行重新解释,让其表达功能意义,还在设计中运用新材料和新的建筑形式,以体现文化内涵。蒙巴顿路的769号、771号住宅(1991)和雅茂园公寓,均以设计中的创新性赢得了新加坡建筑师学会设计奖。雅茂园公寓是一个仅供5户居民居住的12层复式公寓。建筑师运用传统的建筑材料,丰富立面的层次感,创造出适应热带气候的新形式。立面的遮阳构件在功能上似乎是多余的,但它却是延续过去集体记忆的象征性表达,强调了一种文化性,是过去集体思想的体现[1]。

1991年,新加坡政府发表了《共同价值观白皮书》,推出了力图为新加坡国内各民族、各阶层、不同宗教信仰的民众所共同接受和认可的五大"共同价值观念",即"国家至上,社会优先;家庭为根,社会为本;关怀扶持,同舟共济;求同存异,协商共识;种族和谐,宗教宽容。"

为建设高品质城市,新加坡每10年编制一次概念规划,以此引领城市走向与建筑发展。2001年编制的第三版概念规划明显开始重视地域文化,强调各地区的特色。以此为指导,新一代本土建筑师正在积极探索地域本源并创造建筑新形式。他们注意到过去几年建筑中的过度能耗现象,将挑檐、百叶墙和可渗透的表皮运用于高层中以节约能源;也有建筑师运用叙事技巧,将房子与周围环境看作一个"故事"来"阅读"。建筑体现"实用功能与理想主义相结合"的特点,给人耳目一新的感觉。

对于新加坡来说,21世纪地域性建筑最突出的特点是对环境的回应,人口稠密的不利条件也未能阻挡其对花园城市的追求,建筑师转而将绿植种在竖直方向,风格上体现对最新世界建筑的包容。以南洋理工大学艺术、设计与媒体学院(2007,图2-50)为例,相互交织的绿色屋顶具有强烈的视觉冲击力,草坪屋顶能够

① 李晓东. 雅茂园公寓,新加坡 [J]. 世界建筑,2000(1):62-63.

为建筑及其周边环境降温。新加坡翠城新景公寓住宅综合体(2013,图2-51)由大都会建筑事务所(OMA)及其合作伙伴奥雷·舍人(Ole Scheeren)共同设计,这些连体建筑楼群形成垂直村落与空中花园,为单一排列的独栋楼群带来了新的气象。技术的发展促进地域性新建筑的实现。2019年初,新加坡第一座零能耗建筑——新加坡国立大学新设计与环境学院教学楼(2019,图2-52)投入使用,该教学楼体现了"漂浮盒子"的概念,通过减小空间进深,实现自然通风的最大化,仅在需要时使用空调。各层不同尺度的通透空间穿插于建筑体块之间,这些半室外空间如同传统热带建筑中的凉廊,起到了热缓冲区和社交空间的作用。遮阳大屋顶和通透空间的设计,实现了利用太阳能、采取混合致凉措施、有效自然通风、优化自然采光等多项目标。该建筑也获得了新加坡绿色建筑认证中最高的白金认证[1]。

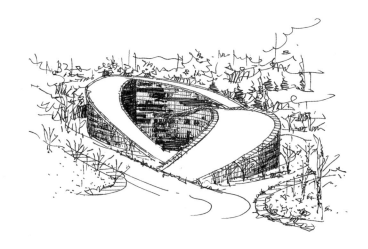

图 2-50 南洋理工大学艺术、设计与媒体学院

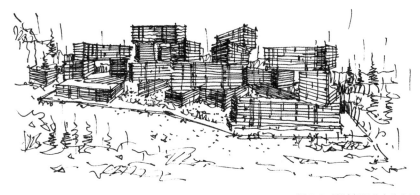

图 2-51 翠城新景公寓住宅综合体

① 赵秀玲,刘少瑜,王轩轩. 基于气候适应与舒适性的零能耗建筑被动式设计:以新加坡国立大学零能耗教学楼为例 [J]. 时代建筑,2019(4):112-119.

图 2-52 新加坡国立大学新设计与环境学院教学楼

　　新加坡的现代建筑发展始终走在世界前沿,呈现欣欣向荣的景象。关注环境的地域性建筑探索成为新加坡的新标志。新加坡通过对国际建筑的转化和对自我风格的接纳引领着东南亚国家的建筑新风潮(表2-5)。

表2-5 新加坡现代地域性建筑发展脉络

时期	历史背景	建筑特点	代表作
19世纪	成为英国的殖民地,英国殖民文化强行介入	热带帕拉第奥风格、乔治亚风格、哥特风格	亚美尼亚教堂、威斯利教堂
20世纪30年代	现代建筑开始进入新加坡	少量建筑中运用现代建筑形式,采用玻璃窗、细柱支撑和混凝土挑檐板	卡兰机场
20世纪60年代	脱离英国自治,步入现代化进程	普遍接受现代主义形式,受到西方现代建筑大师的影响	新加坡会议中心、新加坡国家剧院
20世纪70年代	打造国际大都市,开始大规模城市化改造	国外建筑师承接的大型项目脱离现实,本土建筑师作品积极探索地域性	珍珠坊大厦
20世纪80年代中后期	经济发达,物质水平提高,建筑文化朝多元化方向发展	重新挖掘传统要素的价值,实现建筑与环境的有机交流,应用新材料与新技术	救世主教堂、马里士他坊商住楼、雅茂园公寓
21世纪	人口稠密,对环境积极回应	将绿植种在竖直方向,体现最新世界建筑风格	南洋理工大学艺术、设计与媒体学院,新加坡翠城新景公寓住宅综合体,新加坡国立大学零能耗教学楼

（五）马来西亚

马来西亚是东南亚迅速发展起来的一个颇具代表性的国家,位于太平洋与印度洋中间的马来半岛上,其南端与新加坡接壤,北部与泰国比邻。东南亚国家所在地理位置是亚洲三大文明(中国、印度、波斯)的交汇点,形成了该地区"进口文化"的特点。

经过几百年历史积淀,马来西亚已经容纳了多种外来文化,它们经历了被地域化—适应地域条件—替代本土文化成为主导文化的过程,这一过程与历史因素密不可分。随着中国与印度众多人口的到来,佛教和伊斯兰教传入,庙宇与东方文化也随之到来。19世纪英国殖民者不但建立了吉隆坡这个殖民城市,而且带来了西方文化,由此成就了包含着既冲突又协调的东西方文化的马来西亚文化。该国的城市规划师和建筑师就是在这样一个大的文化背景下建设他们的城市的①。

在这里,伊斯兰文化、印度文化、土著文化、欧洲文化、中国文化,这些文化不断沉淀积累,同马来西亚本土文化交流融合。在此影响下,建筑呈现出多元化发展的特点。例如,槟榔极乐寺的大殿,就被人们描述为"中国式的台基,泰国式的中段,缅甸式的屋顶"②。中国建筑文化突出地表现在佛教寺庙与骑楼型商业街上。佛教寺庙通过与当地文化相交融,已与中国本土佛教寺庙建筑不同,在形态和色彩上更为夸张。

马来西亚本土建筑师开始学习西方的先进技术和城市建筑发展模式,在英国、美国、澳大利亚等发达国家接受了先进教育,获得了先进建筑设计理念。在马来西亚首都吉隆坡,人们现在可以看到一批不同风格的建筑,它们都是文化交融的产物——英国殖民时期风格的雪兰莪俱乐部;具有中式庭院和荷兰式细部处理的马来西亚建筑师协会(PAM)总部;具有中国南方及南洋建筑特色的大型商场、共管公寓、写字楼等现代建筑。MAA③建筑事务所设计的吉隆坡蒂沃里花园住宅区,利用西方建筑的空间模式和住宅的先进经验,在呈现出欧洲新古典风格的同时,也创造了舒适的居住环境①。在首都以外的一些城市,新建筑的大量涌现,显现了一种转型城市的面貌,但是传统建筑仍占主要地位。

外邦的影响再大,异国的统治时间再长,一个民族,一个国家自身的文化传统也不会泯灭④。马来西亚属于热带雨林气候,雨水充足,传统建筑平面多为开敞布局,以促进空气流通。架空的房屋与中国傣族的干栏式建筑有共同之处,高耸向上的尖坡顶独具特色,层层出檐形成丰富的阴影,充满温情而又独具魅力,即使在当代也具有很大的参考价值。

浓重的宗教气息是马来西亚传统城市风貌的又一特色。教堂和寺庙等宗教建筑体现了文化的多元性,为现代建筑的发展奠定了一定的文化基础。伊斯兰教

---

① 焦毅强. 马来西亚现代建筑的国际化与地域性 [J]. 世界建筑,1996 (4): 16-19.
② 张钦楠. 马来西亚建筑印象 [J]. 世界建筑,1996 (4): 12-15.
③ MAA 即 Malaysian Association Architects,MAA 建筑事务所,成立于 1965 年,是马来西亚五大建筑事务所之一。1993 年与北京建学建筑与工程设计所合资成立了马建国际建筑设计顾问有限公司。
④ 郝燕岚. 传统与创新: 马来西亚城市建筑 [J]. 北京建筑工程学院学报,1995,11 (1): 10-17.

是马来西亚的国教,清真寺是这一文化的标准体现,从城市的各个角落都可以观赏到不同规模等级的清真寺。这些建筑有着类似的平面布局、形制特点:建筑围合的内院、礼拜堂,高耸入云的尖塔,神秘而又充满韵律感的柱廊,饱满的穹顶,丰富而又体现伊斯兰风格的雕花装饰。吉隆坡的国家清真寺(1965,图2-53),由巴哈乌德姆·阿布·卡辛(Bahavuddm Abu Kassin)和公共工程部一同合作完成。这座清真寺使用了折叠混凝土板结构的伞状屋顶,以现代建筑形式呈现,以具有向前倾斜突出的屋顶的本土住宅为范本来表达伊斯兰风格。佛教建筑同样蓬勃发展,华人供奉的观音庙、妈祖庙以及印度的庙宇存在较多,在当地文化的影响下,与原本形式不尽相同,充分彰显了马来西亚民族对待外来文化的豁达态度。

图 2-53 吉隆坡的国家清真寺

信息技术的高速发展引起现代社会的巨变,必然与往昔传统城乡风貌发生冲突。自工业革命后,全球不同地区都受到不同程度的影响,马来西亚也不例外。一方面,社会不断发展进步,新技术、新材料、新形式带来建筑文化的转变;另一方面,人们对传统城乡风貌充满依恋,对以往的平静生活充满向往。

经济的繁荣为吉隆坡带来了日新月异的变化:人口骤增,城市规整,交通便利,环境优美。但是,人们在不经意间却发现这座城市在慢慢地向西方发达城市靠拢,城市的传统风貌在不断增加的高楼大厦间变得模糊不清。传统的建筑文化在西方建筑文化涌入的同时被慢慢消磨。传统与现代、新与旧的冲突在区域发展中日益尖锐。

面对国际风格的入侵,马来西亚建筑师致力于历史文物建筑的保护和地方现代建筑的创新,一些传统建筑技艺仍能为当代建筑设计所用,并作为对古建筑进行精心保护的手段,例如对历史名城马六甲的保护。专家们对这座城市的保护和发展进行了统筹考虑,关注这个地区的历史生活风貌,对其进行片区式的大面积保护,力求周边环境完整,使对建筑的保护升级为对一个关联区域的保护,并使该区域富有历史意义。

马来西亚的气候促使其形成了特有的传统建筑形式。传统建筑中含有大量适应当地条件的建筑措施,体现在建筑体量形式、自然通风采光、遮阳避雨等方面。建筑师将传统建筑体现的特征以现代的建筑形式来表现,以实现对文化的尊重,实现传统建筑与现代建筑的融合与创新。建筑师不应该简单地复制传统形式和手法,而应根植于地方文化,对文脉进行深层阅读,对民俗风情以及自然环境加以思考,这样才能创造出有意义且充满活力的内容和形式。在掌握了先进的现代技术和西方经验以后,建筑师应当尝试用不同的方法创作出与当地气候、习俗、文化、历史相适应的建筑作品,力求在建筑中探索全球化和地域性的统一。

这一时期,有多种建筑设计手法试图对传统与现代的融合进行尝试和探索。首先是比较直观的设计手法。例如:位于吉隆坡湖滨公园附近、临近国家纪念碑的马来西亚国会大厦(1962,图2-54),是一座融合现代化艺术和传统风格为一体的建筑,将现代钢筋混凝土技术与传统形式相结合。BEP+MAA建筑设计事务所设计的吉隆坡达亚布米综合体(Dayabumi Complex,1984,图2-55)的外观体现了新与旧的融合以及该建筑与周围建筑的连续性,其"新伊斯兰式"的细部是国家大清真寺的补充,洁白的墙面配以带半圆拱券的垂直窗条,民族图案的装饰起到遮阳作用,摩尔式拱[①]与前邮政总局办公楼、火车站和铁路管理局大楼的设计相协调。国

图2-54 马来西亚国会大厦

---

① 摩尔式建筑是伊斯兰建筑的一种。其特色包含不加装饰的拱顶、简单的圆拱马蹄形或是拥有繁复装饰的拱形、有亮丽釉彩的青花瓷砖,以及阿拉伯文或者几何图形的装饰。在开放空间中,水是重点,通常花园中会有喷泉或水道,而建筑物前的水池则有创造倒影并结合光线运用的作用。

家图书馆(1971,图2-56)则是在传统马来西亚式的大片坡屋顶上拼组了富有地方特色的图案,该图案源于一种滕科洛(tengkolok)头饰,是智慧的象征。其次是有象征意义的设计手法。例如:卡斯图里事务所(Hijjas Kasturi Associates Sdn.)设计的鲁斯大厦及五月银行,前者在垂直方向上采用五根曲柱作为主要支撑,恰好象征伊斯兰教义的"五大支柱";后者采用叠合的下部斜向扩张的矩形平面,形状象征马来族人使用的一种传统匕首。

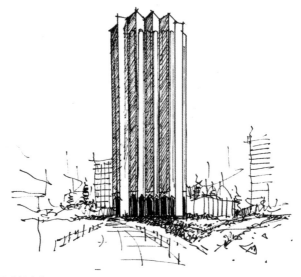

图 2-55 吉隆坡达亚布米综合体

图 2-56 国家图书馆

　　20世纪90年代是马来西亚建筑师进行现代化高层建筑设计的初期,他们一度效仿西方高层建筑的处理方式。随着设计经验不断积累,建筑师们开始探索多种途径,试图创造适合当地的建筑风格。在这方面,既能够吸取传统经验,又能够关注生态环境、创新发展的建筑师以杨经文(Kenneth King Mun YEANG)最为突出,他开创了"生态型摩天楼"的设计方法,将传统的建筑处理措施(如遮阳、通风、降温等)运用到现代高层建筑中。米那亚(Menara)大厦(1992,图2-57)有着新颖的建筑形象,它运用先进的结构技术,与本地的气候呼应,并与地域条件良好结合,是极富个性的高层建筑作品。该作品曾荣获1993年马来西亚建筑学会优秀商业建筑设计奖、1996年阿卡·汗建筑奖、1996年澳大利亚建筑学会国际建筑奖。此外,西萨·佩里(César Pelli)的作品——著名的马来西亚吉隆坡石油双塔(Petronas Twin Towers,1996,图2-58),整栋大楼表面大量使用不锈钢与玻璃等材质,外观采

图 2-57 米那亚大厦

图 2-58 马来西亚吉隆坡石油双塔

用传统伊斯兰建筑常见的几何造型,其凭借壮观的建筑形象成为吉隆坡的地标与象征。

对于这些手法的得失,外界可以进行对与错的评价,但是建筑师的创作和探索精神值得世人尊敬,正是由于他们不断地摸索与尝试,才有了不断成熟的现代建筑。21世纪以来,马来西亚以开放的姿态拥抱全球化的设计、传统的设计和本土的设计,并毫无芥蒂地同时接受这些观念。"尽管建筑的物质空间表现有所不同,但其哲学核心仍植根于对因地制宜的建筑思想的关注,回归有关建筑经济、人文和场所的最本质基础。"[1]当代马来西亚建筑师在设计的探索上,不仅深入发展形式与空间的表现手法,而且诚实地反映建造形式和当地材料。例如C'Arch 建筑与设计事务所设计的贝隆雨林度假村(2008,图2-59),其"'huruhara'墙是用场地上现存建筑上取下来的砖块再利用而建造的;'小树'格栅是收割自当地的可持续速生木材;'游猎屋顶'使用了通气阀作为自然通风层,遮掩了雨水系统的滤污篱子和处理空调器流出热水的热回收系统"[2]。

图 2-59 贝隆雨林度假村

马来西亚所处的热带环境,加上生态资源日趋紧张的全球环境,促使建筑师关注建筑节能,并成为21世纪该领域的全球领跑者。曾经,马来西亚建筑师为建筑形式而狂热,其他条件都需要为形式让路。但环境问题引发了建筑师更深层面的思考。建筑师杨经文将建筑节能的理念一以贯之,从生态气候学的角度阐述建筑设计的方法论。他批判后现代主义者"无拘地使用建筑象征手法显示了技艺的易变特性。但它的问题在于无意义地增加建筑外表处理,并大量使用不必要的建

① 维罗妮卡·吴,牛颜秀. 全球本土化建筑: 定义当代马来西亚身份认同的另一种方式 [J]. 徐知兰,译. 世界建筑,2011(11): 27.
② C'Arch 建筑与设计事务所. 贝隆雨林度假村,宜力,马来西亚 [J]. 叶扬,译. 世界建筑,2011(11): 64-67.

筑材料,不关心工程经济,浪费用地,无理性地奉承一些怪想和历史,而不是着眼于能源的合理使用和约束过多能耗"①。无疑,建筑领域已逐渐达成了节能共识,并以此引发建筑师对地域性的更深思考。2017年,建筑师杨经文成为首位获得中国梁思成建筑奖的境外建筑师,这是对其生态理论创立成就的充分肯定。在未来的实际运用中,地域性体系将得到不断丰富和创新发展。

怎样融合传统风貌与现代建筑风格是一个普遍存在的难题。在城市发展的过程中,一方面,社会要不断发展进步,人们的生活水平要不断提高,传统文化就有被破坏的可能性。人们的文化意识、价值观的转变不会像建筑技术转变那样迅速,会有一个漫长的过程。另一方面,文化需要延续,优秀的传统需要继承,传统带来的温暖需要维护。

马来西亚的建筑发展史是地域性与全球性结合的探索史。它在从适应当地气候、文化、习俗、环境的传统建筑形式到西方现代建筑的涌入,再到尝试地域性建筑与现代建筑融合的过程中充满曲折。在马来西亚的城市建设过程中,传统与现代的矛盾需要建筑师不断研究、探索,敬畏和珍视历史传统,对促进地方文化发展怀抱责任感与使命感,寻找到一条全球化与地域性相结合的道路,这条道路不仅适用于马来西亚的建筑,还能为其他国家的建筑提供借鉴(表2-6)。

表2-6 马来西亚现代地域性建筑发展脉络

时期	历史背景	建筑特点	代表作
19世纪以来	多种文化交汇;对西方先进技术和城市建设发展模式的主动探索	风格多元	槟榔极乐寺大殿雪兰莪俱乐部
	浓重的宗教气息	教堂和宗庙建筑有当地建筑的特点	吉隆坡国家清真寺
	国际风格入侵;保护历史文物建筑;创新地方现代建筑	参考传统建筑技艺	历史名城马六甲
20世纪60—80年代	传统与现代风格相互影响	从直观与象征意义两方面进行探索	马来西亚国会大厦国家图书馆
20世纪90年代	探索现代化高层建筑	开创了"生态型摩天楼"设计手法,将传统的建筑措施转化到现代高层建筑中	米那亚大厦
21世纪	对全球化、传统、本土风格的接受,热带气候,环境日趋恶化	深入发展形式与空间的表现手法,诚实地反映建造形式和当地材料,运用建筑节能策略	贝隆雨林度假村

(六)印度尼西亚

印度尼西亚(以下简称印尼)与巴布亚新几内亚、东帝汶和马来西亚等国家相接,是马来群岛的一部分,也是全世界最大的群岛国家,横跨亚洲及大洋洲,别称

---

① 林京.杨经文及其生物气候学在高层建筑中的运用[J].世界建筑,1996(04):23-25.

"千岛之国"。从17世纪末到第二次世界大战结束,作为荷兰殖民地的印尼成为荷兰在东南亚的扩展基地。在荷兰政府管辖时,印度尼西亚的含义就是"荷属东印度"①。

印尼的传统建筑与西方建筑本来存在很大差异,但在荷兰统治期间,因建筑形式和建造方法的被动输入,印尼本土建筑风格不断受到冲击。虽然建筑设计活动往往在荷兰进行,但建筑材料则是用船由外地运到印尼,并且由一些有经验的泥瓦匠和木匠(常常来自荷兰或者中国)运用到建筑中的。这些输入建筑在有意识地模仿荷兰新古典主义建筑。至19世纪末,这种输入的欧洲建筑风格对印尼传统建筑的影响愈发明显。在日惹和苏拉卡尔塔的宫殿中,本土的建筑风格与欧洲的建筑风格共存。

到1910年,荷兰的影响进一步渗透到印尼的文化之中。在一些只有通过徒步才能到达的偏远村庄里,多立克柱式、爱奥尼克柱式或是壁柱以及缺乏修饰的山花和经过装饰的欧洲地砖,在住宅建筑中多有体现,由此可见印尼建筑深受荷兰建筑风格的影响。20世纪的欧洲建筑风格业已经历了同化和变革的过程,不再被看作异己之物。荷兰的建筑风格与本土的建筑以一种适合当地常年多雨气候特点的方式结合在了一起。在建筑前面有一个大走廊,印尼本土的大而突出的屋顶从建筑的侧面伸展出来(有时成为侧廊),屋顶的坡度较陡,有时使用芦苇或木瓦等当地材料。

从20世纪初至20世纪30年代,印尼经历了与众不同的建筑发展之路。在苏门答腊岛东部,一些清真寺体现出摩尔式建筑风格。万隆成为装饰艺术(Art-Deco)、赖特风格(Wrightian)和阿姆斯特丹学派(Amsterdam School)的战场。荷兰建筑师亨利·麦克雷恩·庞特(Henri Maclaine Pont)理解的现代运动是指使本土建筑现代化,而不是指欧洲现代建筑印尼化。其作品成为印尼现代建筑运动的基石。万隆技术学院(Bandung's Technical College, 1919,图2-60)的设计是一次印尼本土建筑现代化的实验。在普萨朗(Puhsarang)圣心天主教堂(1936)的设计中,可以看出庞特在试图创造一种属于印尼的建筑,它综合现代技术、印尼本土建筑的哲学以及本土形式的独特感受,是将天主教教义诠释为一种独特的具有爪哇形态的优秀建筑代表②。泗水政府办公楼模仿威廉·马里努斯·杜多克(Willem Marinus Dudok)设计的希尔弗瑟姆市政厅(1931),与用几何装饰起来的市长办公楼(1921)形成对比。这一时期的风格之战,是现代性与本土性的交锋。赖特虽从未涉足印尼,却极大地推动了印尼的现代建筑发展。本土建筑师阿毕索诺(Abikoesno)曾在文章中对赖特的作品大加赞扬,印尼华人建筑师列姆(Liem Bwan Tjie)的设计反映赖特草原学派(Prairie School)的理念,荷兰建筑师休梅克(C. P. W. Schoemaker)设计的万隆皮恩格酒店明显受到赖特的巨大影响③。

---

① 荷属东印度(荷兰语:Nederlands-Indië,英语:Holland East India)是指1800—1949年荷兰人所统治的印度尼西亚,首都巴达维亚。印尼群岛被称为东印度,与加勒比海的荷属领地相区分。
② 穆罕默德·南达·韦德亚塔. 关于印尼的殖民主义建筑 [J]. 城市. 空间. 设计, 2013, 34(6):17.
③ 穆罕默德·南达·韦德亚塔. 关于印尼的殖民主义建筑 [J]. 城市. 空间. 设计, 2013, 34(6):17-18.

图 2-60 万隆技术学院

　　1945年8月17日,印尼宣布独立。然而,这并非政权的平稳移交,印尼政府与荷兰政府的冲突在建筑上也有直接的反映。首先,荷兰建筑师人员不断减少,但很少有印尼建筑师能够取代他们的位置。其次,建筑材料的短缺导致建筑产品的减少。再次,之前在荷兰公共工程部门工作的职员被要求接管荷兰建筑师的职权。最后,建筑公司被委以建筑师的身份,导致许多保守建筑的出现。第一任印尼总统苏加诺(Sukarno),曾经是雅加达建筑界的重要评论家、明古鲁清真寺的设计者。民族主义的政治观点清楚地反映在他的演讲和致辞中——"让我们去证实这一点,我们同样可以像欧洲人和美洲人那样建设国家,因为我们是平等的。"西方国家能做的事情,现代化的印尼同样可以做到。在苏珏迪(Soejoedi)设计的新兴力量大会堂建筑群(1965—1983)中,众议院办公楼有一对大的壳状屋顶,使人联想到埃罗·沙里宁(Eero Saarinen)设计的TWA航站楼(1962),这被视为体现印尼建筑能力的最好范例。弗里德里克·希拉班(Frederich Silaban)是荷兰-印度公共工程部前任长官,他认为印尼的建筑应该是在充分适应热带气候的条件下产生的,反映出自己的现代性,并非本土形式的拷贝和模仿。伊斯蒂克拉尔清真寺和印度尼西亚银行首脑办公楼,都是其观念的清晰实证。希拉班作品的特殊之处在于对柯布西耶和尼迈耶的遮阳策略的再度演绎。

　　在刚刚获得独立的第三世界国家中,模仿欧美现代建筑成为时代的精神。建筑教育是达到这一目的的最主要媒介。1950年,由穆罕默德·苏西洛(Mohammad Soesilo)、弗里德里克·希拉班(Friedrich Silaban)等在印尼大学的工程科技学院创设了建筑系。此为印尼独立后的第一所公共建筑学院,后来发展为万隆科技学院(Bandung Institute of Technology, ITB)[①]。早期的建筑设计由荷兰教师教授,但因20世纪50年代中期印尼和荷兰之间的政治危机,这些教师不得不离开印尼。在后

① 冷战期间新兴力量与印度尼西亚的建筑（1945—1965）[J]. 陈国祥,陈剑,译. 冷战国际史研究,2008（1）: 203.

来的一段时期内,学院由一些德国教授管理,直至20世纪50年代末,才由美国教授和一些从美国大学毕业的印尼学生接管。因此,万隆科技学院的毕业生受到更多美国建筑教育的影响,作品表现出严格的几何性和立面元素重复使用等特征。1959年,18位第一代印尼建筑工程师从万隆工程科技学院建筑系毕业。由希拉班、苏希洛和林冠杰(Liem Bwan Tjie)领导的印度尼西亚建筑学院(Indonesia Institute of Architects)在万隆正式成立[①]。

从1960年到1965年这段时期,受苏加诺具民族特色建筑的影响及国家宏伟工程计划的政策主导,从海外(特别是东欧国家)学习归来的建筑师,以日本的战争赔款为经费,以战后国际性和社会主义式样的建筑支配建筑空间。以现代主义、功能主义及简化论构成的意识形态强烈影响着建筑教育、城市规划及建筑实践。在苏加诺反美的政治斗争中,此时期无论在时尚、产品设计还是在建筑设计上,最普遍、最时髦的却是杨基(Yankee)式的风格[①]。这是继荷兰殖民统治结束后美国对印尼建筑的新影响。本土建筑师约翰·塞拉斯(Johan Silas)认为,这种与众不同的建筑表达了印尼人渴望政治自由的热情。现代的立方体和严谨的几何形式被转变为五角形等更复杂的形体。屋顶变得更陡,外形比较欢快。

20世纪70年代前期是国际风格的全盛时期,在这期间,有少数建筑师尝试重新定义现代印尼建筑。位于雅加达的第六工作室,不仅设计了雅加达国家烈士公墓的纯几何抽象形式,而且设计了一种本土形式的新语汇——现代本土形式。东努沙登加拉省政府办公楼,1970年日本世界博览会上的印度尼西亚馆和赛瑙姆清真寺,都是本土建筑现代化的实例。遍布印尼的几百座清真寺被所谓"现代印尼建筑"模式化,大多数由政府资助的公共建筑均以几何形式为主体,冠以本土建筑屋顶,这种做法使得建筑主体难以和屋顶形成统一。20世纪70年代中期,政府在对印尼现代建筑的争论中迈出了重要的一步。在政府主持兴建印尼缩影公园的过程中,有的地区先将原有建筑分解,然后运到雅加达再组装起来,另外一些地区则对本土建筑形式进行夸张模仿,最终印尼的26个地区各自展出最能够代表当地特色的建筑形式。同时,政府也号召印尼建筑师设计具有印尼特色的建筑,而不是单纯地照抄西方现代建筑。

20世纪80年代,私营建筑企业开始兴起。为了吸引更多人的关注,私营建筑企业往往更注重建筑外观。当时,聘用外国建筑师成为风潮,甚至愈演愈烈,无论设计品质如何,只要是由外国建筑师设计的即被认可。若由国外投资建设,那么外国建筑师都会参与设计。一些政府项目要求印尼建筑师和国外建筑师合作完成,这种合作形式成为20世纪90年代建筑实践的普遍模式。

进入21世纪,全球化与本土化面对面,这是印尼后殖民时期建筑的特征。异文化在进入印尼后都会经历本土化的演变与发展,被吸收成为地域性建筑文化的一部分。在中国商务部驻印尼商务馆舍(2014,图2-61)的设计中,建筑师认为只有同时

① 冷战期间新兴力量与印度尼西亚的建筑(1945—1965)[J].冷战国际史研究,陈国祥,陈剑,译 2008(1): 203.

表达地域性的双重性——"建造地点的真实性"和"使用主体的真实性",才能凸显基地和建筑自身的特殊意义,这种双重性通过"此地"和"此境"两个方面体现在商务馆舍的设计中。其中"此地"注重建筑"建造地点的真实性"。整个馆舍两部分的屋顶,都采用双层设计,以阻隔白天强烈的日光照射。在北立面设置的双层立面,既能有效地起到遮阳的作用,也有助于在两层立面之间形成空气流动,以便于建筑在雅加达这样炎热的地区进行自然通风。与楼层通高的、不规则排列的"可移动"金属遮阳板,既可以调节居住单元遮挡与开敞的视线角度,满足私密性需求,也可以形成最佳的遮阳效果和极富光影表现的立面变化。"此境"则是注重飞地建筑"使用主体的真实性",通过简洁明快、自由轻松的小建筑体量同代表元素小院落结合,展现当代地域性建筑的丰富内涵和文化亲和力。这是新时代建筑师深入思考的结果,也是对设计中二元性和多样性的全新认知和启发①。

图 2-61 中国商务部驻印尼商务馆舍

印尼的地域性建筑体现出对"国际性"设计策略的运用,许多临时的"遮阳构架"被附加于热带地区的现代建筑上。但由于经济、地域等条件的限制,传统地域技术的潜在能力更需要被挖掘。这样既能使建筑与环境更加协调、更加融合,也能够增添原始、真实、淳朴的地域性魅力,还能使人们积累施工技术和经验。DSA+s设计团队为印度尼西亚雅加达格林维尔餐厅设计了一个容易组装和拆卸的室外临时餐厅(2010,图2-62)。建筑师选择竹子作为建筑主材,将其用在建筑结构以及建筑装饰上。大小不一的竹屋顶在不同的高度和平面上叠加,形成独特的地域性景象②。这种"低技"建筑策略,采用了当地的建筑材料和结构方式,甚至是地方工艺,它不仅充分考虑了当地的经济状况,减少了不必要的建造开支,更能够实现生态环保,与节能的观念相契合。

① 单军,刘玉龙,铁雷,等.飞地的双重地域性:中国商务部驻印尼商务馆舍设计 [J].建筑学报,2015(3):76-78.
② 于跃.建构视野下临时过渡性建筑的地域性探讨 [D].成都:西南交通大学,2010:57.

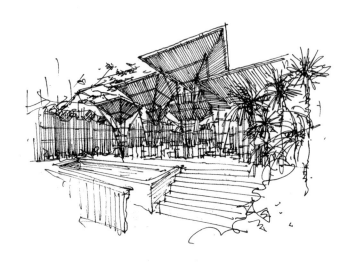

图 2-62 印度尼西亚雅加达格林维尔室外临时餐厅

建构、生态、地域性是现代建筑设计中三个重要的因素。在当今建筑发展潮流的推动下，印尼的地域性建筑将更为丰富和多元。更多建筑师共同参与印尼的城市建设，使得建筑创作过程更强调在与异文化的比较中的角色介入和转换。建筑师对建筑的地域性也有了更深入的认识。（表2-7）

表2-7 印度尼西亚现代地域性建筑发展脉络

时期	历史背景	建筑特点	代表作
19世纪末—20世纪初	荷兰殖民西方建筑输入	模仿荷兰新古典主义建筑，与当地建筑逐渐结合	日惹和苏拉卡尔塔的宫殿
20世纪初—30年代	多种建筑风格争锋	清真寺体现摩尔式建筑风格，万隆建筑呈现多种风格	普萨朗圣心天主教堂
20世纪40—60年代	印尼独立，与荷兰仍有冲突	有些建筑偏于保守；体现民族主义，反映印尼能力	新兴力量大会堂建筑群、伊斯蒂克拉尔清真寺
20世纪60年代	受苏加诺具民族特色建筑的影响及国家宏伟工程计划的政策主导	战后国际性和社会主义式样的建筑形体更为复杂	杨基式风格建筑
20世纪70年代	国际风格进入全盛时期；政府鼓励发展本土建筑，但建筑模式化	部分形成本土建筑新语汇，展示本土建筑；部分政府资助建筑的现代风格与本土风格难以融合	第六工作室、缩影公园(Taman Mini)、模式化的清真寺
20世纪80年代之后	私营建筑企业间竞争加剧，启用外国建筑师设计	外观豪华	巴厘岛的旅游宾馆
21世纪	全球化与本土化共存	外来建筑本土化，使用"国际性"策略，挖掘传统地域性建筑技术	雅加达格林维尔室外餐厅

第四节 伊斯兰文化与亚洲地域性建筑

文化的演进影响着建筑创作,几乎每一座建筑物都反映着特定的文化身份。当某一地域的建筑已经形成固定的、永恒的特色时,它就会帮助人们发现并保持该地域的身份。

"7世纪中叶,信奉伊斯兰教的阿拉伯人从阿拉伯半岛腹地出发,先后占领了叙利亚、巴勒斯坦、两河流域、伊朗、中亚、阿塞拜疆和埃及,然后,经过北非,到8世纪初又占领了几乎整个欧洲西南部的比利牛斯半岛……他们向外扩张时,宽容地汲取各地的文化,迅速地铸成了灿烂的伊斯兰文明"[①]。除了塞浦路斯和以色列以外,西亚国家多数都是信仰伊斯兰教的国家。厄恩斯特·J.格鲁贝(Ernst J. Grube)在介绍乔治·米歇尔(George Michell)的《伊斯兰世界的建筑》(*Architecture of the Islamic World*, 1978)一书时,尝试定义"伊斯兰建筑"的具体元素,并把它们归纳为"集中的内部空间""作为城市结构一部分的连续建筑体验""非代表性的外貌"以及"富含意义的装饰"等几方面,从中可体会到伊斯兰宗教文化对西亚传统建筑的具体影响。

一、伊斯兰建筑概述

伊斯兰建筑是伊斯兰艺术的重要组成部分和主要表现形式之一,涵盖了从伊斯兰教兴起至21世纪在伊斯兰国家和伊斯兰文化圈内形成的各种风格与样式的建筑。伊斯兰建筑的基本类型包括清真寺、陵墓、宫殿、要塞、学校和各类文化设施,其风格影响并带动了伊斯兰文化圈内各种建筑结构的设计与建造。

伊斯兰教是与佛教、基督教并列的世界三大宗教之一。受伊斯兰教影响,各地的各种规模的城市村镇,建造了为朝觐等服务的客栈、集市、公共浴室等伊斯兰特有的建筑形制,形成了伊斯兰的小式建筑。无论是大式还是小式建筑,它们都是伊斯兰宗教礼法的产物(图2-63)。

---

① 陈志华. 外国建筑史(19世纪末叶以前)[M]. 4版. 北京: 中国建筑工业出版社, 2010: 303-304.

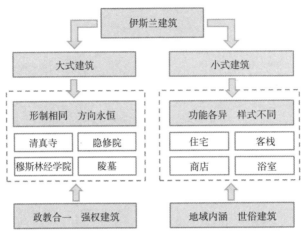

图 2-63 伊斯兰建筑分类

（一）伊斯兰大式建筑

伊斯兰大式建筑包括清真寺、穆斯林经学院、隐修院和陵墓等政教合一的强权建筑，集中了最辉煌的建筑艺术成就。它们具有相同的形制，平面布局和空间秩序不因功能而变，并具有永恒的方向性。

清真寺，也称礼拜寺，是伊斯兰教建筑群体的形制之一，是穆斯林举行礼拜、宗教功课、宗教教育和宣教等活动的中心场所。早期的清真寺建筑简朴无华，如麦地那先知寺主要由围墙圈成院落供礼拜，房顶供唤拜，再设一简单讲台供宣教即可。随着伊斯兰建筑艺术的发展，结构严整、雄伟壮丽、体现着装饰艺术的建筑群相继出现。清真寺的主体建筑是礼拜大殿，方向朝向麦加克尔白。较大的清真寺有宣礼塔，塔顶呈尖形，故称"尖塔"。一般的清真寺有1~4个尖塔，土耳其伊斯坦布尔的苏丹艾哈迈德清真寺有6塔，麦加圣寺有7塔。此外，较大的清真寺还有沐浴用的水房。在伍麦叶王朝哈里发瓦利德时期(705—715年)出现了穹隆建筑，由分行排列的方柱或圆柱支撑起一系列拱门，拱门又支撑着圆顶、拱顶。建筑物外表敷以彩色或其他装潢。

穆斯林经学院是教授《古兰经》的学校，最初由毗邻清真寺的一组房屋构成，后来采用四侧带回廊的庭院型设计：回廊连接房屋，每侧回廊各有一个入口通向中央的"帕提"（拱形门厅）。这也将四侧四所神学院汇集到一起，它们对《古兰经》有着不同的解释。

隐修院用于隐居和礼拜，或者用于抵御敌人的进攻。建筑平面呈正方形，城墙四角建有瞭望塔。隐修院中有供人居住的房舍、贮存食物和武器的贮藏室以及朝麦加方向设立的清真寺。

陵墓最初有两种样式：一种是具有多边形或星形基础的墓塔，塔身细长，其上有通常被圆锥形塔顶掩盖着的圆顶；另一种是上面有圆顶的正方形屋宇，在北非被称为"库巴"。帖木儿时期的蒙古人和印度的莫卧儿人将"帕提"作为这类建筑物的入口,并常常在建筑物四边各设置一个。这些陵墓常常在四个转角处建有尖塔,在某种程度上与清真寺的向心型风格密切相关。

(二)伊斯兰小式建筑

伊斯兰小式建筑以住宅为代表,还有商店、客栈、浴室等小型公共建筑。相比于大式建筑,功能不同导致这类世俗建筑物样式上的差异。私人住宅的样式随着当地的气候和传统的变化而变化,更能体现出地域性建筑最基本的内涵。内向型布局与住宅私密性特点相吻合,亦是依循《古兰经》中有关穆斯林家庭行为训示的结果。建筑设有低矮的大门,外墙不开窗洞,平顶带女儿墙的实墙面对街道,炎热地区的建筑有地下室,首层为厨房和马厩,二层为客厅和闺房,往往在闺房窗前设有镂空的墙屏风以避免外界窥视。柱子支撑起的围廊成为建筑整体和院落的核心。

浴室在伊斯兰城镇中随处可见。浴室建筑造型简洁,轴线上依次设冷室、暖室和蒸汽室,穹顶低矮,内设壁龛。在伊斯兰城镇中,集市位于各条街道的交叉位置,由拱顶和穹顶所覆盖。

(三)伊斯兰建筑穹拱与彩饰

伊斯兰建筑继承了罗马、希腊建筑的特点。东罗马帝国拜占庭帝国覆灭,君士坦丁堡成为伊斯坦布尔。阿拉伯世界继承了罗马帝国的建筑传统。古罗马帝国的建筑发展达到古代世界一个辉煌的顶点。受到拜占庭建筑中帆拱等的做法的诸多影响,历经传承、融合与创新,本土化的伊斯兰建筑穹顶形式产生,并在逐渐的发展中已然与拜占庭穹顶没有关联。穹顶内部空间宏伟高大、开阔完整、主从分明,具有强烈的集中性和内向感,这与宗教仪式所需的神圣感、静谧感、内向感统一且协调。

在西亚,初期的大马士革清真寺(Great Mosque of Damascus,706—715)建在古罗马晚期的基督教堂基础上,11世纪时在纵轴线正中加设拜占庭式的穹顶。伊斯兰建筑的拱券和穹顶的装饰图案令人震撼。正因为建筑物的外立面和建筑细部都倾向于图案化,伊斯兰建筑中出现了各式各样的拱券形式,诸如双圆心尖券、马蹄券、火焰券、海扇券、花瓣券、叠层花瓣券等等。穹顶也有半圆形、球冠形、火焰形、毡帽形、球形等多种形式。不同的拱券形式有与之相应的穹顶形式,因此伊斯兰建筑的穹顶和拱券大多风格统一。

伊朗及中亚的伊斯兰建筑大量采用砖筑拱券结构,它们仍以穹顶为基础修建各类纪念性建筑,集中式穹顶外部的装饰也较为繁复。穹顶的形式也被广泛运用到陵墓中。11世纪后,人们开始强调穹顶建筑中的一个主要立面,通过升高中段檐口,正中设一通高大凹龛(这种形制被称为"伊旺",Iwan),上面是半个拱顶,凹龛底是门洞。在之后的发展中,穹顶下开始设鼓座。撒马尔罕城外的沙赫-辛德陵园(Shah-i-Zinda, Samarkand,14—15世纪)中的大多数陵墓都属于这一类。伊旺形式曾广为流传,在印度泰姬·玛哈尔陵(即泰姬陵,Taj Mahal,1632—1647,图2-64),鼓座连接穹顶与下部体量。穹顶的造型更加丰富,与主体量的连接方式处理得更为巧妙自然。伊旺与平直墙面结合起来,穹顶与建筑整体形式趋于完美,是伊斯兰建筑经验的结晶。

图 2-64 印度泰姬·玛哈尔陵

　　方形的主体、圆柱形的鼓座、饱满的穹顶、细长的高塔,如此丰富变化的集中式构图形制,强调垂直的轴线,建筑整体简洁稳定、厚重朴实,表现出很强的纪念性。穹顶的造型主次分明,几何形态与尺度大小均对比强烈。代表实例为撒马尔罕的帖木儿墓。该建筑正中做高大的凹龛以强调正立面,穹顶是视觉中心,最大直径略大于鼓座,由两层薄薄的钟乳体同鼓座明确分开,表面以密集的圆形棱线琉璃面砖构成,增加了穹顶的饱满感,也加强了琉璃砖的耀眼光泽[1]。

　　早期的清真寺比较朴素,不做大面积的装饰。建筑内部贴大理石板,局部抹灰面上绘彩画,偶有彩色玻璃马赛克。之后,随着伊斯兰教反对偶像崇拜的教义泛化,装饰图案从动植物形象转变为几何纹样。纹样源于藤蔓的曲线图案,以波浪形、涡卷形曲线为特征。抽象化、几何化、反复连续排列的直线几何形图案形成无始无终的折线组合。植物纹样与几何纹样相结合,构成了特殊的形态。阿拉伯文《古兰经》的经文书法形成独特的"阿拉伯装饰样式"。建筑内外表面大量而特有的装饰,使得伊斯兰建筑看起来民族特色浓郁。

二、伊斯兰文化现代表达

　　和其他宗教一样,伊斯兰教在工业化、城市化和现代经济系统等非宗教力量

① 陈志华. 外国建筑史（19 世纪末叶以前）[M].4 版. 北京: 中国建筑工业出版社,2010:
309-310.

带来的压力下发生着变化,也在逐渐适应这些非宗教因素。作为伊斯兰文化的一部分,建筑既需要表达民族文化和民族精神,又要满足现代生活对建筑功能的新需求。传统和现代成为伊斯兰建筑发展道路上必须解答的问题。"在大多数国家,传统不是对旧有文化进行表述的单一层面。相反,它是多层次的,是一个复合体……在这里,社会的差异和外来因素不得不被考虑进去。"①

正确认识传统只是继承和发展的前提,如何继承和发展传统才是落脚点。西亚建筑师对建筑传统做了两方面的工作。一方面是对伊斯兰传统建筑遗址的保护,其中有对建筑的保护修复,例如对伊朗伊斯法罕阿里·考普、谢赫尔·西腾和哈什特·贝希什特遗址的修复;也有对古建筑进行修复并赋予其现代使用功能的,例如对叙利亚大马士革阿兹姆宫的修复。阿兹姆宫始建于1750年,1925年遭到严重破坏,经过修复于1954年成为一座民间博物馆。另一方面是为满足现代功能需求而采取的对伊斯兰文化的现代表达,这是对传统文化在继承基础上的创新。只有用一种多元的、开放的、可变的态度来看待宗教,我们才能识别和解释贯穿于历史中的不断变化着的伊斯兰表达方式。那种认为传统可以通过采用过去的建筑形式和装饰形式来延续的想法过于肤浅,正如伊斯兰历史学家穆罕默德·阿贡(Mohammed Arkoun)所说:"我反对建筑师在建筑中表达'伊斯兰精神'时不断重复着传统的、不加鉴别的符号的做法。我也总是从根本上批评那些将伊斯兰建筑特征简单地等同于传统形式(例如尖塔、穹顶、穆克纳斯②、穆什拉比亚③)的建筑师、政治家、神学家和普通穆斯林。在当代的设计环境中,这些元素仅仅是一种符号,已经失去它们古老的象征价值。"④

伊斯兰风格在现代建筑中有着广泛的应用。吉隆坡国家博物馆(Muzium Negara,1963,图2-65)是在原来的老馆雪兰莪博物馆意外被毁后,在其旧址上兴建起来的。建筑师用现代的材料和结构诠释马来西亚传统住宅的瓦檐屋顶,实现传统伊斯兰文化识别性的表达。建筑有一个巨大的"米南加保"(Menang Kaban)风格的屋顶,门前两旁有水池,正门两侧有两幅以马来西亚历史和文化为主题的巨型壁画,建筑使用放大尺度的传统住宅形式来标识马来西亚特有的地域文化,具有很强的可识别性。许多高层建筑都在运用伊斯兰特征的建筑手法,如前文所述吉隆坡达亚布米中心就使用了伊斯兰传统花格窗⑤。

---

① 引译自 KULTERMANNY U. Contemporary architecture in the Arab States: renaissance of a region[M]. New York: McGraw-Hill Professional, 1999: 4.
② 穆克纳斯(Muqarnas),阿拉伯建筑术语,由希腊语中用于屋瓦尺度的词汇衍生而出,表示钟乳拱或蜂巢拱。穆克纳斯单元曾被发现于9世纪的内沙布尔,最早的用途可能是装饰。随着伊斯兰教在11世纪晚期的传播,这种元素成为伊斯兰建筑古典阶段的特征。
③ 穆什拉比亚(Mashrabiyya),意为木制连环屏障,用于那些希望通风顺畅的私密区域。
④ 引译自 DAVIDSON C C. Legacies for the future: contemporary architecture in Islamic societies[M]. London: Thames & Hudson, 1998: 153.
⑤ 焦毅强. 马来西亚现代建筑的国际化与地域性[J]. 世界建筑,1996(4): 16-19.

图 2-65 吉隆坡国家博物馆

汉宁·拉森(Henning Larsen)在利雅得的沙特阿拉伯外交部大楼(Ministry of Foreign Affairs, 1984,图2-66)的设计中参考了沙特阿拉伯等的各种原型,在更深入的层次上以一种成规的秩序触及传统而非单凭想象。内向的庭院、几何形的水道、花园和覆盖的主通道等,都成为阿拉伯住宅与城市表征性的再阐释,其平面布置取材于路易斯·康,纯白的表面和盘旋的天棚使人联想起柯布西耶[1]。该作品获得1989年阿卡·汗建筑奖。

图 2-66 沙特阿拉伯外交部大楼

---

[1] 威廉·寇蒂斯. 现代建筑的当代转变 [J]. 张钦楠, 译. 世界建筑, 1990 (2-3): 128.

约恩·伍重在科威特国民议会大厦(Kuwait National Assembly Building,1982,图2-67)的设计中,将地方特色、传统形式和空间的现代感并置。屹立的公共柱廊、薄薄的窗间壁,在开放的广场上撑起一个巨大的悬吊混凝土屋顶,象征着统治者为他的人民所提供的保护。屋顶的布状感觉参考了阿拉伯贝都因人标志性的帐篷,并传递出一种细腻感。大部分政府空间位于广场后矩形平顶建筑中,建筑空间和走廊的设计灵感来自阿拉伯和波斯集市,走廊的地面铺装和屋顶图案引入伊斯兰的几何图形。房间围绕中央庭院布置,这些庭院反过来被环状空间包围,形成模块单元,再在整个网格中重复。尖尖的拱廊是对历史主题的抽象并使之现代化。建筑师尝试对阿拉伯建筑和装饰进行简化模仿,试图表达变换多姿的科威特文化,并将其阐释为结构、光线、空间及形式等基本概念。

SOM建筑设计事务所(Skidmore, Owings & Merrill)设计的哈杰机场候机楼(Hajj Terminal,1985,图2-68)重新阐释了帐篷建筑。位于红海之滨的吉达

图 2-67 科威特国民议会大厦

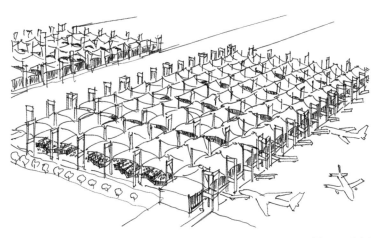

图 2-68 哈杰机场候机楼

距圣地麦加仅有70千米,每年经过此地的朝圣者和旅游者不计其数,加之炎热干燥的沙漠气候,使得建筑师的作品既要符合宗教心理又要和气候相适应。210个正方形帐篷形成壮观奇特的场面,其中钢柱支撑的巨大高强度纤维表面挡住了令人目眩的阳光,帐篷为到达的朝圣者提供了阿拉伯式的休息和祈祷场所。这一形象本身带有某种象征意义,是现代建筑艺术与阿拉伯传统建筑风格相结合的产物。

三、现代清真寺的新面貌

为具有现代功能的建筑赋予文脉意义并非易事。在传统文化和严格宗教建筑形式的约束下,随着人们行为模式的改变、现代城市尺度的变化,现代清真寺既要在精神上继承伊斯兰文化遗产,又要在现代技术条件下创造地域文化的设计语言,实现自我创新和发展。

清真寺作为一种建筑形式,经历了许多结构和功能上的变革和地域的变化[1]。不断变化的社会因素决定着清真寺的风格、规模、功能以及其与整体环境之间的关系。现代清真寺建筑通常会在传统清真寺空间基础上,实现社会集会空间、学校教室、文物陈列室、立法中心等多种建筑功能。

马来西亚国家清真寺与传统清真寺形式大相径庭。它用富有韵律的折板结构伞状屋顶取代了传统的穹顶和拱券,且融合了当代伊斯兰的艺术、书法及装饰,表现出独特的现代设计感,是当时少见的钢混结构现代建筑。高耸的宣礼塔直指蓝天,与旁边的祈祷大厅交相辉映,形成独特的对比美感。大殿屋顶呈放射星芒状的18条线条,代表了马来西亚13个州和伊斯兰教的5项宗教功课。白色墙面上镂空雕刻了伊斯兰特有的几何形图案,规则中富有变化。敞廊围合的内院敞而不闹,使湿热的空气得以流通。大礼拜堂内,圣坛被林立的柱子所遮挡,营造出无穷无尽之感,屋顶板缝间洒下的充满神秘感的蓝光与开敞的充满阳光的内院形成对比[2],建筑群宁静通透,简洁开敞。

当代清真寺建筑类型分析见表2-8。对现代清真寺具体的设计手法进行分析,可以得到三种类型,见表2-9。

---

① 引译自 KULTERMANN U.Contemporary architecture in the Arab States: renaissance of a region[M].New York: McGraw-Hill Professional,1999: 143.
② 郝燕岚. 传统与创新: 马来西亚城市建筑 [J]. 北京建筑工程学院学报,1995(1): 10-17.

表2-8 当代清真寺建筑类型分析

分类	比较项目		
	特点	实例	图片
大型国家清真寺	由中央政府委托设计,为了表达国家对伊斯兰教所做的贡献或是作为一种国家的象征。通常在一个国家中只有一个国家清真寺	科威特国家清真寺(Kuwait State Mosque),充分表达了国家的伊斯兰身份	
主要的纪念建筑	大的清真寺作为纪念建筑的功能超过了它的社会功能,设计者在着力表现一种纪念性。它冲击着城镇规划,影响着城市环境的空间秩序	约旦安曼陵墓清真寺(Mausoleum Mosque),采用传统清真寺形式。清真寺的蓝色圆顶,是为了纪念国家的第一个女皇,是伊斯兰建筑风格的具体体现	
社会中心综合体	和前一种建筑有许多相似的特点,但特指那些除作为祈祷空间外还有着其他多重功能的清真寺	沙特利雅得哈立德国王国际机场清真寺(Mosque of the King Khalid International Airport),是和机场结合在一起、有着综合功能的清真寺建筑	
小的地区清真寺	小城镇清真寺建筑有着现代感,也有着多重功能	沙特阿拉伯吉达的克里克清真寺(Corniche Mosque),作为古典伊斯兰建筑在形式上被重新思考并且服务于现代功能	

表2-9 现代清真寺具体设计手法分析

分类	比较内容		
	特点	实例	图片
传统手段	对传统的表达(不可避免地使用了现代材料)	伊拉克巴格达的胡拉法清真寺(Khulafa Mosque),遵循传统的装饰、空间组织原则。局部使用现代材料,在与已有的文脉结合时,获得新旧之间的和谐	
适应手段	有着现代特征,但让人想起传统语汇	土耳其安卡拉的盛大国民大会清真寺(Mosque of the Grand National Assembly),对传统清真寺建筑元素进行抽象和破解,用现代形式来表达传统内涵	
现代手段	尝试真正打破建筑传统的束缚,体现现代建筑特征	土耳其伊斯坦布尔的桑贾克拉尔清真寺(Sancaklar Mosque),将建筑隐匿于地段的坡地中,以平和的方式与大地浑然一体,超越了传统的形式	

四、伊斯兰文化与西亚建筑

对于西亚社会来说,20世纪在其历史的发展中举足轻重。长期的巴以国土之争、两伊战争、1990年伊拉克入侵科威特和1991年海湾战争,都对建筑发展产生影响,而且"西方"和"伊斯兰"之间的文化冲突始终贯穿其中。早在19世纪,这种冲突已经开始,进入20世纪后表现得尤为激烈。在西亚许多国家,建筑师对伊斯兰文化有着深入的了解和深厚的感情,在国外学成后,他们把对西方文化的认识和西方发达的技术带回自己的国家,创作了大量"寓传统于现代"的优秀作品。但由于政治因素的制约,一些本土建筑师被迫离开本国,尽管如此,在国外他们仍然没有放弃对伊斯兰建筑现代之路的探索。

20世纪初,被奥斯曼帝国占领了数百年的国家和地区(如伊拉克、以色列、约旦、巴勒斯坦、叙利亚等)纷纷要求独立;同时,又从帝国领土中分裂出来许多要求解放的新国家(如巴林、科威特、黎巴嫩、阿曼、卡塔尔、沙特阿拉伯、阿拉伯联合酋长国、也门等)。继而,西亚国家进入受英、法、德、俄影响的殖民时代,成为他们的殖民地或是托管国,西亚建筑则成为统治者意志的体现。20世纪上半叶,西亚政府一直控制着建筑设计。出于对伊斯兰传统文化的眷恋和对以英法文化为代表的现代化的渴求,西亚建筑师在设计中相应表现出两种倾向:一种是套用西欧当时流行的古典主义,如巴格达的阿尔贝特学院;另一种是将伊斯兰建筑的符号(如穹顶、伊斯兰券、尖塔、封闭的内院等)与西欧古典主义和折中主义构图结合。土耳其的“第一次国家建筑运动”(First National Architectural Movement)早期代表作——伊斯坦布尔中央邮政局(1909,图2-69)就是典型实例。

图 2-69 伊斯坦布尔中央邮政局

20世纪20年代,以色列、土耳其、伊朗和伊拉克,相继出现一些地道的现代建筑。20世纪30年代中期,现代主义因对建筑功能、理性精神的重视以及采用新材料、新技术的做法而受到关注,而大量涌入的外来建筑师使其影响扩大。当时,现代主义的影响主要表现在一些新建筑类型(例如机场、体育馆、大学、为残疾人服务的公共建筑)以及居住区和新城区的规划上。也正是在这段时间,西亚大部分国家获得了真正意义上的独立,为了表达摆脱殖民统治的精神解放,以及与旧身份告别的愿望,它们曾试图用新的建筑语汇来表达新的身份与地位。这为现代主义在西亚地区获得更大的市场创造了机会。

20世纪50年代,当国际风格获得统治地位之后,“国际性”作为一个“现代化”标志被四处使用。建筑创作忽视伊斯兰精神和传统文化,建筑的地域性日渐消失。黎巴嫩腓尼基宾馆(Hotel Phoenicia,1954,图2-70)和由柯布西耶设计的巴格达萨

图 2-70 黎巴嫩腓尼基宾馆

达姆・侯赛因体育馆(1957,图2-71)均是典型的实例。各个时代都不乏不盲从、不逐流的智者,也正因如此,各个地区的独特性才得以保留和创新。埃及建筑师哈桑・法赛是伊斯兰世界中最著名、影响力最大的建筑师之一。他毕生都致力于发展本土建筑,积极探索与干热气候相适应的建筑语汇,从而与千篇一律的国际风格相抗衡。

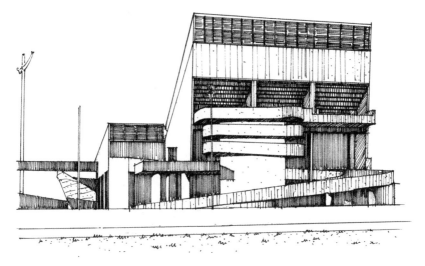

图 2-71 巴格达萨达姆・侯赛因体育馆

　　20世纪60年代,在西亚地区发现了丰富的石油资源。巨大的财富一方面为西亚这些国家扫除了发展道路上的经济障碍,使风格建筑进入探索中的活跃时期;另一方面,造成了该地区对传统文化的漠视,正如建筑师加里・马丁(Garry Martin)

所说："石油财富,伴随着社会和政治的变革,已经在威胁着伊斯兰的文化和传统。这种身份危机在建筑设计中越来越明显。"[1]当时世界上著名的建筑大师几乎都在这个地区一试身手过,他们与当地建筑师一起为探索"现代阿拉伯建筑"之路做出了很大的贡献。尽管该地区国家众多,民族多样,经济、政治发展不平衡,也未形成一种统一的模式,但建筑师们的创作意图是相同的——探索现代伊斯兰建筑的创新之路。伊拉克建筑师穆罕默德·塞伯·马基亚(Mohamed Saleh Makiya)认为传统要素不能只被看成一种装饰的形式,而应该与空间功能和当地气候条件相结合。建筑应展示文化本位的能量和动力。他指出:"建筑形式,无论是过去的还是现在的,都应该扎根于富含意义的文脉之中。象征主义延伸了功能主义的概念,通过提取自然环境中的弧形形状,形成穹顶和尖塔等建筑形式。这些元素来源于环境,也超越了'传统'和'现代'的界限。"[2]受此思想指导,胡拉法清真寺(1965,表2-9)的装饰和空间组织遵循传统形式,获得新与旧的和谐。

20世纪70年代后期,伊斯兰国家发生了更为快速的变化。人口增长的压力,使城市发展无序;非宗教和现代教育范围的拓宽,使宗教传统受到冲击;机械制造和服务工业的大变革,使新经济基础产生。这时,人们开始注意到现实生活以及气候、地形、材料对建筑的要求,于是在创作中出现了进一步探索地域特征的倾向。该时期建筑的典型特点是将传统建筑符号同现代建筑的底层透空、深挑檐、格子形遮阳板以及新材料结合起来,形成"现代阿拉伯特色"(Modern Arab Character),例如贝鲁特防御部(Ministry of Defense,1963—1968,图2-72)[3]。瑞法特·沙迪吉(Rifat Chadirji)尝试将对地域传统的理解同新建筑的发展方向结合,这表现在他对住宅设计进行的地域性探索上。他提取当地传统式样——古老的美索不达米亚的芦草小屋(mudhif)形式,转译后运用于巴格达哈木德别墅和巴格达建筑师住宅(1979)中。

图 2-72 贝鲁特防御部

① 引译自 KULTERMANN U.Contemporary architecture in the Arab States: renaissance of a region[M].New York: McGraw-Hill Professional,1999: 5.
② 引译自 KULTERMANN U.Contemporary architecture in the Arab States: renaissance of a region[M].New York: McGraw-Hill Professional,1999: 32.
③ 徐刚.地域的复兴: 西亚当代建筑创作研究 [D].天津: 天津大学,2001: 17.

该时期的伊斯兰建筑具有不同于20世纪前半叶的特征——建筑整体气势宏大并带有明显的高技成分,土耳其称之为"第二次国家建筑运动",例如利雅得哈立德国王国际机场和利雅得外交部大楼。以色列则坚持了现代化和当地地域性的结合,例如耶路撒冷的高等法院(1990,图2-73)[①]。

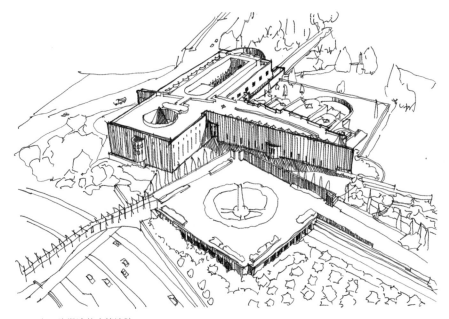

图 2-73 在耶路撒冷的高等法院

20世纪80年代,建筑师仍然不断探索现代阿拉伯建筑的发展道路。他们在复兴地域和传统的同时,将新技术和新材料融入其中,赋予传统建筑以新的生命力。科威特审计办公楼用现代材料钢筋混凝土表达了伊斯兰文化内涵。此时,西亚建筑师的观念相应发生了变化,他们以一种辩证的态度看待全球化和地域性、传统和现代等问题,并在建筑实践中寻找答案。

沙特阿拉伯建筑师舒艾比(A. Shuaibi)和胡塞尼(A. Hussaini)设计的利雅得西北郊3号街区,带有院落、开敞空间和一个广场。它是阿拉伯社会的城市典型[②]。建筑围绕阿肯迪广场形成一个紧密相连的整体,以适应当地干热的气候。建筑师的设计遵循内志(Najd,又译作"纳杰德")地区建筑风格,采用现代建造技术。该作品获得1989年阿卡·汗建筑奖。

约旦建筑师拉森·巴德兰(Rasem Badran)强调要创造一种"整合协调的环境",即能在物质、精神和理性的活动间取得调和的环境。在设计中,他借用本土沙漠

① 罗小未. 对建筑的现代可识别性的探索:《20世纪世界建筑精品集锦》中东卷读后 [J]. 建筑学报, 2000 (10): 41-42.
② 贾培. 1989年阿卡·汗建筑奖评委报告及获奖作品 [J]. 建筑学报, 1990 (3): 55-64.

语汇和历史样式,同时有意识地将新技术运用到建筑中。利雅得卡斯尔阿哈克姆综合体(Qasr Al-Hukm Complex,1992,图2-74)对利雅得旧城有着举足轻重的影响,它在城市结构中占据着战略性的位置。建筑师试图通过应用传统元素来重建城市的文化和都市中心,并以此为模式探讨在伊斯兰世界中创建新型城市的做法。巴德兰遵循历史先例,将清真寺与附近公共广场、大门、塔楼、旧墙、街道和商业设施连接在一起,这是当今中东许多城市的普遍做法。为了进一步体现对传统的延续性,建筑师采用传统的建造与装饰体系,如平屋顶、庭院、拱廊、石灰石覆层和三角形窗户,将清真寺融入旧城中心的城市结构,并将当地建筑风格中的空间特征加以改进,以满足现代生活的需要。该项目获得1995年阿卡·汗建筑奖。

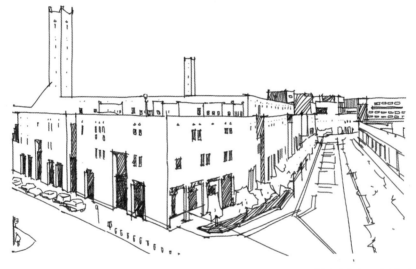

图 2-74 利雅得卡斯尔阿哈克姆综合体

西亚文明和伊斯兰世界的发展紧密相连。它从差异中寻求统一的文化特点,促使其在具有地方差异的现存文化之间找到立足点,进而使伊斯兰建筑语言呈现出民族的特性。而这种在地域范围内呈现出的强烈的民族性和可识别性,也体现在伊斯兰国家的当代地域性建筑中。

今天,西亚国家正经历着历史上从未有过的变革。多年前,在相继摆脱殖民统治之后,它们纷纷确立了政治上的新地位,并试图建立新文化体系来表达告别过去的决心。新文化既要反映自身传统的社会内涵,又要符合政治上的新地位,还要有现代特色。在这里,建筑作为文化的一部分,表现得更为明显。其后,伴随着全球建筑潮流的涌动,西亚国家一直在寻找有自己地域特色的现代建筑发展之路,努力探索新时期伊斯兰建筑的定位。伊斯兰现代地域性建筑发展脉络见表2-10。

表2-10 伊斯兰现代地域性建筑发展脉络

时期	历史背景	建筑特点	代表作
20世纪初	国家和地区独立,奥斯曼帝国分裂出新国家,受西方列强殖民统治	成为统治者意志的体现,套用西欧当时流行的古典主义,伊斯兰建筑符号与西方构图结合	巴格达阿尔贝特学院、伊斯坦布尔中央邮政局
20世纪20—40年代	大部分国家独立,外来建筑师涌入,现代主义深入影响	新的建筑语汇表达新的身份与地位	安卡拉中央行政区卫生部、特拉维夫博物馆
20世纪50年代	"国际性"被广泛运用	建筑地域性日渐消失,部分地区对传统保留、创新	黎巴嫩腓尼基宾馆、巴格达萨达姆·侯赛因体育馆
20世纪60年代	石油资源被发现;经济发展,风格活跃,漠视传统	建筑创新探索,寻求新与旧的和谐	胡拉法清真寺
20世纪70年代后期	人口增长,城市无序发展,宗教传统受到冲击,新经济基础产生	传统建筑符号同现代建筑手法及新材料结合,形成"现代阿拉伯特色"	贝鲁特防御部、巴格达哈木德别墅
20世纪80年代之后	地域和传统复兴	新技术新材料的运用	科威特审计办公楼、利雅得卡斯尔阿哈克姆综合体
21世纪	摆脱殖民统治,建立文化新体系	符合政治新地位,富有现代特色	土耳其古城的现代贝尔加马(Bergama)文化活动中心

　　在建筑创作过程中,本土和外来的建筑师表现出对西亚地区传统文化——伊斯兰文化的不同理解,他们对全球和地域、传统和现代等现实问题做出了不同的回应。建筑师用自己的建筑作品,为这个有着悠久历史的地区注入了新的生命力。尽管这些作品良莠并存,但不可否认的是它们或多或少都为西亚国家现代建筑发展和地域复兴做出了贡献。姑且不论这条复兴之路是否正确,可以肯定的是建筑师始终在用积极的态度和新地域性建筑的语言,来对抗全球化带来的危机。

　　同时我们可以看到,建筑师们对西亚现代建筑之路的探索得到了全社会的支持。阿卡·汗建筑奖的建立,为伊斯兰传统文化继承和发展提供了强大的社会动力,对伊斯兰文化在现代文明中再度辉煌起到重要的作用。

第五节　印度文化与亚洲地域性建筑

　　古印度文化发源于恒河,恒河从喜马拉雅山南麓,流经印度、孟加拉国,最后注入孟加拉湾。恒河是印度教徒的圣河,恒河流域是昔日佛教兴起的地方,是印度文明的发源地之一。

　　印度文化具有十分鲜明而又强烈的宗教性、多样性和包容性。历史上,印度教、伊斯兰教、基督教、锡克教、佛教、耆那教等多种宗教在印度长期共存,社会生活的各个方面都以宗教为中心。印度学者高善必说,印度"这种无穷无尽的多样性令人吃惊,而且很不协调"。这种"多样性"正是印度文化(包括建筑文化)最大的特征。[①]在数次外族入侵带来的外来文化的刺激下,印度文化不断丰富并在吸收中得到发展;不同类型的地域文化、语言文化和宗教文化,都以兼容并蓄的方式与外来文化融为一体。

一、古代文明与建筑理念

　　印度是南亚次大陆中最大的国家,有着复杂的地理环境和气候条件。印度大部分地区属典型的热带季风气候。北有高大的喜马拉雅山脉为屏障,阻挡寒冷气团的南侵,南部半岛伸向印度洋,深受热带气团的影响,因而其年平均气温要比同纬度的其他地区高3~8 ℃,除西北部为干燥区,其他大部分地区均雨量充沛。自然植被以热带季风林、热带稀树草原为主。热带季风林主要分布在德干高原东部和北部山麓地带,降水丰富的西高止山西侧和阿萨姆谷地等地区是热带雨林区,而塔尔沙漠及其周边地区则是荒漠与半荒漠区。[②]自然环境的明显差别,为建筑的复杂性和多样性创造了机遇,决定了各地迥然不同的建筑特征,使建筑呈现出明显的地区文化差异,并对其历史发展产生一定的影响。

　　印度是一个多宗教的国家。当地人们使用不耐久的材料(如竹子、木材、土坯)建造自己的住房等世俗建筑物,却用砖和石建造了大量艺术水平高超、可以千古不朽的宗教建筑,它们成为印度建筑的重要代表和现代建筑师创作的灵感之源。当柯布西耶和康等人将西方的建筑思想传入印度时,印度的古代文化也给予他们

---

① 王毅. 香积四海: 印度建筑的传统特征及其现代之路 [J]. 世界建筑, 1990 (6): 17.
② 中国大百科全书光盘 (1.1 版): 地理学卷 [CD]. 北京: 中国大百科全书出版社, 2000.

同样宝贵的回赠。

　　窣堵坡(stupa,图2-75),梵文本义为埋舍利的坟冢,平面呈圆形或方形,是一种外部体量结实、几乎没有内部空间的半球形建筑。它被视为佛的化身而被信徒崇拜,更是对佛及其统治整个宇宙和精神世界的无边法力本质的显现,即通过一种非偶像化的形式来表现佛的存在。它以对天穹的隐喻象征佛的无处不在和无迹无形。岩山雕凿的石窟寺院、整石雕凿的石雕寺院以及石窟与整石建筑的结合,表现出凹与凸的美学体验。埃洛拉石窟群的第16号窟凯拉萨神庙(8世纪,图2-76)就是这种技术进步的成果。此外还有金刚宝座式的佛祖塔,它们都对中国的石窟艺术及金刚宝座塔产生很大影响。

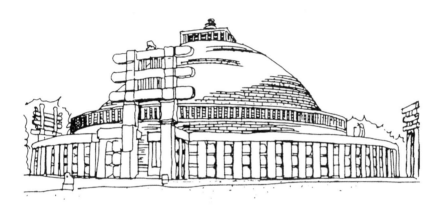

图 2-75 窣堵坡

图 2-76 埃洛拉石窟群的第 16 号窟凯拉萨神庙

　　水是生命之源,在印度人民的生活和意识中,它已经被注入印度宗教和思想的深处,成为滋润人们心灵的甘露。水井是每个村庄的生活要素,也是一个与心灵相通的重要场所。无论是在印度教神庙中,还是在伊斯兰清真寺、宫殿和城堡中,水池都无处不在,它既是一个环境要素,也是一处荡涤心灵的场所,更是印度建筑文化的重要体现。台阶是另一个重要的印度文化要素,它的形成与气候有关,由于它能够为人们提供户外活动的空间场所而被赋予更多的含义。台阶与水相结合,构成了印度极具特色的阶台式水井(Vav)和台阶式水池(Kund)形式。著名的实例是阿达拉吉阶台水井(Rudabai Vav Adaraj,图2-77)和莫德拉太阳神庙水池(Surya Kund at Modera)。瓦拉纳西恒河边上众多的台阶码头(Ghats of Banaras,图2-78),既是信徒沐浴以洗涤灵魂之所,也是休憩、交往、买卖集市和死后的火葬之所,台阶已成为体现印度文化的重要所在。印度建筑师多西(B. V. Doshi)在分析印

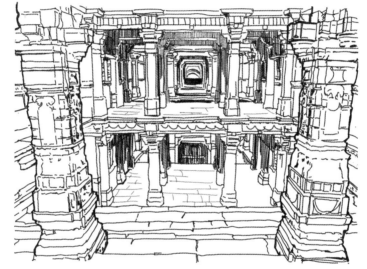

图 2-77 阿达拉吉阶台水井

图 2-78 瓦拉纳西恒河边上众多的台阶码头

度文化为什么能够经过漫长的年代而保存下来时认为："长久形成的习俗制度与生活环境相伴随而发展,并形成了一种广义的、灵活的、结构。在印度,所有的元素都被看作是多功能的,这是与印度文化相一致的,也构成了印度建筑的性格。"[①] 水井、水池与台阶的建筑理念,是对上述论断的最佳注脚。

从8世纪起,伊斯兰文化传入印度,给印度带来了清真寺、经学院、塔、陵墓等新的建筑类型,也带来了新的建筑形制和装饰题材。城堡、宫殿等世俗建筑的地位有所提高,宗教和世俗建筑均趋向于华丽、优雅和精致。以大穹顶为中心的集中式形制迅速流行,并成为印度建筑的重要特征。同时,印度已有的传统因素也融入其中,使其形成了新的特点。例如:穹顶上安放了窣堵坡顶上的伞盖(相轮),四角设小亭与中央穹顶呼应,轮廓丰富,轴线突出。采用传统的红砂石而非砖[②]。作为世界七大奇迹之一,泰姬·玛哈尔陵成为印度伊斯兰建筑艺术的代表。

自15世纪末开始,伴随葡萄牙航海家的到来,印度文化再次受到欧洲文化的冲击。葡萄牙、荷兰、英国、法国、丹麦的殖民者先后来到印度,对其进行了长达几个世纪的殖民统治,直至1947年印度取得独立战争的胜利。这期间,欧洲殖民者(尤其是英国)带来的建筑形式,对印度建筑的影响无所不在。从葡萄牙曼奴埃尔·巴洛克式教堂、果阿的修道院和宫殿,到本地治里法国式的理性主义,从新古典主义的英国-印度形式,到孟买哥特式的印度-伊斯兰风格,直到埃德温·勒琴斯(Edwin Lutyens)和赫伯特·贝克(Herbert Baker)在新德里对古典主义的升华(新德里总督府,1929,图2-79),可以看出,从欧洲带来的殖民地式建筑与印度当地的炎热气候和生活方式相结合、相适应,促进了建筑技术的发展(图2-80)。

图2-79 新德里总督府

① 转引自单军. 新"天竺取经":印度古代建筑的理念与形式 [J]. 世界建筑,1999(8): 25.
② 王毅. 香积四海:印度建筑的传统特征及其现代之路 [J]. 世界建筑,1990(6): 15-21.

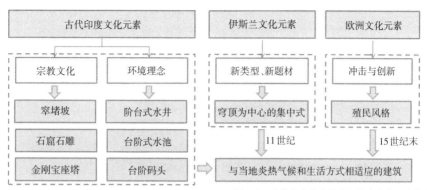

图 2-80 古代印度文化元素与外来文化元素的关系

二、现代进程与外来启示

1925—1947年,英国建筑师在印度的作品,由现代观念演进而来,是印度本土的生活方式融入建筑中的例证。新德里的圣马丁·加里森教堂(St. Martin's Garrison Church,图2-81)、圣托马斯教堂(St. Thomas's Church)和德里的圣斯蒂芬学院(St. Stephen's College)等是印度现代建筑的先行者。在独立之前,外国建筑师在印度的工作和印度建筑师对现代建筑的认识,为独立之后的印度现代建筑发展做好了充分的准备。

图 2-81 新德里的圣马丁·加里森教堂

摆脱历史和文化束缚的国际风格建筑表现不凡,立面自由,平面朴实,有水平长窗和现代的遮阳设施。美籍捷克建筑师雷蒙(Antonin Raymond)设计的本地治里印度教高僧住宅(1936—1948,图2-82),被公认为印度独立之前第一栋国际风格的、最优秀的现代建筑。在建设新德里之后,仍在印度生活的沃特·乔治爵士也开始转向国际风格,他设计的新德里T. B.联合大楼与复古主义风格形成鲜明对照,该建筑连同印度教高僧住宅一起,标志着印度建筑进入新的时代。

图 2-82 本地治里印度教高僧住宅

　　与这种现代化大趋势并存的还有一种复兴传统的小趋势,是晚期印-欧建筑风格的延续。它是在建筑屋顶加上穹顶和凉亭,以打破水平和平直的天际线。这些适应当代需要而对外形进行改造的尝试,在办公楼、医院和学校等建筑物上到处可见,亦可称为"集仿主义"。这种趋势的倡导者是来自西方的建筑师,如:乔治和巴特利,他们在印度独立之前就已开始将东西方文化相结合进行探索,设计出大量西印混血式建筑。多科特(B. E. Doctor)设计的新德里阿育王饭店(1985,图2-83),进一步发展了新德里政府建筑的混合风格,它在现代设施中糅合了石花格、屋顶凉亭及装饰角撑等传统语言。

图 2-83 新德里阿育王饭店

　　印度建筑师有着不同的社会背景,不同的学术主张,这是印度建筑思想多元化的一个重要原因。在独立初期,建筑师们对在建筑中如何表达新印度精神各执己见。第一类是接受传统学院式教育的建筑师,他们认为印度当代建筑应基于印度本土文化发展。20世纪60年代末,他们成为批判国际性的重要力量(班加罗尔的议会大厦,1956,图2-84)。第二类是在美国接受现代建筑教育的建筑师,他们间接受到柯布西耶及其他现代建筑大师的影响,不遗余力地贯彻现代建筑功能主义原则,认为这些原则适用于印度社会(加尔各答新秘书处,1857,图2-85)。第三类是在尼赫鲁的工业化主张之下自西方来到印度的外国建筑师,他们既具有国际现代建筑运动的经验和严谨的科学态度,又努力朝着将现代建筑思想与印度地方性相结合的方向探索,对印度现代建筑的发展起到举足轻重的作用。柯布西耶、康、劳里·贝克(Laurie Baker)等人就是其中的代表人物(昌迪加尔高等法院,High Court of Chandigarh,1956,图2-86)。建筑师对待传统建筑文化遗产和西方现代建筑思潮的态度,在各个发展阶段有所不同,这也反映出具有特定文化价值观的民族对待外来异质文化的心态。

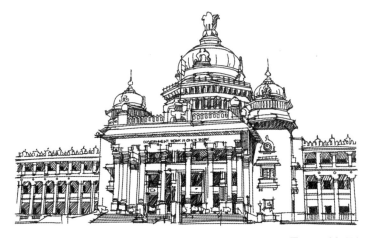

图 2-84 班加罗尔的议会大厦

　　印度近代史上最有影响力的两位领袖人物——圣雄甘地与尼赫鲁,他们的政治主张对现代印度社会的各个领域都有着广泛的影响。圣雄甘地热衷于复兴农村,同时也承认工业发展的必要性;尼赫鲁强烈主张工业化与现代化,同样也重视乡村农业。柯布西耶在昌迪加尔的设计实践,是尼赫鲁向往西方发达的现代化国家而发起设计竞赛的结果。昌迪加尔遍布印度现代建筑,成为现代化城市的光辉典范。当印度乃至世界对昌迪加尔的规划和设计众说纷纭的时候,尼赫鲁评论昌迪加尔说:"昌迪加尔是一个伟大的设计,它引起了很多争论,但是不管它在某些方面成功与否,事实上,它的重大意义在于引发人们开动脑筋、思考问

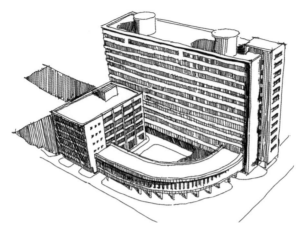

图 2-85 加尔各答新秘书处

图 2-86 昌迪加尔高等法院

题……"①作为政治家,他能够对建筑设计有这样深刻的认识,值得人们称赞。

　　对印度现代建筑产生最广泛、最深刻影响的是柯布西耶和康。两位建筑师在他们的巅峰时期,以自身的魅力和建筑智慧,与印度的国情、自然、人民和建筑传统对话。

　　柯布西耶应邀来印度设计昌迪加尔首府,曾写信给尼赫鲁总理:"……印度正在觉醒,它进入了一个具有无限可能的时期。但印度并不是一个全新的国家,它经历了最发达的古代文明时期,它有自己的智慧、伦理道德和思想意识……印度是全世界建筑艺术成果最丰富的国家之一。"②印度的环境使柯布西耶认识到,

① Association Francaise d'Action Artistique. Architecture in India[M]. Paris: Electa Moniteur, 1985: 126.
② Association Francaise d'Action Artistique. Architecture in India[M]. Paris: Electa Moniteur, 1985: 81.

必须崇敬自然、尊重传统,才能使现代的思想、方法、技术和材料在印度获得生命。艾哈迈达巴德文化中心博物馆(Sanskar Kendra, 1954, 图2-87)以几何学构成为主题,建筑既环绕中庭,又有被托起螺旋上升之感,构成与大地相离的人工展示空间。工厂主联合会总部(Millowner's Association Building, 1951, 图2-88)中倾斜的混凝土遮阳板立面、屋顶曲线、桥以及极富引导性的长坡道,共同赋予直线形结构以强有力的动态感。萨拉巴伊住宅和莎旦住宅的设计方式同样为炎热气候下的住宅设计开拓了新思路,是现代建筑适应印度气候的真正体现。昌迪加尔市政中心的规划和设计中,议会(1965, 图2-89)和高等法院强有力地并置,它们之间是州长官邸(未建)。再就是"张开的手"这一雕塑,其设计理念在于:让我们向世界敞开自己,让我们寄予希望和收获。建筑之间拉开相当大的距离,这距离使得柯布西耶受到许多批评。著名建筑历史学家吉迪恩曾写信给柯布西耶说:"在炎热的气候下,为什么你还敢把建筑之间的距离拉得那么远?"柯布西耶的回答是:"我这么做是想把它作为喜马拉雅山背景的对照物。这是我20世纪的空间概念。"柯布西耶认为:在这里人们可以释放压力,敬畏自然;昌迪加尔整座城市是向喜马拉雅山的献礼。建筑中的"印度语汇"——伞状屋顶、遮阳板、阳台、水池等,是从寺庙、宫殿、带凉廊的住宅原型中提取的,结合现代建筑原则,建筑师在设计中对这些语汇进行融会贯通;建筑中创造的自然冷却系统,表现了印度古老空间的韵律和形式,代表了一种以古代文明解决当代问题的觉醒。

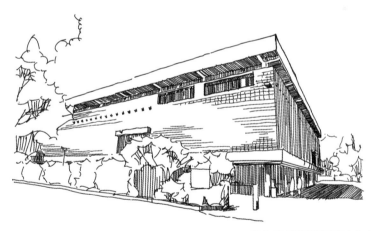

图2-87 艾哈迈达巴德文化中心博物馆

从《走向新建筑》中可以看到,柯布西耶研究过大量的古希腊和古罗马建筑,但在现实中却极力推崇轮船、飞机和汽车。"建筑是形式、容量、色彩、声音、音乐","建筑是居住的机器"……康的设计理念与柯布西耶不尽相同,例如有人问康:"建筑是什么?"康回答说:"我可以明天回答吗?"第二天上午,康带来一张写好的小纸条说:"如果你问我建筑是什么,我不知道,因为那是建筑想是什么的精神方面的问题。"(I do not know the answer because it is in spirit of what it wants to be.)康从

图 2-88 工厂主联合会总部

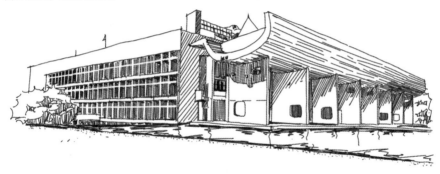

图 2-89 昌迪加尔市政中心议会

现实出发,却主张回到事物的初始,追溯事物的根源和本质。这种回溯,在设计实践中表现为包含图与底、虚与实的复杂且相反的概念,充满简洁明确的几何图形和深邃的历史精神。柯布西耶和康都尊重地方材料,使用现代材料,但他们站在事物的两个极端:柯布西耶使用工业化的产物——钢筋混凝土,而康钟情于出自手工业传统的砖,使建筑的"情"重于"理"。

康对静谧和光的钟情,给予建筑一种形式和秩序。"我们是由光所生育。通过光我们感觉到季节的变化。只是由于光的指引我们得以知悉这个世界。由此得出这么个想法:物质是耗费了的光。对我而言自然光是唯一的光,因为它有情调——它给人提供了共同一致的背景——它使我们得以与永恒相接触。自然光是唯一能使建筑艺术成为建筑艺术的光。"[1]设计空间就是设计光亮。"人和人的学院"(Man and His Institution)是深刻影响印度管理学院(Indian Institute of

---

① 李大夏. 路易·康 [M]. 北京: 中国建筑工业出版社, 1993: 139.

Management，1974，图2-90）的思想之一。这是一座好像从大地上雕出来的校园。建筑群分为两部分，一是学院建筑综合体，有图书馆、行政楼、教室和学生宿舍，二是教职工住宅。人工湖既调节了小气候，又分隔了教学区和住宅区。规则的几何形状和层次分明的空间秩序，反映了建筑群内各功能建筑的不同重要程度。建筑群体的几何性和韵律感，不同建筑的质感、比例、细部、尺度以及严格的方位，使人想到康所孜孜以求的秩序。这种秩序在印度意味着标准化和降低造价，同时也在述说着和地域、气候的关系。在这里盖房子，要遮阴，要房子挨着房子。康说，"我问砖要做什么，砖说要做拱"，"太阳不知道自己有多么伟大，只有当它射到一个建筑的侧面时才知道它有多么伟大"，这正是其匠心独运之处。清水砖墙上的砖拱混凝土梁细部现代感十足，墙上圆形、方形和拱形的孔洞十分明显，体现了无与伦比的砖工技术，形成一些阴影和深邃的空间；阳光射入，在室内造就了美丽的图案，同时也创造出建筑的表情，给人以无限的宁静感；外部看上去结实，而内部却被分解，光条充满了建筑中一段段的缝隙。静静地走在建筑群中，无论是寒冷的冬季还是炎热的夏天，人们都会拥有对话、召开会议和举行活动的场所。柯布西耶在昌迪加尔用遮阳伞的意象与建筑打交道；而康暗示了一种为通风而产生的巨大阴影通道，刺穿垂直壁垒。

图 2-90 印度管理学院

在印度，一些建筑师理解印度的自然和人民，融入百姓生活，创造出大量有地方技术价值、高艺术价值的现代乡土建筑。地方材料和劳动力被充分利用，建筑师用最简洁的手法解决当地的气候、人文、地理问题。英国建筑师劳里·贝克在二战期间加入"国际友谊救援组织"的救护队，作为医疗队的麻醉师来到中国，并为麻风病人治病；后因受伤归国途经印度，为甘地感人肺腑的演讲和普通百姓的生活状况所触动，经甘地说服留在印度。1945—1966年，贝克作为建筑师到印度麻风病学院工作和生活。贝克就像印度建筑界的白求恩，他向当地居民学习地方技术，又帮助当地居民完成他们急需的建筑。1970年，贝克在特里凡得琅定居，之后的19年里，贝克在当地居民的帮助及参与设计下，共同完成了住宅、教堂、学校、医院、办公楼等各种类型的建筑的设计。他利用传统砖工的小开洞构成完整的镂空墙体，以利于通风和减少光照，代表作品为发展研究中心（Center for Development

Study,1971,图2-91)。该建筑屋顶采用拱和穹顶的形式,既利于排水又适合手工作业。他用瓦、砖、石灰、泥等材料替代了混凝土和玻璃,这些材料易于获取,适合于劳动力密集型生产,同时将旧房子上拆下的门框改作新住宅中的窗框,如此一来,建筑造价常常是一般造价的二分之一或三分之一。地方技术的经济性和实用性,使这类建筑具有广泛的市场,同时具有很高的美学价值,也符合地方规范。建筑师将每一座建筑当作工艺品来处理,构思独特,匠心独具,用低技术创造高艺术,服务于广大民众。

图 2-91 发展研究中心

美国建筑师爱德华·杜雷尔·斯通(Edward Durell Stone)将印度文化与现代技术结合而设计出端庄典雅、金碧辉煌的美国驻印度大使馆(1959,图2-92)。建筑坐落在高台之上,轴线、水池、匀称而优雅的形体、池中的倒影,重现了泰姬·玛哈尔陵的风韵,体现了建筑师对印度文化的重视和尊敬。建筑立面镂空的花格窗也成为独特的装饰。

图 2-92 美国驻印度大使馆

受赖特有机建筑影响、长期在印度工作的美国建筑师斯坦因(J. A. Stein),在20世纪50年代末至60年代初为新德里设计了许多作品,这些作品体现了对微观自然的敏锐反应。斯坦因在印度国际中心建筑群(1962,图2-93)的设计中,结合气候与环境,为人们营造了舒适的户外活动与交流空间,将印度文脉巧妙地融入建筑细部。建筑运用当地石材和精致的混凝土百叶及阳台,在自然环境的衬托下,将手工艺与抽象手法完美地结合,创造出带有一排排连续拱券屋顶的建筑,使人想起德里12世纪库特卜遗址内圆拱门上的小花券。南向外墙上精美的砖制格栅好似16世纪西克里宫殿内镂空的红砂岩花格窗,与美国驻印大使馆有异曲同工之妙。建筑充满诗意,充满对时代和传统精神的追求,典雅、纯朴、宁静,不张扬,不奢华,又不失现代气息,是一组成功的现代建筑。

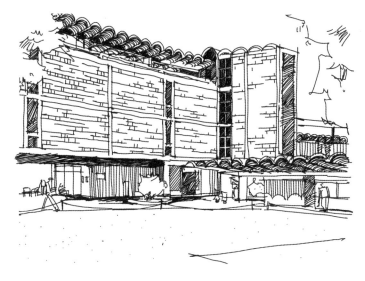

图 2-93 印度国际中心建筑群

三、印度现代地域性建筑

当现代建筑向世界传播的时候,也很快传入印度。在印度独立前后,许多建筑师以对印度文化的理解,在印度留下了自己的建筑作品。20世纪建筑界的三位巨人——勒琴斯、柯布西耶和康,他们每个人都花了10年以上的时间与印度保持着密切的接触并对其建筑产生巨大的影响。然而,来到印度的外国建筑师,毕竟都是他乡作客,真正印度意义上的现代建筑成就仍旧依赖于印度本土建筑师。20世纪60年代中期,在经济政策的指导下,印度政府主张建筑设计要根据地方特色、材料、传统技术和气候来设计。1969年,印度在全国范围内举行庆祝甘地诞辰100周年活动,其意义在于让人们用新眼光去看待传统遗产,重新开始研究传统城市规划方式、邻里组团设置及人居环境设计。多西、柯里亚、里瓦尔(Raj Rewal)、坎文德[①](Achyut Kanvinde)和贾殷(Uttam C. Jain)等许多建筑师开始在当代生活的框架中重新诠释传统的建筑方式,其中不乏受教育于西方者,但他们都扎根于印度本土,立足于印度的自然与社会环境,在不断思考与实践中找到现代材料和古代技术、工艺之间的连续性,主张走一条既不搬古又不抄西的道路,在悠远的印度历史中重新定义现代性,塑造出独具特色的印度现代地域性建筑。

(一)地方材料表现新语汇

在具有现代感的印度建筑中,砖、石、混凝土、红砂岩乃至土的使用十分普遍。它们不再被用来表现令人赞叹的古老砖工技艺,而是结合墙面上的开洞调节虚实,展示肌理。使用这种便宜的材料,再加以精心构造设计,便能够营造出令人感动的现代效果。

多西与柯布西耶一起设计了昌迪加尔和艾哈迈达巴德的重要建筑物;与康合作设计了印度管理学院,被康认为是"了不起的印度建筑师"。多西在一个时期内的作品酷似柯布西耶——钢筋混凝土既是建筑结构也是建筑表皮,他用现代建筑材料、技术结合传统建筑布局回应印度炎热的气候。但这仅仅是一个过程,多西意识到自己应该像蛇蜕皮一样抛掉旧的外壳。"在我离开柯布西耶时,发誓不再用那些明显与他相同的元素。""当我做出这一决定时,便只剩下精神与他同在,转而去创造性地表达比例、空间、韵律、色调。我的最大收获是找到了自由。我深知柯布不喜欢我一遍遍模仿和重复一个建筑,他希望我探索一种新的表现。这便是我将他的肖像保留在墙上的原因,就是为了告诉他:'您在此注视着我,我在重复自己吗?'""尽管我一直在出差错,但令我欣慰的是我一直在创新。"受到萨拉巴伊住宅的强烈影响,多西在设计自宅(卡玛拉[②]之家,图2-94)时,努力创造那种阴影和比例,这是多西探索适合印度文脉的建筑的第一步。设计中,多西最大限度地引入自然光照,他设计的空腔墙壁起到更高效的保温隔热作用。采用开放式布局的CEPT大学建筑学院(1968,图2-95),是由多西建立的"一个几乎没有门的开放空间",周围群众可以自由出入学校并参与学校组织的各项活动。建筑中融入很多印度语汇:裸露的红砖墙和混凝土框架,朝北的天窗与朝南的风洞,室内外空间相互渗透,开敞的底层空间和变换的院落空间相得益彰。半开敞的建筑主体与自然环境相交融,有利于形成阴影与自然通风,从而创造出舒适的聚会场所,这是对柯布西耶设计中过于空旷场地的改进。班加罗尔印度管理学院(1974,图2-96)采用混凝土框架和当地的花岗岩建成,包含内部、外部空间以及半外部空间的"骨架"使建筑在阳光的照耀下呈现体量组合的精彩之处。从空间组织和细部设计上,可以看出多西对康的设计手法的理解和吸收;同时,他充分利用廊道、台地、阶梯、凉亭、水池等传统要素,唤起人们对传统印度城市与寺庙的联想,提供空间转化的

---

① 坎文德在哈佛师从格罗皮乌斯,并获得硕士学位。1947年,他被任命为印度科学与工业研究委员会总建筑师。
② 卡玛拉,即多西的妻子。

可能性。

图 2-94 卡玛拉之家

图 2-95 CEPT 大学建筑学院

　　贾殷是一位擅长使用地方材料和技术的建筑师,他设计的焦特布尔大学艺术与社会科学大楼和报告厅等建筑,是利用当地石材完成的成功之作。建筑师试图提取焦特普尔城的传统建筑布局形式并运用于设计之中,将四个矩形报告厅沿一条中心轴线对称布置,一条坡道将人们引向中央大厅,宽大的石台阶为人们提供冬天室外交流的场所。石头砌筑的体块直接能够反映建筑剖面,坚实的材料反映出建筑的真实。这既是对传统坡地建筑形式的追忆,又体现出以现代设计手法完成的作品的隽永。

图 2-96 印度管理学院

(二)气候条件促进新思考

印度大体属热带季风气候。喜马拉雅山脉为其提供屏障,阻挡寒流南下。高温炎热是印度最明显的气候特征。这种气候特征要求印度建筑既要有阴凉和室内通风,又要避免炎烈的阳光。因此,印度建筑师需要对遮阳、隔热系统进行深入发掘。多西设计的桑珈①建筑事务所(简称"桑珈",1981,图 2-97)和甘地劳工学院(1984,图 2-98)中使用连续半圆筒拱的纪念性形体,足以证明其受到康的深刻影响。在炎热地区,建筑师必须综合考虑阳光、空间、功能和形式,"去寻求阴影和凉风,以及以蓝天为背景的轮廓线"。当建筑师俯首成为"土地的儿子",建筑与地区的共鸣便能自然而然地体现。在桑珈的设计中,建筑围绕庭院中的台地布置,长向筒拱作为建筑构图主体,拱顶形状、结构以及基座都与印度神庙相似。半地下室空间可减少外墙的使用,加强隔热并降低辐射热;白色碎瓷片拱顶,既能减少直射光线照射,又能够反射热量。拱顶雨水通过滴水和排水渠被引入庭院中的水池,同时起到给建筑降温的作用。宁静而富有诗意的桑珈,在阳光下求阴凉,使建筑亲近大地,这同古代的建筑传统相一致。在甘地劳工学院的设计中,多西再次使用筒拱结构,并将台地、院落、广场、水池、廊桥等元素注入其中。碎瓷片筒拱屋面的使用,反映了多西长年来对适应当地气候、传承当地文脉的建筑材料的探索。

从气候的角度出发进行设计,还涉及建筑的平面、剖面、外形和内部布置。20世纪 60 年代,里瓦尔在地方特色中把握时代脉搏,巧妙地将适应印度热带气候的立面形式与现代结构相结合,他认为建筑设计在传统与现代准则上绝非形式而已。在法国学校和文化中心的设计中,他应用"层层出挑"的传统建筑方法处理阳光,形成大片的阴影区,以适应现代结构的简洁造型代替传统建筑中的精雕细刻。在高层建筑中,创造与现代结构巧妙结合并适应热带气候的特殊剖面。柯里亚设

---

① 桑珈(Sangath),意指通过参与走到一起(moving together through participation)。

图 2-97 桑珈建筑事务所

图 2-98 甘地劳工学院

计的孟买高级住宅——干城章嘉高级公寓(1983,图2-99),采用古老的游廊组织形式,醒目鲜艳的花园露台悬在孟买城市上空,成为引人注目的焦点。

在印度,室内与室外之间的界限相对模糊。建筑师们总结出印度建筑的一些构成要素:有绿荫的院子、绿草如茵的层层平台、有水的花园、长长的踏步、曲折的路线等等。这些建筑要素共同构成了印度现代建筑的民族和地域特色。建筑师们以比例、光线、空间和形式触及建筑精神。柯里亚提出"气候决定形式""露天空间"及"管式住宅"等重要概念。艾哈迈达巴德是甘地早年生活的地方,是甘地"和平进军"的出发地。圣雄甘地纪念馆(Gandhi Smarak Sangrahalaya,1960,图2-100)从当地村落中汲取灵感,唤起印度本土意识,昭示着"甘地之精神",却与柯布西耶的"新印度精神"截然不同。一个个低矮的正方形四坡顶建筑单元组成院落和展室,或封闭或开敞,空间丰富而灵活,可以适应不断增长、扩建的需要。散布其间的院落、水池给炎热气候下的人们带来无比的清凉与宁静。当地的瓦屋顶、砖柱、

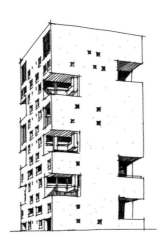

图 2-99 干城章嘉高级公寓

图 2-100 圣雄甘地纪念馆

混凝土梁、各单元屋顶间的连接槽可兼作横梁和排水用,屋顶"三明治"式的构造有利于散热和反射阳光。木门窗没有玻璃,木格栅白天开,晚上关,让风自由地吹。博帕尔巴哈汶艺术中心(Bharat Bhavan, 1981,图2-101)是一个集博物馆、图书馆、画廊、研究室及作坊于一体的综合中心。建筑形成一系列平台花园和下沉式院落。人们在这些露天的通道中穿行参观,同时可以远眺博帕尔城的美景。在这里,看不到明显的建筑形象,因为它已与地形融为一体。这些建筑尝试使得柯里亚先后荣获英国皇家建筑师学会(1984)和国际建筑师协会(1990)的金质大奖,进入了世界一流建筑大师的行列,也使印度充满地域风情的现代建筑在国际中占有一席之地。

里瓦尔设计的中央教育技术学院(1975,图2-102)中,入口庭院和一个围绕大树布置的中心庭院相连通,这种构思来源于印度传统住宅原型。院里有一个露天

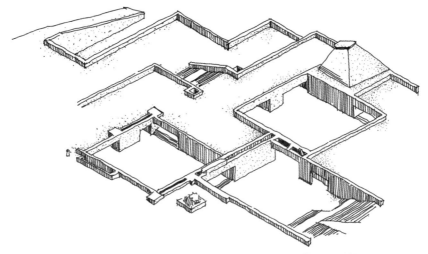

图 2-101 博帕尔巴哈汶艺术中心

舞台,庭院周围的建筑逐步后退,使庭院向屋顶平台敞开,促成了建筑的开放性和公共性。国家免疫学院(1985,图2-103),通过轴线的转换,屋顶平台、台阶及门洞的运用,将有天井的个体单元组团,布置在起伏多变的地段上,通过门道、林荫彼此在不同标高上相连,围合成更大一点的组团,最后形成一个从整体到局部都有庭院特征的室外空间。建筑群再现了西克里宫殿群和沙漠城市杰伊瑟尔梅尔市镇风光中那种极富生命力的印度灵感。

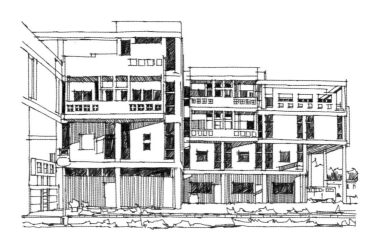

图 2-102 中央教育技术学院

（三）节能建筑的积极探索

建筑并非独立的个体,要同其周边环境构成统一整体。路易斯·沙利文(Louis Sullivan)说:"建筑应当富有逻辑,自然而诗意地生长于所处环境之中。"在建筑历

图 2-103 国家免疫学院

史的长河中,无论是古代建筑工匠,还是现代建筑师,都将印度气候条件作为建筑设计考虑的第一要素。一代代建筑师用设计适应环境,同时利用环境特色来促进建筑形式发展。尤其是印度本土建筑师,对本国情况更为熟悉,在充分考虑气候的条件下,他们不忘地域特色材料的运用,使建筑来源于印度土地,扎根于印度土地,融合于印度土地。

21世纪的印度建筑师,对于适应环境气候的建筑策略的探索从未停止,但在全球气候条件日益恶化的现在,他们更注重在建筑节能方面进行积极探索。在设计过程中,他们充分利用风、光等自然资源,更重视建筑与景观之间的关系,对场地的控制能力也更强。计算机为建筑师提供了设计的便利,可实现多种软件协同精确计算,从而为发展现代建筑提供助力。在形式上,建筑不再是千篇一律的方盒子,流线造型使建筑形态更加流畅自然;在立面上,建筑师或赋予其参数化表皮,或引入绿植,使建筑能够顺畅呼吸。建筑师安基特·帕布德赛(Ankit Prabhudessai)设计的群体住宅项目(2017,图2-104)创造了一种能呼吸的建筑,一种与自然界中树木具有相同特性的建筑。在轻型钢结构上覆盖印度特有的石结构(I. P. S., Indian patent stone),再引入热带植物,实现建筑遮阳降温,同时收集和利用雨水,并为每层引入自然元素。与之类似,阿黛特事务所(Studio Ardete)在设计六边形的开放式商业建筑(2018,图2-105)时,使用三英寸(折合7.62厘米)厚的混凝土层和六边形孔隙作为立面用以遮阴,更形成了具有围护性质的艺术效果。现代曲线的旁遮普凯萨里总部(Punjab Kesari,2017,图2-106)由共生建筑事务所(Studio Symbiosis)设计,它的通风和采光通过控制立面孔洞开放率来实现。优化的自然光成了这一项目中最主要的可持续元素,实现了大体量建筑与自然之间的协调。

以上这些设计理念表明印度本土建筑师立足于现代建筑技术之上的独特创造性,体现了新时代建筑师对节能建筑的积极探索。与之前建筑师的创作相比,他们并不止步于某一个维度上的探索,多学科的交叉是新世纪对于人才发展的新

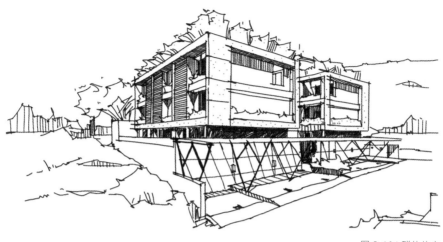

图 2-104 群体住宅

图 2-105 六边形的开放式商业建筑

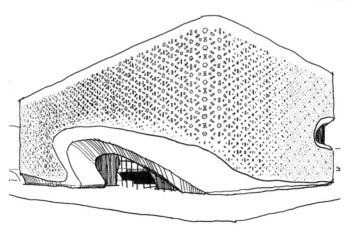

图 2-106 旁遮普凯萨里总部

要求。无疑,印度建筑师也在用行动追赶着发展的潮流。

（四）低造价与低技术并行

众多的人口和菲薄的收入,使得印度大众居住问题的解决格外困难。许多建筑师投入对廉价住宅或经济性住宅的设计和研究,这意味着低造价和低技术的定位与推广。这类住宅的开发,回答了一个值得认真考虑的问题:在高技术的条件下要不要使用低技术? 低技术是不是意味着低功能和低艺术?

多西致力于研究低收入阶层的住房问题。20世纪50年代末建成的艾哈迈达巴德纺织工业研究协会(ATIRA)职工住宅,是多西对柯布西耶等在昌迪加尔实现的低造价住宅模式的发展。简洁优雅的拱顶来自柯布西耶,单元式的组团布局源于印度乡村典型的聚落模式。20世纪60年代末在巴罗达(Baroda)建成的古吉拉特化肥公司总部住宅以传统街区为样板,为居民在恶劣气候下创造了一个既舒适又经济,既适应现代生活又延续传统文脉的居住环境。多西为艾哈迈达巴德的人寿保险公司设计的低层高密度住宅有一种清晰的秩序感。一个个结实的集合住宅彼此相连,营造出传统印度街道的效果。20世纪70年代中期,印度政府发起"基地和服务"(Site and Service)住屋计划,为广大低收入者提供必要的道路、给排水、电力等基础设施,其他部分由住户根据自己的需求及手段来实施。多西在印多尔的阿冉亚[①](Aranya)低造价住宅(1982,图2-107)的设计中,注重表现当地的生活方式,建筑布局来自印度传统的聚落结构,线形的社区中心是印度传统商业街的再现;建筑外墙统一的红色粉刷加强了新城的整体感,使人想到斋浦尔古城和杰伊瑟尔梅尔。从阿冉亚低造价住宅与柯里亚在贝拉普尔(Belapur)设计的由16种独立结构组成的生长住宅(1983—1986,图2-108),可以看到建筑师在城市中利用廉价地方技术为贫困者建造住宅的构想:每个住宅的拥有者可以根据自己的愿望,

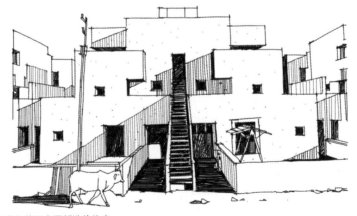

图 2-107 印多尔的阿冉亚低造价住宅

---

① 阿冉亚新城规划荣获 1996 年度阿卡·汗建筑奖。

图 2-108 贝拉普尔的生长住宅

在不同的部位加建或重建。发展变化中的住宅,才能时时焕发出新的生命力。

低技术的价值首先在于其经济性和实用性。在印度乡村中,住宅建设的施工者大都来自本村或本部落,而且常常有使用者本人参与进来。卡玛斯夫妇(Mr.&Mrs.Kamath)在设计中力图用地方材料和工艺建造价格便宜而又生动感人的建筑。他们曾在新德里的阿兰德拉姆地区(Anandgram)为一个大游牧部落设计了一个永久居住地。由于过去长久的游牧生活,住宅的修建、搬迁必不可少,因而部落中的每个成员都会做一些建房工作,并逐渐形成习惯:妇女承担大部分的自宅建设任务,她们能做细致的泥瓦活,还可以在女孩和男青年的帮助下进行房屋装修;而男人则凭擅长某项建房的专门技艺而受雇于整个部落。这种分工形式使部落内的建筑既有统一的风格又有丰富的变化。人们也因此积累了丰富的经验,为采用地方技术的设计带来了新的活力。建筑师只需要为这种"参与设计"指引更明确的方向。

(五)古代哲学的现代演绎

深厚的文化底蕴和神圣的宗教信念,使得许多印度建筑师赋予现代建筑特定的文化内涵。贾殷在印度甘地发展研究学院的设计中,力图创造空间的模糊性、滞留性,再现祭祀路线中的迷宫般的感觉。在建筑内部流线上,有一个逐渐升高、末端开放而明亮的圆筒形拱廊,它使人联想到庙宇中的屋顶拱券。由于许多现代建筑在功能和内容方面与宗教建筑有着明显的差别,现代建筑对宗教性的表达逐渐淡化,转化为更广泛的印度文化气氛。

对宗教建筑空间特征的提炼仅仅是印度建筑师探索的方法之一。某些非建筑的宗教图式,在建筑师手中成为产生独特精神体验的建筑基本原型,这也是印度传统庙宇中常用的手法。柯里亚设计的斋浦尔艺术中心(Jawahar Kala Kendra,1992,图 2-109)和博帕尔中央邦议会大厦(Madhya Pradesh Legislative Assembly in Bhopal,1997,图 2-110),都是从印度教曼陀罗图形中吸取了灵感,挖掘建筑形式背后的深层含义并转化为同样单纯、明确的形体：一个方形，一个圆形。受到斋浦尔旧城平面布局的启发，柯里亚将曼陀罗中九个方块之一稍加游离作为入口，形成在规整中有变化的斋浦尔艺术中心平面。曼陀罗图形是一种宇宙模式，每个方块对应一个天体，形成一系列既相通又独立的庭院，它们有各自的星座、色彩、装饰等。这一模式恰好能满足功能要求，既能形成充满趣味性的展览流线，又为建筑体验提供了思想源泉。中央邦议会大厦坐落在山顶上，成为博帕尔这座优美山水城市的标志。该建筑和院落表达不同的含义，中心院落是一切力量的源泉，体现"无就是有"（Nothing is everything）的含义。桑珈建筑事务所里有一张悬挂着的网格状曼陀罗图形，多西希望借曼陀罗来重新审视和看待建筑中的精神性，由此引导并探索空间语汇，使建筑达到"合一"的境界[①]。

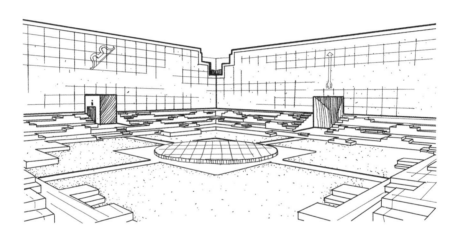

图 2-109 斋浦尔艺术中心

图 2-110 博帕尔中央邦议会大厦

里瓦尔在设计新德里尼赫鲁展览馆（图2-111）时，受到绿草如茵的尼泊尔

---

① 王路. 根系本土：印度建筑师：B.V. 多西及其作品评述 [J]. 世界建筑，1999（8）：67-73.

释迦牟尼古冢的启示,使建筑实现现代意识同传统精神的切合。人流系统得自宗教建筑,环形的流线围绕着庙宇中心的神龛进行,这样,平面就有些和密宗的"Yantra"[1]类似了。但尼赫鲁并不笃信宗教,建筑师必须重新解释这些因素,使之不要蒙上宗教色彩。由于印度儿童把尼赫鲁当作可亲的"大叔",因而他们在建筑第二层标高处,用长满青草的护坡围合起展览空间,使孩子们可以在护坡和通向屋顶的踏步上爬上爬下。

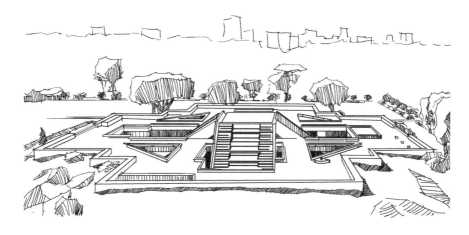

图 2-111 新德里尼赫鲁展览馆

印度建筑师将宗教体验融入设计之中,充分体现了亚洲人的空间观念:空间不仅是物理性的概念,而且是富有诗意和精神的宇宙。正如多西所言:"……建筑既不属纯粹的物质现象或理性现象,也不属纯粹的精神现象,而是三者的合理综合……设计要以建筑中的精神因素为核心,而物质及智力因素是围绕精神因素而发展的。"[2]从古至今,印度建筑师对建筑体验的理解独树一帜,达到了至高境界。

艾哈迈达巴德侯赛因-多西画廊(Husain-Doshi Gufa,1995,图2-112)是多西为其好友马可布勒·菲达·侯赛因[3](Maqbool Fida Husain)设计的展示空间。作品与多西以往的建筑表达背道而驰,它利用建筑语汇的抽象转译表达叙事意图[4]。鼓起的壳体结构类似于印度湿婆(Shiva)神龛的穹顶,半圆形的形态让人联想到印度佛教的窣堵坡,这在多西眼里是追求知识的象征,隐喻着光明之泉。碎瓷片的屋

---

① Yantra:[宗]具,印度教和佛教坐禅时所用的现形图案。
② B.V. 多西. 理想与现实之间[J]. 王宇慧, 译. 新建筑, 1991(3): 10-11.
③ 侯赛因是印度重要的当代艺术家, 也是孟买先锋艺术家团体(Bombay Progressive Artists'Group)的创始人之一。他的绘画糅合了印度传统风格与西方的立体主义, 常以鲜艳的色彩、大胆的构图与抽象的图形描绘远古神话、宗教与历史, 以及当今印度的城市与乡村生活。因其独特的创作, 侯赛因还被《福布斯》杂志誉为印度的毕加索。
④ DOSHI B V. Excerpts from an ongoing dialogue[J]. Elcroquis, 2011(157): 6-27.

面做法被延续下来,画廊埋在半地下空间中,通过围合的仪式性台阶入口缓缓进入洞穴状空间。室内支撑屋顶的柱列引发人们对传统神庙的联想,圆形孔洞的自然光线和暖色射灯共同照亮了侯赛因绘制在墙壁和顶部的艺术作品,如同原始的洞穴壁画,与建筑浑然天成。在设计后记"启示录"中,多西记述了来自毗湿奴神化身之一龟神的启示:形式、空间和结构融为一体,创造有生命力的建筑。这同时也是多西的建筑观念。

图 2-112 侯赛因 - 多西画廊

　　空间问题事务所(Space Matters)设计的庙宇空间(Barmer Temple, 2016, 图 2-113)采用一定的构造手法叠层石片,将原本坚固厚重的石体轻盈通透化,使自然光从新的界面渗透进入寺庙。外部石体会随着夜幕而逐渐消解,并在沙丘中转化成一盏具有象征意义的精致灯塔。这种实与虚的二元对立变化模糊了庙宇空间的自身存在而强化了神性空间的心灵体验,不断引发受众触觉和视觉的情感共鸣。

　　观者在感知一系列被建筑师精心营造的空间后,更容易产生难忘的心灵感受。空间的构思、布局以至细部处理均根据空间的情感体验而变化。序列式的叙事手法使空间获得了在印度神庙中才能感受到的神圣感,并具有超越个人和行为的深远意义[1]。这种地域性的空间叙事使印度现代建筑产生了永恒的形式和纯粹的内在品质。

　　当代印度建筑师对时间和空间进行更深层的思考,以发展的眼光看待设计,并规避现代主义的教条。他们重新关注美学和象征性标准,认为建筑师不必信奉某一特定风格,也没有必要受制于传统,而要直接反映当前社会[2]。他们是印度建筑未来的希望,是国家建筑发展方向的决定者。新时代当有"新印度式"建筑来丰富世界现代建筑体系,在不同中表现地域,在相同中寻求和谐(图 2-114)。

① B. V. 多西. 从观念到现实 [J]. 谷敬鹏, 译. 建筑学报, 2000 (11): 59-62.
② 向东红. 印度的近现代建筑发展历程 [J]. 中国建设信息化, 2005 (16): 58-60.

图 2-113 庙宇空间

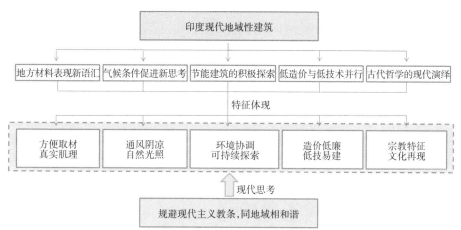

图 2-114 印度现代地域性建筑

第三章　文化趋同与亚洲建筑师应对策略

第一节　全球化的文化含义与文化效应

一、全球化的文化含义

一般认为,全球化(Globalization)是指人类的社会、经济、科技和文化等各个层面,突破彼此分割的多中心状态,走向世界范围同步化和一体化的过程。

全球化是人类社会的经济基础和生产方式发展到一定历史阶段的产物。早在19世纪,马克思和恩格斯就指出:"资产阶级,由于开拓了世界市场,使一切国家的生产和消费都成为世界性的了。……过去那种地方的和民族的自给自足和闭关自守状态,被各民族的各方面的互相往来和各方面的互相依赖所代替了。物质生产是如此,精神生产也是如此。各民族的精神产品成了公共的财产。"[1]

全球化趋势的源起时间是学术界长期争论的一个问题。不同学者从不同的角度对全球化的兴起做了不同的界定。全球化的起点到底应从何时算起?中国哲学家、社会学家李慎之认为,可将1492年哥伦布发现新大陆视作全球化的开始,从此不同的国家、民族随着人类交通与通信能力的进步,在经济和文化方面进行频繁交流与互渗。新加坡建筑师林少伟则以资本主义经济在全球大肆扩张为全球化的起点,并将全球化的兴起界定在20世纪70年代。

不论全球化源于何时,一个不容回避的事实是,置身于全球化的大环境中,全球意识已成为社会各领域发展的一个共同取向。全球化问题与人们的日常生活息息相关,它触及包括观念在内的社会各个层面。与社会的政治、经济、文化密切相关的建筑领域自然也在其影响之下。

全球化是人类社会发展到一定历史阶段的产物,它的含义也极其广泛。在建筑方面,建筑技术的通用与全球共享、风格趋同与特色消失、设计思潮的世界同步等都是其典型特征。从历史发展来看,现代建筑的诞生是建筑全球化现象的肇始,而"国际风格"的流行,可谓建筑全球化某一历史过程的一个特殊产物(表3-1)。

---

[1] 马克思,恩格斯. 共产党宣言 [M]. 中共中央马克思恩格斯列宁斯大林著作编译局,译. 北京:人民文学出版社,1997:31.

表3-1 建筑领域的全球化进程

全球化进程	第一阶段	第二阶段	第三阶段	第四阶段
起止时间	19世纪中叶—20世纪30年代	20世纪40年代—60年代	20世纪70年代—80年代	20世纪90年代以后
文化特征	现代建筑文化建立	国际性建筑文化泛滥	均质建筑文化多元裂解	建筑文化有机重构

二、对全球化的相关看法

面对全球化的挑战,首先应该弄清三个问题:全球化有哪些文化特征?全球化和西方化是一种什么关系?它对本土性建筑文化又有哪些影响?

目前,在全球化对文化的影响这一问题上,存在着几种看法,见表3-2。

表3-2 对全球化的相关看法

看法	内容	角度
时域性消失论	文化的地域性随空间和时间的变迁而消失	注意到全球化的功能特性和产生原因,着重强调全球化的内涵
西方文化扩张论	西方文化全球扩张导致标准化的商业文化出现,从而威胁世界文化的丰富多样性	从政治和文化冲突角度看待全球化问题
非西方文化崛起论	第一阶段将强化民族意识,回归传统趋势;第二阶段将提升经济、政治水平,增强民族自信	注意到全球化进程的各阶段特征,辩证地论述了文化冲突中弱势文化的内在运行规律
全球化统一论	不同的建筑传统与文化形成不同的建筑词汇和表达方式	强调全球化与地域性的互补性,强调因地制宜

(一)时域性消失论

英国社会学家安东尼·吉登斯(Anthony Giddens)认为全球化伴随空间和时间的变迁,并将全球化定义为远距作用。他指出,这是一种人类感官经验在时间和空间上的远距影响,"全球化涉及在场和不在场的相互交织,涉及'远处的'社会事件和社会关系与本地的语境的交错"[①]。

在全球化趋势下,各地区的生活方式、文化内涵都面临极大挑战,文化的地域性极容易随之消失,甚至因缺乏历史感和场所感趋于同质化。这种地域性消失的现象被认为是无可避免的现代性文化扩张。

(二)西方文化扩张论

全球化曾被认为是西方文化全球扩张的代名词。全球化将导致一种标准化的商业文化出现,从而威胁世界文化的丰富性和多样性。在全球化的过程中,西

① 转引自周宪.文化表征与文化研究 [M].上海:上海人民出版社,2015:222.

方的消费式、碎片式、无中心等文化弊病将影响到发展中国家的传统文化形态。这种影响是通过跨国资本主义和经济、文化上的"后殖民关系"实现的。

（三）非西方文化崛起论

有些观点认为，全球化将诱发非西方文化的崛起。全球化环境使民族间的互动日益频繁，必然会强化各国的民族意识，从而导致各国民众自发产生探索回归传统的想法。非西方国家在全球化进程中，可以接收西方的物质和技术层面的东西，但这绝不会改变他们的文化特性。西方文化的扩张是全球化的第一阶段。在全球化的第二阶段，随着发展中国家在现代化进程中经济和政治的不断强大，其民族的自信心也会不断增强，西方文化的特权将不断丧失。

（四）全球化统一论

从当代建筑文化的发展历程可以看到，全球化是单一化与多样化的统一。在建筑中主要表现为推崇"技术至上"和"建筑行为商品化"等趋势。同时，在后现代建筑语言的影响下，由于不同国家的建筑传统与文化所具有的特殊性，建筑师所使用的建筑词汇和表达方式不尽相同，分别呈现出各自文化的特殊性和多样性，即或多或少带有所在地域的特征。在文化领域，强调地方性的浪潮伴随着全球化而高涨，而不是消退。"全球-地域建筑论"（Glocal Architecture①）这一专门术语表明，某一地域的建筑应当既是全球的建筑也是具备地方特色的新建筑，强调全球化与地域性的互补性。全球化也是国际化和本土化的统一。国际准则的本土化过程要求建筑师因地制宜，去粗存精。

三、全球化的双重效应

"全球化的现象，既是人类的一大进步，又起了某种微妙的破坏作用。……这种单一的世界文明同时正在对创缔了过去伟大文明的文化资源起着消耗和磨蚀作用。"② 全球化对地域和民族文化是一个极大的挑战，同时也给人类社会的发展提供良好的契机。从经济发展角度看，全球化使世界资源实现了最佳配置，实现了在最有利的条件下生产、在最有利的条件下销售的目的。从科技进步角度看，全球化使科技成果成为人类的共同财富，推动科学技术向前发展。从文化发展角度看，全球化使各国的文化遗产成为全人类的共同财富，使跨文化交流日益广泛，从而促使建筑文化不断向前发展。

由于建筑师的积极应对，在建筑出现文化趋同的同时，建筑的地域与民族文化也日益得到人们的重视，"欧洲文化中心论"日渐式微，"多元文化论"得到各国人民的普遍赞赏，从而使当今的建筑文化发展表现出趋同与裂解并存的态势，新地域、新乡土、新理性……各种主义频繁出现，建筑师不断发展新的建筑形式，从

---

① 在 Glocal Architecture 中 glo 是 globe 的缩写，指全球；cal 是 local 的缩写，指地方。
② 肯尼思·弗兰姆普敦. 现代建筑：一部批判的历史 [M]. 原山，等译. 北京：中国建筑工业出版社，1988：329.

而使当今的建筑文化更加多元。亚洲国家经济的飞速发展,为亚洲国家重新树立民族自信心、在建筑中探索民族文化提供了良好的社会基础。独特的地理环境、悠久的历史文化以及全球化的环境,给当代亚洲建筑师的建筑创作创建了新的机遇,并提出了新的挑战。

随着"国际风格"的广泛流传,建筑的全球化进程与传统建筑文化的对立相应产生。从那时起,建筑文化的地域性与民族性日渐消失的现象,就曾引起人们的关注。用传统文化的复兴来反对文化趋同,这是许多具有悠久历史文化的国度中建筑师的本能反应。

在当今世界,全球化对建筑的影响越来越大,传统文化和城市特色消失等问题愈加突出。随着文化的产生与传播对技术日益依赖,建筑逐步蜕变为一种技术性的产品与附属品。同时,现代经济对广告的依附,也使建筑变成一种广告信息媒体,并加速了"建筑商品全球化"的趋势,促使建筑风格频繁更新,这些都直接影响到了建筑的发展,是需要建筑师认真思考的新课题。

面对文化趋同和传统文化日渐消失的文化危机,建筑师认真反思技术非人性的问题,提出了保护历史文化遗产、尊重地域和民族文化以及强调城市文脉的设计观念。20世纪70年代以后,这种倾向变得愈加明显。例如,《马丘比丘宪章》指出:"不仅要保护和维护好城市的历史遗址和古迹,而且要继承一般的文化传统。"在国际建协第十四次会议上通过的《华沙宣言》提出"一切对塑造社会面貌和民族特征有重大意义的东西,必须保护起来"的口号。

20世纪80年代后期,联合国教科文组织倡导举办"世界文化发展十年"活动,得到国际建协的响应,并把"建筑与文化"作为1989年"世界建筑节"的主题。1990年国际建协第十七次大会的主题为"文化与技术",大会通过的《蒙特利尔宣言》明确指出"建筑是文化的表现,它反映了一个社会的形象",强调"建筑师的历史任务和基本任务是促使环境中文化、技术、象征和经济因素的综合"。所有这些,都促使人们重视建筑与文化的关系,把发展人类文化作为建筑创作的中心任务。

对中国来说,随着改革开放的日益深入,建筑的发展也进入了一个开放和互动的阶段。因此,我们有必要在全球化的背景下,拓宽视野,站在人类文化的高度来讨论中国建筑的发展问题。作为一个发展中国家,全球化对中国建筑来说既是挑战,同时也是良好的契机。从经济发展的角度来看,全球化为发展中国家的经济腾飞提供了前所未有的大好时机。经济的全球化产生了国际分工合作、产业转移、资本和技术的流动,有效地缓解了发展中国家资金、技术等生产要素不足的压力,而这些国家利用后发优势,迅速实现了产业的演进和经济结构的调整(图3-1)。从技术进步的角度来看,全球化使科学技术成为人类的共同资源,使发展中国家能大量引进并充分吸收国外的先进技术,从而迅速缩短与发达国家的差距。从历史发展的角度来看,凡成功实现技术和经济现代化的后起国家,无一不重视对国外先进技术的引进与吸收,在这一方面,日本、韩国就是典型的例证。

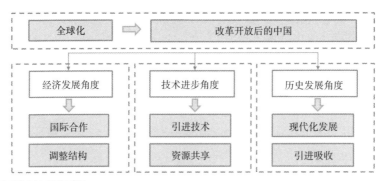

图 3-1 全球化对中国的影响

全球化无疑会对本土文化产生冲击。在全球化环境中,本土文化面临着如何维护地域性与民族性这两个重要问题。地域、民族文化在一定条件下可以转化为国际文化,国际文化也可以被吸收、融合为新的地域与民族文化。在当今世界,建筑文化的发展和进步,既包含前者向后者的转化,也包含后者对前者的吸收与融合,这二者既对立又统一,相互补充,共同发展。不可否认,优秀的地域性建筑文化在适应当地气候、维护生态环境平衡、体现可持续发展战略等方面,均有自身的优点。同时,它具有强大的社会凝聚力,在促进社会的稳定与人际关系和谐中发挥重要的作用。因此,应当大力保护地域性建筑文化,使本土建筑文化具有鲜明的地域特色。

地域性建筑文化也存在发展和更新的问题。随着全球意识的兴起,摒弃封闭落后的功能模式,变革与现代生活方式不相适应的部分,大力改造地域性技术与现代施工方式相矛盾的状况,努力寻求地域文化与全球意识的结合点,把人类优秀的传统文化融入现代建筑文化之中,才是建筑师所要解决的首要问题。

建筑文化的民族性,是人们长期关注的问题。中国建筑师一直对文化的异化与趋同问题保持着高度的警惕。20世纪的三次传统复兴就能够说明这个问题。从20世纪30年代起,中国就已经打响了反对建筑文化趋同现象的前卫战。然而,在全球化的信息社会中,随着经济、技术等的一体化,要想保持本土文化的纯洁性已愈来愈不可能。在当今社会,跨文化交流愈来愈频繁,因此必须辩证地看待建筑文化的民族性问题。

如果说工业时代人们的科学思维模式侧重于"分析",那么,随着人类社会跨入信息时代,人们的科学思维模式已逐步从"分析"转向了"综合"。工业时代的文化价值观表现为人类与自然、传统与现代、国际性与地域性等的二元对立;在全球化的信息时代,文化价值观已超越二元对立,表现出多边互补特性。因此,国际、地域、民族文化将互融共生。

在全球化环境中,一些优秀的民族文化,突破了地域限制,不断转化为国际文化;同样,国际文化和其他外来的民族文化也不断被吸收、融合为新的本土的民族文化。从建筑发展的角度来看,跨文化交流无疑是发展建筑文化的重要手段,这是因为各地区、各民族的文化均有自身的优势和特色,本土文化只有进行广泛的对外交流吸收,才能保持青春与活力。从历史上看,几次外来文化的交流促进了中国建筑的丰富与发展,因此今天更有必要发展跨文化的交流。在东西方文化交融中创造国际性建筑,即创造带有中国或东方特色的国际性建筑,使中国传统与现代的建筑文化,更多地成为国际性建筑文化,让21世纪"文化趋同"的重心,向东方文化和亚洲特色转移。

第二节　文化危机与建筑师的观念变革

一、文化趋同中传统复兴意识

建筑文化的民族性,是许多亚洲国家建筑师长期以来一直关注的问题。用传统建筑文化的复兴来应对文化趋同的挑战,是这些国家建筑师对建筑全球化现象的本能反应。

现代建筑是西方技术与文化的产物。对于现代建筑的输入,亚洲建筑师最初的抵制心理反映了一种强烈的民族意识。这种现象可以从亚洲许多国家的近现代建筑发展史中得到解释。这些国家外来建筑文化的输入,往往不是其对西方技术和文化主动吸收的结果,而是外国势力以文化侵略方式进行的,带有强烈的殖民色彩。

20世纪20—30年代,伴随大量西洋古典与折中式建筑的兴建,现代建筑作为一种外来式样首先被引入中国,并理所当然地被认为是西方文化扩张的工具。因此,用传统文化的复兴来反对自身文化的解体,就成为中国建筑师的自觉行动。20世纪40年代末、50年代初,当亚洲国家和民族纷纷独立以后,伴随着文化寻根,用民族风格来表达国家的身份与地位,成为当时建筑创作的时尚。

但是,由于现代建造材料、技术和方式的改变,传统建筑文化已有了更多的表现方式,但对这些表现方式的探索始终伴随着与现代生活方式的冲突与对立。20世纪50—60年代尽管建筑师一再努力,但民族风格的建筑并未得到广泛的认同,而现代建筑由于它所具有的突出优点,迅速成为亚洲建筑创作的主流,西方的建筑与城市发展模式在亚洲占据了主导地位。然而,在现代主义起伏的浪潮中,人们还是可以看到传统复兴意识奋力抗争的波澜。20世纪70—80年代,面对新的文化趋同的挑战,许多亚洲建筑师运用各种设计手法,使民族性建筑文化得到进一步的延续与发展。

亚洲国家大多数是在第二次世界大战后独立的,这些新独立的国家分属美国阵营和苏联阵营,它们同时把各自阵营中特有的"国际样式"建筑引进自己的国家。在汉城、西贡、马尼拉、曼谷等地引进的是美国的"国际样式",这些地方到处充斥着白色的方盒子;而来自苏联的建筑师则在平壤、北京、河内、乌兰巴托指导建设"社会主义现实主义建筑"①。

然而,随着自主意识的增强,民族意识的觉醒,亚洲国家要求体现民族传统和文化的呼声日益高涨。20世纪50年代中期,中国和日本都展开了对传统的讨论。中国提出"社会主义内容、民族形式"的口号,在建筑上直接表现为注重形式,推崇传统。宫殿式建筑表达出新政权建立之后的民族自豪感和正统感。也有建筑师把眼光投向民间传统地域性建筑,在不同地域的民居建筑形式之中寻求民族形式的灵感。地域性建筑的民族形式探讨具有开创性,是有显著成就的领域之一。在日本,丹下健三创造了融合西方现代主义建筑与日本地方要素的"传统"建筑。这一时期,建筑师建立特有的民族可识别性的努力,已经明显表现出向地域性建筑发展的趋势。

长期以来,许多发展中国家的建筑师都关注本民族文化的特性,不断创造出更多可信的地域语言。国家的民族独立运动给予其探索的动力,他们从殖民时期开始到二战后持续寻求本国政治和文化的根。

二、现代建筑文化本土化倾向

20世纪60年代以后,建筑师逐渐认识到,各种文化均有自己独特的价值,西方模式并非普遍适用的万能工具,因而"国际风格"无视地域、民族和文化不同的做法受到抵制,"文化共生"的观念得到赞赏。在这种情况下,建筑文化的地域性与民族性又成为建筑师思考的问题。

在亚洲,建筑的全球化导致亚洲许多城市失去场所感与文化特色,建筑师逐渐认识到,现代建筑的设计方法在与西方文化和经济存在巨大差距的国家并不完全适用,迅速发展的城市化要求亚洲具有有自身特色的城市与建筑文化。这一切促使亚洲建筑师重新探索建筑形式的决定因素,思考城市的发展模式(表3-3)。

20世纪70年代世界性的能源危机,增强了建筑师的资源保护意识,建筑结合自然的概念重新得到重视。以此为契机,建筑的地方性再度得到肯定,在建筑创作中,地方性资源、传统的环境控制技术成为人们积极运用的对象。

20世纪80年代以来,亚洲建筑师的创作重心逐渐向地域主义偏移,相对于其他因素而言,阳光、温度等气候条件以及地形、地质、地貌等环境要素相对稳定,是当代人生活中仍需解决的实际问题,它们对建筑的单体、群体、城市形象等起到至关重要的作用。过去,这些要素在传统建筑文化中留下了深厚的积淀;在当代,它们仍是建筑文化中最具特色的成分。面对全球化的挑战,回归本土,表现地域文化特色,以强调自身身份的认同,恢复场所精神和城市记忆,使城市和建筑保持地

① 村松伸. 亚洲战后的建筑与未来 [J]. 李江, 译. 建筑学报, 1999 (4): 46.

表3-3 现代建筑文化本土化倾向

时期	建筑地域性探索
20世纪60年代	认识到西方模式并非普遍适用,重新探索适合当地的建筑形式
20世纪70年代	能源危机使保护意识增强,重视建筑结合自然,肯定建筑的地方性
20世纪80年代	偏向地域主义,关注环境要素;选择性吸收各文化,设计手法多样
20世纪90年代	适应气候与文化,不仅在形式上,还在构造、技术等方面进行综合考虑
21世纪	探索更加多样化的手段,利用先进技术,对建筑艺术元素进行再诠释和再创造

域、乡土与文化的魅力,就成为亚洲建筑师积极应对文化趋同的重要手段。

在创作中,亚洲建筑师对西方技术和本地区、本民族的传统文化,均采取选择性吸收的态度,他们立足本地区的地理环境、气候特点进行建筑设计;同时,摒弃无场所感的环境塑造方式,借助地方材料和吸收当地技术,表达地域文化的内涵,以缓和国际文化的冲击,表现了一种新的应对姿态。对于建筑师来说,他们在遵循这些原则的同时,采用了不同的设计手法。

印度建筑师利用现代技术,从传统建筑中寻求灵感,通过对环境的塑造、传统建筑形式的借鉴以及地方材料的利用等方面体现地域特色。其作品中表现出对气候和地方文化的关注,以及在空间组织中体现运动变化和光影效果。为了表达"传统文化中的深层结构",柯里亚尝试用新建筑语言诠释曼陀罗图式,例如斋浦尔艺术中心和博帕尔中央邦议会大厦。里瓦尔设计的印度国会图书馆(Library for the India Parliament,2003,图3-2)回溯了这个理念,平面按照类似曼陀罗图形所蕴含的宇宙观图解(Cosmogram)进行设计,尝试打破曼陀罗向心统一的规则。图解中的七个"实体"(Existing Planet)和一个"虚幻"(Imaginary Planet)围绕"能量之源"中心布置[①]。简洁形式主导下的建筑平面高度抽象了宇宙观的内在反映。

1990年,柯里亚被授予国际建筑师协会金奖,评委会评价他的建筑"高度体现了当地历史文脉和文化环境"。他在印度国立工艺博物馆(1991,图3-3)的设计中,利用内部街道和庭院来组织序列空间,民居尺度的展览单元,无论是空间布局、细部塑造,还是收藏的民间艺术品,均表现了浓郁的地域特色。里瓦尔在设计中巧妙地将适应印度热带气候的立面形式与现代结构相结合,认为建筑设计在传统与现代准则上绝非形式而已,例如新德里国际贸易博览会综合展厅(Hall of Nations,1972—2017,图3-4)的设计。新德里亚运村(1982,图3-5)的设计阐明了一种以空间连续性为基础的住宅组团规划理念。它基于印度传统住宅空间的灵活布局,将住宅、院落、街道、广场组织起来。建筑群体空间丰富多彩、亲切生动,为居民提供

---

① GAST K P.Modern traditions: contemporary architecture in India[M].Germany: Brikhauser,2007: 29.

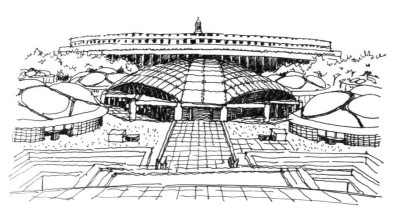

图 3-2 印度国会图书馆

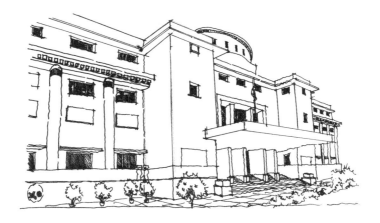

图 3-3 印度国立工艺博物馆

图 3-4 新德里国际贸易博览会综合展厅

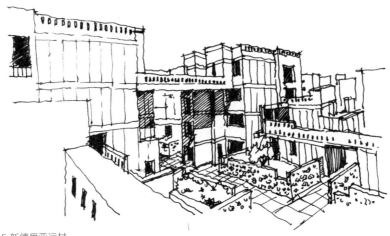

图 3-5 新德里亚运村

了密切交往的场所,并使人们产生环境的归属感和参与意识。

　　建筑师阿什沙·根贾(M. N. Ashish Ganju)认为"当代建筑师只能从乡村中产生"。印度有82％的农村人口,他们有自建住宅的传统,地区主义必然意味着参照乡村住宅。贝克更详尽地解释了乡村建筑的实践。"在喀拉拉邦,良好的上卷屋顶及穿孔式窗子的模式很少变化,经验主义的推理用最有限的手段同时适应了气候和文化的模式,对付野兽和强盗,满足当地的需要。……我通过观察普通人的行为来认识建筑,在任何情况下,总是最经济、最简单的。"受甘地服务大众的精神影响,贝克在印度创作出一些风格迥异的低造价砖砌建筑,例如蒂鲁瓦拉(Tiruvalla)的圣约翰小礼拜堂(1973,图3-6)、特里凡得琅(Trivandrum)的发展研究中心(1975,图3-7)等。贝克的探索受到当地建筑行业的广泛重视,也引起了柯里亚、多西等建筑师的兴趣①。

图 3-6 蒂鲁瓦拉的圣约翰小礼拜堂

① 王毅. 香积四海: 印度建筑的传统特征及其现代之路 [J]. 世界建筑, 1990（6）: 15-21.

图 3-7 特里凡得琅的发展研究中心

　　如今,先进技术的发展促使印度的当代建筑师积极探索现代建筑继承传统的新方法。新德里安尼格莱姆建筑师事务所(Anagram Architects)为南亚人权文献中心(South Asian Human Right Documentation,2005,图 3-8)设计了一座办公楼,在其立面设计中采用一种螺旋式的砖砌构造,通过标准尺寸的砖不断重复组合出不同样式,水平方向和垂直方向上的砖块互相重叠,加固了整个结构,在空隙处加入混凝土细柱,保证了建筑的稳定性。在引入自然光和新鲜空气的同时,让人联想到印度传统建筑中精致的花格窗。这两种造型方式在强烈的阳光照射下,都为室内空间营造了迷离而梦幻的光影效果。

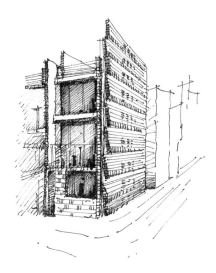

图 3-8 南亚人权文献中心

　　建筑师对地域艺术元素的再诠释和再创造,可以有效激发受众对地域性的向往和尊崇。印度阿克姆咨询公司(Archohm Consults)事务所在红拱螺旋市场(Avadh

Shilpgram，2016，图3-9)的设计中，将建筑作为主要面向当地工匠和艺术家的展示平台，着力于如何能高度契合地域艺术要素，并试图重现传统建筑环境中的心灵感受，以满足人们的精神需求。建筑师从印度古老集市中获取灵感，使建筑总平面布局以螺旋形展开，象征宇宙运行规律的永恒性。随着游览路径不断深入，被精心营造的空间场所逐渐展现在观者面前，不断激发观者心灵与空间形式的微妙联系，带给观者无尽的游览观感。被看作对鲁米之门(Roomi Darwaza)的当代诠释的折叠半拱形围廊，造型比例经过了严格推敲，赋予了红拱螺旋市场神圣之感，表达出其威严、注重细节和对历史的关注。

图 3-9 红拱螺旋市场

印度的现代建筑发展对发展中国家也有所启迪。西方模式不适应地方的气候与文化，会使建筑给人以陌生与疏远之感。而肤浅地模仿地方传统亦非良策，这样做既不能更新传统之内涵，也不能适应今日之要求。在新与旧、地区与国际之间应该努力寻求综合。建筑师的工作应该富有挑战性，因为它不仅要面临光辉的历史的考验，也将面临未来的考验[1]。

20世纪60—70年代，由于中国在联合国合法席位的恢复以及同中国建交的国家的日益增多，外事需要的建筑类型得到重视和发展。负担"国际主义义务"的中国"援外"活动为建筑创作在国外提供了一个独特的空间，这里的建筑不仅成为一个面向世界的展示窗口，并且在一定程度上代表了该时期中国建筑设计的高水平。斯里兰卡国际会议大厦(1964—1973，图3-10)的初步方案是由中国建筑师戴念慈提出的，他吸取了该国康提古都传统建筑形式的特点，这里的建筑将会议大厅设计成八角形平面，40根大理石柱支撑着向上倾斜的八角形屋盖，正门入口以传统雕刻艺术形式表现。舒展的屋盖、有韵律的柱廊和精美的金属柱头，呈现出优美的形象。

被誉为"斯里兰卡之光"的建筑师杰弗里·巴瓦(Geoffrey Bawa)是2001年阿卡·汗建筑奖终身成就大奖的获得者。巴瓦的作品深深扎根于本土的传统语汇中，

---

[1] J.R. 巴拉. 变化中的亚洲城市与建筑 [J]. 杨志中，译. 世界建筑，1990 (6)：57-59.

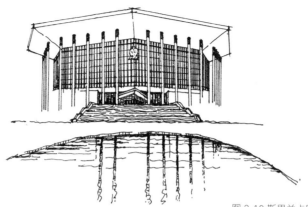

图 3-10 斯里兰卡国际会议大厦

注重气候环境,反映传统文化,重视地形和植物对建筑设计的影响。坎达拉玛遗产酒店(Heritance Kandalama, 1999, 图3-11)是巴瓦的成名作,酒店建在古老的坎达拉玛大水库上方的裸露岩石上。建筑外立面覆盖着绿色植物,走在其中如同置身雨林。游客从西面几千米远的丹布勒(Dambulla)出发,穿过巨大的山峰,再通过一段长斜坡来到位于山脊顶端犹如山洞的酒店入口。洞穴般的走廊将入口和接待大厅连接起来,接待大厅面向水库和远方的狮子岩,客房蜿蜒于悬崖之上。粗犷裸露的混凝土结构和平屋面结构框架外部为木制遮阳板,一层植被覆盖着建筑外立面。平屋顶被改造成花园,而一侧开敞的走廊则蜿蜒在峭壁表面。公共空间部分选用的材料与岩石裸露的宽敞空间相得益彰。

图 3-11 坎达拉玛遗产酒店

三、摒弃二元对立的思维模式

世纪交替之际,随着经济、科技、信息等的全球化进程不断加快,更多的亚洲建筑师努力利用全球化带来的有利方面,同时克服其不利因素,进而在建筑的创作实践中,不断地超越二元对立观念,在跨文化交融中创造新建筑文化。

随着时代发展,亚洲许多国家在国际上的经济和政治地位都有了很大的提升,昔日让建筑文化充当政治角色的做法已逐渐为大多数建筑师所摒弃,他们转而更多地从文化发展的角度来讨论建筑的民族性问题。

在全球化环境中,信息传播技术和交通工具的日益进步,导致地域界线不断模糊,也使传统的文化隔离机制的作用日益减弱,从而使任何一个国家的建筑文化发展都需要突破封闭自律阶段的限制,而受到各种外部的影响。大众传播媒介的应用和跨国经济的影响,使文化交流日益广泛;人类的共同利益,促使全球性共同意识产生。这些都促使全球性文化涵盖更多方面。因此,固守封闭、僵化的民族意识已不可能。

同时,在全球经济一体化、全球信息网络化的环境中,人们纷纷发现,将"传统与现代""本土的与外来的""地域性与国际性"截然分开的二元对立思维方法已经过时,在许多场合,它们相互融合、相得益彰,共同满足了人们多元的审美要求和多样化的功能需要。这一切都使建筑师认识到,完全西化与纯粹的本土化已不适应现实世界的需求,在信息社会中,地域性与国际性并不完全是二元对立的,还可以是"多元互补"的,它们共同在全球化的环境中重构多元共存的民族建筑文化。

因此,在全球化环境中,要发展民族建筑文化,就意味着要打破狭隘的民族主义观念和封闭保守的文化观念,在树立全球意识、努力吸收全人类文化精华的过程中,在利用当代科学技术以及发掘本民族传统文化精华的基础上,创造新的民族文化,因循守旧和不思变革的观念都无法适应时代的要求。随着认识的深入,许多亚洲建筑师正以多元整合的方法,突破二元对立这一传统思维的局限,并以跨文化交融的方式试图把多种要素组合在一起,尝试创造出满足多元审美要求的建筑形式。它既表现出国际性,又带有地域性和民族性的特征。

随着计算机技术和先进信息媒介的出现,人们可以很快了解新的价值观,新生活方式也在不断产生。文化迅速发展的现象产生了许多新的可能性,同时也带来了令人不安的后果。当代世界文化包罗万象,需要人们更好地理解传统和现代的关系。在亚洲,人们过去常常崇尚西方文化,实际上当代文化时刻都在发展,时刻都会从世界各地吸纳新的内容。因此,各文化在交流中会发生冲突。东西文化的矛盾被越来越广泛地讨论。这里必须指出,矛盾的存在并非源于历史,而源于人们对不同文化及当代社会的世界文化持有的不同态度。

因此,亚洲必须在当代发展中找到既适合于东方文化、价值观及生活方式又能够切入世界文化的方法。摒弃二元对立的思维模式如图3-12所示。

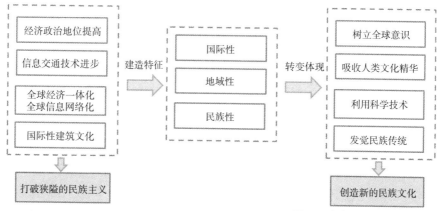

图 3-12 摒弃二元对立的思维模式

四、多元裂解的初始应对策略

亚洲许多国家都有着丰富的建筑文化传统。近代的殖民统治,使这些文化发展的固有秩序受到严重干扰,文化的构成也变得更加复杂和多元。20世纪中叶,亚洲许多国家摆脱了长期的殖民统治相继独立,从而也使其建筑发展步入一个新的历史时期。然而,经济和科技上的相对落后状况,又使它们的建筑创作经历了曲折的发展道路。在独立之初,它们曾用模式化的民族形式盲目地表现自己,到20世纪60年代,又在建筑风格方面粗浅地模仿国际性建筑风格,从而使地域和民族文化特色日渐消失。

随着亚洲的经济步入快速增长阶段,如何发展地域与民族建筑文化这个问题就愈来愈成为这些国家的建筑师必须回答的一个重要问题。尤其是在全球化的环境下,亚洲建筑师不能不对文化趋同的现象给予更多的关注。

面对文化趋同的现象,在后现代文化观念影响下,亚洲建筑领域出现了与之相对抗的多元主义创作倾向,多元裂解成为亚洲建筑师应对文化趋同的一种初始策略。

从20世纪70年代到80年代中前期,亚洲建筑文化表现出多元裂解的特点——由高雅的精英文化,分解为雅俗并存、"精英-大众"共存的混合文化;由单一的均质文化,分解为"国际-地域"共存的多元文化;从单纯的技术文化,转化为混血的"技术-媒体"文化;从三维时空立体式文化,走向平面式文化。

从精英文化走向大众文化,是指20世纪70年代以来出现的建筑文化俚俗化的现象——摒弃世界大同的文化模式,崇尚多元主义的文化观念;打破功能对形式的制约关系,强调表面附加装饰;超越以纯洁和清晰为基本追求的机器美学范式,讲究建筑空间的含糊与复杂;用夸张、滑稽的手法取代和谐、统一的造型技巧等。

从均质文化向地域文化的转化,是多元裂解中的另一种文化倾向。20世纪70年代以来,建筑强调地域、民族性的创作观念不断得到强化,亚洲建筑师纷纷摒弃无场所感的环境塑造方式,充分考虑地域文化特点,运用地方材料和技术,立足于地理气候和环境的特点进行建筑设计,以缓和全球性文明的冲击,从而产生"文化和文明的相互作用"以及"全球性的技术和地方文化价值的抗衡"的局面。

从技术文化到"技术-媒体"文化的转变,是多元裂解中的又一种文化倾向。以工业化生产手段、标准化构件和功能表现为代表的技术文化,已被更为复杂的"技术-媒体"文化所取代。在这里,技术已不单纯是一种生产手段,而更重要的是作为广告媒体的表现手段被运用。建筑师在结构与设备、动线和流程、质感与光影的美学塑造中,创作出前所未有的信息媒体效果;将构件外露、极度的重复和光亮技术作为一种美学手段而滥用,这又表现出对技术理性目标的偏离。

从三维时空立体式文化走向平面式文化,也是多元裂解中的一种文化倾向。机器美学所追求的是形式与内容、外部与内部、整体与局部、中心与边缘等的三维立体式统一。20世纪70年代以来,这种以技术理性为支撑的三维立体式的建筑文化,已被商业主义美学裂解为多元的文化碎片。例如,建筑哲学上,理性目的与手段的分离;建筑美学上,形式、内容与表现手段的冲突;在形体塑造上的反和谐统一。这些均体现了当代建筑中出现的无中心、无深度、平面式的建筑文化。20世纪70—80年代亚洲建筑文化多元裂解特点的表现如图3-13所示。

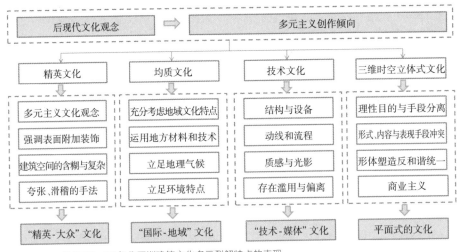

图 3-13 20 世纪 70—80 年代亚洲建筑文化多元裂解特点的表现

五、有机重构的建筑文化态势

多元价值观的兴起,使建筑文化的裂解成为一种时尚。然而,随着理论研究的深入,亚洲建筑师认识到,对均质文化的多元裂解并非最终目的,要使建筑文化得到发展,必须"重构"建筑文化的有机秩序。

此外,阻碍当代建筑文化发展的主要因素已经发生变化,如果说,20世纪60年代以前,对亚洲建筑文化的威胁来自国际性的均质文化;那么,20世纪80年代以后,这种威胁则来自商业主义影响下的媚俗文化,无中心、无深度、无地域特色、五花八门的"仿形文化",以及漠视一切理性规则的"反文化"。

因此,当代建筑师开始从关注建筑外观式样,转而重视建筑环境生态问题;从强调多元的裂解,转而追求有机综合;从用单纯的建筑学知识来处理狭义的建筑环境,转而自觉利用交叉科学观念来处理广义人类聚居问题。绿色建筑、生态建筑、智能建筑成为建筑师关注的新热点,与此同时,可持续发展的设计概念也在建筑领域悄然兴起。重构建筑文化的理性体系,成为跨世纪建筑文化发展的必然趋势。这种建筑文化的有机重构,主要表现在如下几个方面。

(一)建筑创作原点的有机重置

从关注建筑的形体塑造,到强调回归建筑的基本原理,这是当代建筑文化走向有机整合的一个标志。

《北京宪章》指出:"近百年来,建筑学术上,特别是风格、流派纷呈,莫衷一是,可以说这是舍本逐末。为今之计,宜回归基本原理,作本质上的概括,并随机应变,在新的条件下创造性地加以发展。"

"回归基本原理宜从关系建筑发展的若干基本问题、不同侧面……分别探讨;以此为出发点,着眼于汇'时间—空间—人间'为一体,有意识地探索建筑若干方面的科学时空观。"[1]

从20世纪80年代后期开始,亚洲建筑师逐渐从流派的纷争和商业主义的文化炒作中解脱出来,他们开始从把形体塑造作为建筑创作的原点,转向从聚居需求、区域文化、技术经济、环境和生态等基本原理出发,重置建筑创作的原点。在设计实践中,他们也从满足于建筑形体和风格的"多元并存",进而追求建筑空间与文化生活习俗等的更加契合,从地理气候、材料使用、能源节约等方面实现创作原点的"有机重置"。

(二)文化价值观的有机整合

长期以来,人们往往用带有强烈政治色彩的语气来讨论建筑文化的各种问题,并在"本土与外来""传统与现代""国际性与地域性"等方面表现出"二元对立"式的"冷战"思维。进入21世纪以来,亚洲建筑师重新审视已走过的百年足迹,他们以辩证的观念看待外来文化与本土文化的关系,公正地评价各种文化的优缺点,努力协调和解决国际性与地域性、民族性文化的关系问题,强调它们的共性与个性、普遍性与特殊性的统一关系;他们指出在未来的社会中,各种文化的关系不是相互排斥、相互取代的,而是优势互补、互融共生的。

建立多元的文化生态观念,是文化价值观有机整合的一个典型标志。正如吴良镛所指出的,"我们珍视全球-地区建筑这一现象的存在,并把它看作本世纪(20世纪)建筑发展过程中的一个带有规律性的现象;我们珍惜本世纪一切文化建树,

① 国际建协"北京宪章"(草案,提交1999年国际建协第20次大会讨论)[J].建筑学报,1999(6):5.

主张毫无偏见地集中全人类的智慧,从多方面探索新的道路;我们要像保护生物多样性那样保护地区文化的多样性,在自然资源相对短缺的条件下,充分保护、利用文化的多样性是人居环境建设的必由之路"[①]。这就表明,亚洲建筑师已认识到:在全球化的环境中,必须坚持优势互补的文化生态观,充分肯定地域和民族文化的价值,维护文化的多样性,才能有效地避免文化趋同,实现建筑文化的可持续发展。柯里亚设计的英国文化委员会办公楼(1992,图 3-14)的入口以英国艺术家霍华德·霍奇金(Hodgkin)创作的巨型壁画为装饰,其以白色迈赫赖纳大理石为底,以黑色库达帕哈石为镶嵌物,抽象表现一棵郁郁葱葱的大树之影,刻画出亚热带气候的特点,浓重的黑色给人视觉上带来极大的刺激。图案隐喻印度文化的多元,给人们一种皈依感。人们从主入口处沿着建筑轴线可以径直到达后花园。轴线上的三个节点暗示着三条宇宙的轴线:第一个节点注释了理性年代——镶嵌在大理石和花岗石墙中的 16 世纪的欧洲航海罗盘,象征了现代文明用科学进步创造的现代神话;第二个节点反映了伊斯兰的天堂花园;终点处的内部院落代表印度教,螺旋线形状象征着神秘的宇宙能源中心,墙上有印度传统的雕塑。

图 3-14 英国文化委员会办公楼

如此可见,"西方文化中心论"和"民族文化中心论"正被人们所摒弃,"多元文化互补"的观念正被人们所接收,这对保护、继承和发展传统建筑文化,进一步

① 吴良镛. 世纪之交展望建筑学的未来:国际建协第二十届世界建筑师大会主旨报告 [J]. 建筑学报,1999(8):6-12.

发展地域和民族建筑文化,避免和防止文化趋同,具有很大的现实意义。

工业革命以来,科学技术在西方得到长足的发展。在许多人眼中,"现代化"等同于西方化,他们将西方的思想体系、理论和哲学等视为具有"现代性"的观念体系,而将非西方国家的文化视为与现代性的定义不符的"另类文化"。随着西方科学技术的推广和运用,西方文化被视为"国际性"的文化。

在当今世界,随着发展中国家经济的振兴,如何理解"现代性"和"国际性"的含义,对探索各国的发展道路有着重要的意义。针对这一问题,一些发展中国家的建筑师重新审视"国际性"与"现代性"概念,努力理清传统文化与现代化的关系。

新加坡建筑师、原亚洲建协主席林少伟曾提出要重新理解"现代性"的含义,认为在当代文化中,应该有东方文化的一席之地,强调亚洲国家的现代化必须具有自身的传统文化特色。朱剑飞也撰文分析西方现代性观念,并分析了中国现代化的进程中意识形态的走向及其对建筑创作的影响,同时针对中国传统文化的特点,提出在东西方文化交融基础上探索新的现代化道路的设想。

(三)传统与创新的有机融合

"传统与创新"是建筑创作中的一个长期悬而未决的问题。如何看待传统建筑文化,如何在建筑创新中融入自身的文化特色,这是亚洲许多发展中国家面临的一个跨世纪课题。在经历了片面的"民族化"和"西式现代化"创作之后,当代亚洲建筑师努力探索"寓传统于现代"的建筑创新之路,力求把优秀的传统文化融入当代建筑文化之中。

印度建筑师柯里亚指出,在理解和应用传统时,不能忘记亚洲许多人的实际生活条件。他反对执迷于向后看,而提倡寓传统于现代之中。林少伟也辩证地强调:"传统价值观既可以提供力量和特色,也可能成为发展过程中接受今天更具启发性的价值观的阻碍。我们必须首先辨别并维护传统价值观积极的方面,才能将其吸收、转变并纳入迅速演进的价值体系中"[1]。

对待传统建筑文化,不但要重视静态的历史文物保护,而且必须要重视动态的传统文化更新和发展,重视跨文化交流,走"和而不同"的世界文化发展道路。进入21世纪之后,亚洲建筑师努力探索传统审美意识与现代审美观念、传统文化与现代生活方式、地方性技术与现代材料的结合途径,并取得了引人注目的创作成就。

(四)人与自然关系的有机平衡

20世纪末,人类在尝到了"无节制发展"的苦果之后,面对全球性环境恶化、生态与能源的危机,终于选择了可持续发展的道路。"可持续发展"作为使用频率最高的词语之一,频频出现在各种理论文章中,它表明环境与生态问题在世界范围内得到广泛关注。

随着"绿色革命"在世界范围的广泛开展,亚洲建筑师充分认识到人与自然和

① 林少伟. 当代乡土:一种多元化世界的建筑观 [J]. 单军,摘译. 世界建筑,1998 (1):64-66.

谐共处的重要性,认识到要将人类社会与自然界之间的平衡互动作为建筑与文化发展的基点。因此,他们综合当代建筑学和生态学方面的成果,积极创立绿色建筑的理论体系,尝试从生态学的角度来指导城市规划与优化建筑设计。他们不仅努力保持建筑与环境的协调,而且利用可以自然分解的环保型建筑材料,达到无污染无公害的目的,还利用太阳能与风能等自然资源,降低建筑的能耗与物耗,赋予建筑以生态学的文化内涵,从而提高整体环境效益,使人为环境与生态环境有机共生。

在资源与能源使用上,亚洲建筑师强调集约化的能源使用,发展高效的能源系统,充分利用日光资源和有效利用当地材料,提倡利用共生系统,使用耐久性强和可以循环使用的材料;在对待城镇与社区问题上,强调保护历史与传统,提倡公众参与,尊重地方性,在设计中采用与环境相协调的技术手段,保护当地的生态系统。

马来西亚建筑师杨经文从生物气候学的角度设计建筑,在满足人们对舒适生活的追求的基础上降低能耗,并在高层建筑设计中,于屋顶设置固定遮阳格片,进行表面绿化,设置凹入空间,创造良好的通风条件,并把交通核设置在东西侧以防房间日晒,通过运用多种节能方法,节省了40%的运转能耗,为建筑的可持续发展做出了有益的探索。他设计的IBM展示大楼,是体现“生物气候学”设计观念的佳作。

印度建筑师多西在桑珈建筑事务所的设计中,充分地考虑了气候因素。他利用半地下的建筑形式,抵御高温炎热的气候;采用圆拱形屋顶及白色瓷片贴面,减少日光照射带来的热量,并创作出引人注目的建筑形象。

中国建筑师崔恺的作品体现出其对建筑环境、基地条件以及工程做法的深入思索。在甘肃秦安大地湾史前遗址博物馆项目(2007,图3-15)中,他充分运用当地的传统材料。博物馆内的接待台和休息座椅用当地原木制作,内外墙面用当地土坯墙、草泥墙的原料砌成,屋顶的覆土和室外地面土取自周围环境中的种植土。这些原料的应用让建筑宛如从基地生长而出,阶梯状的建筑外形与室外逐级向上的土坎相互呼应,建筑与环境完美地融合在一起。

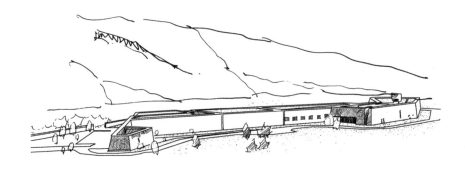

图 3-15 甘肃秦安大地湾史前遗址博物馆项目

（五）建筑艺术观的有机调整

建筑文化是城市与建筑的灵魂。建筑师努力探索未来生活方式对建筑的影响，积极迎接知识经济时代的挑战，构筑21世纪建筑的灵魂。建筑师布正伟指出"未来建筑需要真正意义上的文化品格"，他认为"未来建筑的创作质量，首先取决于我们对建筑文化内涵广度与深度的挖掘，然后才是完美体现文化内涵的表现形式与艺术风格问题"。21世纪建筑文化品格的特征包括"兼容性""适应性"和"开放性"三个方面。21世纪东方建筑创作必须努力发掘与展现物质文化内涵，发扬精神文化方面的优势，更多地展示传统艺术文化的辉煌成就。他将这些看作未来东方建筑创作的三大源泉。

信息社会高速发展，建筑不再只围绕某一特定风格。在多元文化的促进下，建筑艺术百花齐放，设计观念日益更新，呈现出多中心、非典型、无界限、重创新的欣欣向荣的发展景象。在复杂多变且带有矛盾性的关系中，建筑师的个性自由得以释放。不同城市的文化背景、环境资源、风土人情非但不会成为镣铐，反而启发建筑师在思维上不断调整，在手法上日益更新；促使他们尊重地域的独特性，重新赋予建筑以生命，以自由流畅的造型和富有表现力的形式重塑美与和谐的概念，让他们关注使用主体的真正需求，使建筑与人的身体、心灵和精神共融(图3-16)。

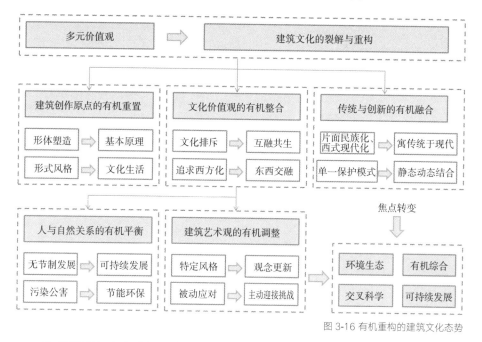

图 3-16 有机重构的建筑文化态势

从多元裂解走向有机重构，从被动应对到主动迎接挑战，这是全球化环境下当代亚洲建筑文化的发展趋势，也是迈进21世纪后，当代亚洲建筑师对地域性建筑的思考与应对。

第四章　文化交融与亚洲地域性建筑演进

世界范围内有关文化的传统建筑理论已经受到了以生态发展为核心的新发展模式的挑战。这种生态文化观包含了可持续发展的概念,主张牢固地扎根于以生态原则为基础的价值观中。这基于地域文化和外来文化的相互补充,暗示着一种全球多样的文化。在这里,各种文化处于平等的地位,不受其他文化的操纵。

第一节　不同文化背景中的地域性建筑理论

在全球化的背景下,东西方学者依据各自的实践经验,分别以"批判的地域主义"和"当代乡土主义"的概念,表达了对建筑全球化与地域性关系的认识,探讨了如何在全球化环境下发展地域性建筑。这两种具有代表性的地域发展观,反映了东西方建筑师基于全球化问题的不同应对策略。

一、西方理论体系中的批判的地域主义

弗兰姆普敦《现代建筑:一部批判的历史》一书中提出:批判的地域主义维护个人和地域的建筑特征,反对全球性及抽象的特性。它是任何一种人道主义建筑学通向未来所必须跨过的桥梁。在《走向批判的地方主义——"抵抗建筑学"的六要点》[①]一文中弗兰姆普敦重申了这一观点,认为"地方主义的主要动机是对抗集中统一的情绪——对某种文化、经济和政治独立的目标明确的向往。""它用已在人们头脑中扎根的价值观和想象力结合外来文化的范例,自觉地去瓦解世界性的现代主义。"[②]在全球化的环境中,建筑发展"必须使自己既与先进工艺技术的优化又与始终存在的那种退缩到怀旧的历史主义或油腔滑调的装饰中去的倾向相脱离"。只有批判的地域主义"才有能力去培育一种抵抗性的、能提供识别性的文

---

① 肯尼思·弗兰姆普敦. 现代建筑:一部批判的历史 [M]. 原山,等译. 北京:中国建筑工业出版社,1988:392-402.
② 肯尼思·弗兰姆普敦. 现代建筑:一部批判的历史 [M]. 原山,等译. 北京:中国建筑工业出版社,1988:388.

化,同时又小心翼翼地吸取全球性的技术"①。亚历山大·仲尼斯(Alexander Tzonis)和丽安·勒法维(Liane Lefaiyre)在《批判的地域主义之今夕》("Why Critical Regionalism Today, Architecture and Urbanism",1990)一文中提出,"批判的地域主义"产生的根源是基于当代全球化发展所产生的新问题。"……我们现在指的更特殊意义上具有的'批判性',也即一种自检、自省、自我估价,不仅仅对立于世界,而且也对立于自身的地域性……批判的地域主义建筑的本质特征在于它们在两种意义上是批判的,除了提供与世界上大批建造的那种颓废、过敏的建筑相对照的意象外,它们还对自身所属的地域传统的合法性在视者的脑中提出疑问。"②

　　一方面,批判的地域主义同以往的地域主义一样,都在试图创造一个让人们不再感到孤独和陌生的"地方"建筑。简卡罗·德·卡罗(Giancarlo de Carlo)设计的马尔堡的住宅(1985,图4-1),从威尼斯地区传统住宅里寻找窗、入口、壁炉及色彩结构等地域特征元素并运用在新的建筑里。从某种意义上说,表达地域认同的最根本的方法就是借助地方传统习俗与神话。里马·皮提拉(Reima Pietila)设计的芬兰邓波中心图书馆(1986,图4-2)是极佳的例子。尽管建筑师的设计利用了某一地域独特的地貌特征,但是建筑中原始的风格与现代技术、当代开放的生活方式结合得天衣无缝,使建筑与环境的结合显得并不唐突。

图 4-1 马尔堡的住宅

　　另一方面,批判的地域主义承认现实生活和技术发展,强调文脉、历史和文化以及对环境的敏感,通过"变异"过程来强调个性对于宇宙文明的无个性,因而与现代主义、历史主义、乡土情感主义有所不同。判断一个建筑是否是贴切符合批判的地域主义的建筑,不能像鉴定一个古典神庙一样,仅通过观察来评判。正如

---

① 肯尼思·弗兰姆普敦. 现代建筑:一部批判的历史 [M]. 原山,等译. 北京:中国建筑工业出版社,1988:395.
② 亚历山大·仲尼斯,丽安·勒法维. 批判的地域主义之今夕 [J]. 李晓东,译. 建筑师,1992(4):88-92.

弗兰姆普敦所说："批判地方主义的基本战略是用间接取自某一特定地点的特征
要素来缓和全球性文明的冲击。"①其指导思想可能来自诸如一个地区光线的方向
和强弱,或者来源于某个特殊结构方式的技术,抑或某个特定基地的地貌。

　　批判的地域主义为建筑师从不同的途径探索当代地域性建筑的发展提供了
很好的理论基础。伦佐·皮亚诺在新喀里多尼亚努美阿(New Caledonia, Noumea)
以颂扬卡纳克(Kanak,亦称Canaque)土著文化为理念设计的吉恩·玛丽·吉巴欧
文化中心(Jean-Marie Tjibaou Cultural Centre, 1998, 1998年普利兹克建筑奖,图4-3),
向人们展示了如何利用新技术和材料结构来阐述地域文化和适应环境特征。建
筑中的一部分使用了长度为30米的木盒子结构。这种结构不仅为建筑提供了多
样的通风手段,而且所使用的材料具有重要的象征意义,或多或少地暗示出场所
观念。在设计中,篮子状的木盒子结构隐喻着卡纳克当地的传统茅屋,但并非一

图 4-2 芬兰邓波中心图书馆

图 4-3 吉恩·玛丽·吉巴欧文化中心

① 肯尼思·弗兰姆普敦. 现代建筑:一部批判的历史 [M]. 原山,等译. 北京:中国建筑工业
出版社,1988: 396.

味地模仿它们。与此相似,皮亚诺对陶瓦饰面的重新使用明确地表达出意欲引借传统建筑形式的味道和模式①。

批判的地域主义还有另外一种模式,即在设计中引入地域的自然特征,将建筑理想地看成遮蔽物,尊重地域环境制约,运用地域资源。皮亚诺设计的日本大阪关西国际机场是这种探索的典型代表,也是运用高技术来表达特定场所精神的实例。一方面,皮亚诺在设计中充分利用了信息社会的最新科技成果。在关西国际机场的结构中,由于每根龙骨各不相同,每块材料的切割需利用计算机按相应的程序指令完成。屋顶曲面的造型依据计算机对空调气流的走势的模拟而确定。另一方面,他在设计中关注地景要素,努力实现技术与场所的共生。这正是皮亚诺在关于技术与场所的共生和相互作用的文章中阐述的要点:"基本场地环境本身构建了场所,它一如既往地被镌刻在其位置上,如同浅浮雕一般。这个部分通常很宏大,不透明,而且很沉重。然后,你制作一个轻巧的、透明的甚至是临时性的建筑作品端坐其上。在这样的组合中,沉重的部分是永久性的,轻巧的部分是临时性的。我坚信完全有可能在两个方面之间,在场所与建筑之间,甚至在场所与建筑肌理之间建立一种呼应。它们属于完全不同的两个世界,但是它们理所应当地可以共生。"关西国际机场充分体现了皮亚诺对二者关系的理解,为新地域文化的创作提供了一个崭新的思路。弗兰姆普敦这样评价皮亚诺:"对'大地工程'和'屋顶工程'之间关系的领悟是对'有机的'绿化覆盖的场所形式与'生硬的'机械拼装的产品形式之间的对比的富于创见的表达方式。"①皮亚诺的设计展示了在全球化的社会中,技术与场所之间相辅相成、互融共生的关系,地域性建筑的创造与发展不仅不会受到先进技术推广的制约,而且自由的技术手段能够为地域性建筑的创作提供多样化的服务。

还有一些建筑师关注文化的生态内涵,传承传统文化的本质内容。位于澳大利亚乌洛陆国立公园内的乌鲁鲁-卡塔丘塔文化中心(Uluru-Kata Tjuta Cultural Centre,1996,图4-4)由格雷戈里·巴格斯(Gregory Burgess)设计。建筑师就地取材并以传统低技术的方式进行建造,综合环境、功能和精神等方面,生成具有强烈场

图 4-4 乌鲁鲁 - 卡塔丘塔文化中心

① 肯尼思·弗兰姆普敦. 千年七题: 一个不适时的宣言: 国际建协第 20 届大会主旨报告 [J].
建筑学报,1999 (8): 3-5.

所感的建筑形态,让人忆起这里曾是在澳大利亚中央沙漠居住过的先民阿那古人的圣地。设计充分考虑了气候条件,深挑檐、树蔓、遮阳板可以挡住酷夏的阳光,冬季则打开天窗和遮阳板让阳光照进室内。

二、东方哲学理论观念下的当代乡土

西方建筑界"全球-地域建筑论"主张在批判的地域主义的基础上,世界文明与地域文化应该辩证统一,主张地域文化要积极吸取世界多元文化的营养。这与吴良镛提出的"乡土建筑的现代化,现代建筑的地区化"观点相一致。

在第三世界国家,地域性建筑创作主要反映在当地特殊的气候和生活条件上,也体现在传统的本土文化与当代的世界文化的融合上。相较于批判的地域主义,当代乡土更注重文化的多元与包容。"当代乡土"的概念可以定义为:一种自觉的追求,用以表现某一传统对场所和气候条件做出的独特解答,并将这些合乎习俗和象征的特征外化为创造性的新形式,这些新形式能反映当今现实的价值观、文化和生活方式。在此过程中,建筑师需要判定哪些过去的原则在今天仍然是适合且有效的[1]。

当代乡土与批判的地域主义一样,是基于全球化环境的地域性建筑创作的一种主张。面对当今世界发展进入了网络社会与信息资本的时代,形成了一种多元、反叛、宽容和自由的当代世界文化,当代乡土是一种尝试性的探索,它试图发展出一种适合当代亚洲国家的新的建筑发展模式。当代乡土主义建筑师们孜孜以求的是建构一座由过去通向未来之桥,这也许是目前发展亚洲地域性建筑最迫切需要做的事。正如柯里亚所说:"……那些美妙而灵活多变的和多元的乡土语言已经存在。作为建筑师和城市规划师,所有要做的不过是调整我们的城市,使这种语言能够重新散发活力,而一旦完成了这一步,剩下的不过是静观其变罢了。"[1]如果将文化遗产资源与当代乡土设计有效融合,看似对立的全球化与地域性这一对概念也将不再矛盾。在全球化的背景下,对传统的地域文化做出恰当的现代表述至关重要。

德尔·阿普登(Dell Upton)在《传统居住区中变化的传统》一文中表述了这种观点,"我们需要使乡土的领域变得不纯,并在人类的文化全景中重新定义它。我们必须把注意力从追求真实、特性、持久和纯粹性上转移,让我们投入对积极的、易逝的和非纯粹的探求中去,寻找模棱两可的、多样的、处于特定环境中的品质。并且探求可能的联系和变化——在市场经济中,在边缘地带,在新建筑中或在即将消逝的建筑中。"因此,可持续发展的当代乡土建筑才能够适合地域性和国际性特征。

当代乡土重视地方传统的延续性,尤其是那些精细的工艺在建筑的建造过程

① 林少伟. 当代乡土:一种多元化世界的建筑观 [J]. 单军,摘译. 世界建筑,1998(1):64-66.

中的体现。许多亚洲当代建筑师运用地方建筑语汇,以一种创新的方式赋予建筑新的意义。马来西亚建筑师希贾斯·卡斯特里(Hijas Kasturi)在设计库安的住宅(1996)时,受到当地气候、光线、地形、地方材料和工艺等一些地域因素的启发而产生创作灵感,将住宅建在一个开敞而优美的自然环境中。建筑使用的一些元素(宽大的斜屋面、自然的通风方式、传统的木格栅和地方材料)与传统的干栏住宅有着密切联系。卡斯特里在借鉴传统的基础上积极创新,使建筑适应现代生活。建筑中使用了当代技术和材料:用混凝土柱和钢桁架构造的支撑结构,以氧化铜屋面板代替传统的瓦屋面。住宅内部空间以灵活动态的方式划分,室内墙面用传统的灰浆饰面。这些处理使建筑透出一种在传统住宅建筑中体会不到的闲适和雅致。这是一个合于时代和场所的住居,并以一种新的姿态去正视文化的发展和环境意识。印尼建筑师哈迪普纳(Grahacipta Hadiprana)在设计勒盖旅馆时,从传统建筑形式中吸取了诸多灵感。虽然建筑不是某种具体样式的再现,但是传统巴厘岛建筑的印痕却显而易见。建筑中使用的通透锥状形体唤起人们对传统屋顶的联想。

当代乡土试图以一种"今天"的维度来审视"过去"的影响力。当代乡土的建筑师们探求个性化的方法以表现地方特性。林少伟在其设计的中心广场商业综合体(1990,图4-5)中就尝试用解构的手法来暗喻新加坡多元化的文化和分裂却有序的社会,并产生不同凡响的效果。这个综合体是由许多形状各异的建筑个体组成的,它们看起来像是很随意地组合起来的,但实际上却是被精心布置在两个形状相对规则的盒子中。盒子既提供了一层遮阳的屏障,又是通向各个单体的必经之路。这种破碎、分裂的构图使建筑变化多端,充满戏剧性,由此产生的建筑之间的空隙也很好地促进了自然通风,满足了热带地区的气候要求。更重要的是,建

图 4-5 中心广场商业综合体

筑与建筑之间在矛盾中保有协调感、在运动中保有稳定感,从一个侧面反映出新加坡多元文化共存的本质特征。

　　没有海外留学经历的本土建筑师往往更关注传统的乡土建筑,能够用更纯粹的本土世界观和价值观去考虑当代建筑的地域性。例如有"文人建筑师"之称的王澍,他对中国传统文化有着独特的个人理解,他在第一次看到西湖的美景之后就为之陶醉并且决定要留在杭州这个美好的城市。喜欢中国书画,热爱诗意的生活,向往自然,传统文化对他的影响也深刻地体现在他的作品之中。在中国美术学院象山校区(2007,图4-6)中,建筑师极力弱化建筑物的存在感,化有形于无形,将建筑隐藏在校区的自然景观之中,使建筑成为自然环境的一部分,衬托自然之美。王澍的作品大多使用砖材和木材,他认为这些材料是可呼吸的材料,具有自己的生命力,体现着对自然的尊重和顺从。

　　在这个多元的时代中,当代乡土已经成为亚洲地域性建筑探索浪潮中的一个强音,所体现出的创新精神和所创造出的令人振奋的建筑形象体现出对地方性的强烈认同,在全球化的环境下,这些探索具有现实意义。

图 4-6 中国美术学院象山校区

第二节　两极互动下的亚洲地域性建筑创作

　　20世纪80年代,亚洲经济进入空前繁荣发展阶段。此时,西方的发展模式,诸如标准化、技术和进步的概念被广泛地应用到亚洲国家,以至于建筑师在现实和理想中做抉择时,面临着意想不到的压力。由于文化和经济发展存在差别,国际风格在一些国家日渐式微。随着亚洲国家经济地位在国际上的逐步提高,亚洲建筑师努力将民族性、地域性的文化与现代性相融合,对地域主义和地域文化进行表达和探索。

　　20世纪90年代,网络促进信息传播技术的发展,进一步加快了各种文化的相互融合,文化趋同现象日益突出。在工业化进程中亚洲一些发展中国家和地区的国际文化渐强,地域和民族文化面临挑战。此时的亚洲地域性探索表现出一些新趋势:多种技术并用,注重建筑的可持续发展和新地域文化的创造。

　　21世纪以来,在全球化的推动下,新型建筑技术与材料的使用极大地改变了建筑的建造方式,建筑理念的引入与东西方建筑文化之间的交流拓宽了建筑师的视野。现代建筑的标准式操作忽视了地区的多样性与差异性,忽视了地域文化的特殊性与历史性,从而导致一些城市千篇一律,地域特色逐渐淡化。因此,在全球化导致的文化趋同的背景下,如何保护并发展地域性建筑文化就成为建筑师面临的一个重要课题。

一、国际性建筑的地域化趋势

　　SOM建筑设计事务所建筑师戈登·邦夏(Gordon Bunshaft)[1]在设计沙特阿拉伯吉达国家商业银行(Saudi Arabia Jeddah National Commercial Bank,1983,图4-7)时,将现代化办公建筑类型学与地方气候及文化的适应性相结合。该建筑位于红海边,为27层巨型立体三角形建筑,其中部墙体完全透空,三条被设计在不同维度的廊道,形成空中花园。由于气候炎热,建筑立面上很少开窗,三个三角形中庭直接向外开敞,办公室面向中庭一侧开窗,通过中庭间接采光,厚重的建筑外墙阻挡了强烈阳光的直晒和沙漠热风的侵袭。邦夏在20世纪50年代的大部分作品延续了密斯和柯布西耶的现代主义风格。从20世纪60年代开始,他在建筑中注入更多的人性与功能元素。与国际性的方盒子建筑不完全相同,国家商业银行的设计体现出对特殊建筑场地的匠心独运,也体现出对传统现代主义形式的地方性批判。

---

[1] 1988年(第10届)普利兹克建筑奖获得者。

图 4-7 沙特阿拉伯吉达国家商业银行

　　肯·卢建筑师事务所(Ken Lou Architects)设计的位于新加坡的一栋半独立式别墅在回应热带气候的建筑设计中是非常独特的作品。建筑用一系列具有不同功能和特性的院落体现"街区""室内外空间的连续"等概念,门窗形式简洁,平屋顶取代了传统的坡屋顶形式。热带建筑并不仅仅意味着坡屋顶、遮阳构件和木制窗。热带建筑真正需要的是开放的空间、良好的通风和令人愉快的现代气息。

　　在种种限制下,尤其是在表现主义和追求独特性的限制之中,建筑师需要搭建起自己关于地方主义的框架,思考以何种设计方式和当地的气候之间产生密切的联系。于是便有了一个问题,是地方性已变成了全球化,还是国际性变成了地方化? 在当今时代,多重性不再是禁忌。是否真的有必要以剧烈的方式对传统的空间形式进行积极的改变和创新? 答案是肯定的,但应当有所限制。正如阿兰·科克豪恩(Alan Coquhoun)所说:"地方主义仅仅只是众多的建筑概念中的一种。使它具有特殊的重要性是因为遵循了老生常谈的批判性传统,从而不再能保留它曾有的原汁原味。"①

二、乡土建筑的现代化发展

　　对于大多数当代建筑师而言,"乡土"一词似乎更适合形容被模糊定义为"地

① 李晓东. 邓巴步行街 115 号半独立式别墅,新加坡 [J]. 汪芳,译. 世界建筑,2000(1):
66-67.

域性建筑"的狭隘概念。历史上很多伟大的建筑都是地域性的,从沙特尔大教堂(La Cathédrale Notre-Dame de Chartres,12世纪,图4-8)到法特普尔·西克里(Fatepur-Sikri,16世纪,图4-9),都因其建筑技术与艺术的完美结合而被全世界赞誉。赖特那些华丽的橡树园住宅也是地域性的,空间的完美组合与材料的特性表现凸显出建筑鲜明的流动性与当地独特的自然风貌的结合,表现了特定的时间和场所。一些地区传统的住宅表现出来多样的乡土语言,这没有必要在全球化的浪潮中被改变。

图 4-8 沙特尔大教堂

图 4-9 法特普尔·西克里

　　建筑师埃内斯托·贝德玛(Ernesto Bedmar)为杰弗里(Geoffrey Eu)的父母在新加坡贝尔蒙特路设计的住宅广受赞誉。之后他又设计了第二栋住宅(Eu House No. Ⅱ, 1997, 图4-10),其基地形状为直角三角形,在建筑围合出的开敞空间内,不仅修建了游泳池,还保留下了基地内原有的一棵大悦椿树(Angsana)。从基地最狭处进入,踏上和缓的石台阶,再进入下沉入口门廊,路过水池走进穿堂,仅闻水声,但其源头却被隐藏于花墙之后。走过池子上的小桥,起居空间豁然呈现在眼前,油棕等树木营造了后院的荫蔽空间。建筑屋顶由直径为200毫米的钢管柱支撑。建筑整体充满东南亚风情,同时也具有世界性,既是现代建筑的杰出代表,同时又具有古典韵味。建筑师贝德玛选择以铝合金材料替换木料,即便建筑不再体现木材的温度和质感,却因新材料的运用而体现出现代主义美学和建筑师想要表达的透明感。建筑师通过作品阐述理念,使既扎根于本土又具有现代感的建筑理想得以实现。

图 4-10 第二栋住宅

三、外来建筑师的地域化追求

（一）勒·柯布西耶的贡献

提起印度，昌迪加尔和艾哈迈达巴德两座城市必然会被想到。柯布西耶曾盛赞昌迪加尔为"新印度的圣堂"——它作为印度独立和自由的象征，标志着国家已摆脱了帝国主义的侵扰，解除了古老传统的约束，表达了印度人民对未来的信心。

柯布西耶于1951年到达印度后，做了大量写生。他认为为辛格设计的天文观测台"指引出联系人类和自然的方向"，作为一个"纯粹的精神创作"，使其产生了极大的共鸣。对于一些其他的印度建筑元素，即"印度词汇"，如挑檐、遮阳板、列柱游廊、水池等，柯布西耶同样表现出明显的偏爱。对这些"词汇"的使用，体现出建筑师对印度传统建筑、热带建筑曾进行过深入研究，同时也反映出建筑师的个人风格。总体来看，这都是在现代主义建筑原则下对诸因素的融会贯通。船形挑檐用来暗示牛角和行星的轨迹；在遮阳板上涂马赛公寓式的彩色跳块使威严沉闷的法庭透出一丝世俗人情味；混凝土横板路面受到昌迪加尔夯土民居的启发，同时遵循现代主义建筑展示材料特性的原则。

柯布西耶认为印度独立后，兼有自由民主的现代精神和保守自赏的小农意识的综合特征。他在设计中也在不遗余力地体现这一特征，使得昌迪加尔外观雄伟奇特并蕴含极其丰富的含义，达到其晚年创作的又一高峰。

（二）路易斯·康的贡献

路易斯·康是一位极富个性的现代建筑师。在印度，康的思想影响了其追随者们的创作，他的一些处理手法同样也被效仿。

20世纪60年代，康完成的印度管理学院，是他在南亚较为重要的一件作品。学院的布局呈网格状，院子和广场的标高不同，各单元楼之间和谐排布，康称之为"建筑中的建筑"；对角线斜向布置的宿舍正对主风向，窗子深深退进遮阳板后，入口门廊在阳光照耀下形成深深的阴影，康称之为"建筑拥抱建筑"。粗糙的砖外墙与柔美的阴影形成强烈对比，使现代建筑颇富传统情调。

康信奉建筑的精神功能，他认为建筑师在接到任务后首先要寻找灵感，"产生灵感不需要明确的分析，只需要直觉"。这种禅味很浓的哲学与"虚无之道、无为而为"的东方思想颇有几分默契，这也使康很快对印度传统建筑萌生兴趣。他认为拱券形成的深窄洞口表现出石作建筑厚重有张力的感觉，显示建筑空间的"精神"。同时，康的设计也忠诚于材料特性，反映结构逻辑，重视实用功能，在一定程度上闪耀着理性主义光辉。

（三）其他建筑师的创作

1. 外来建筑师在南亚

20世纪50—60年代，除了柯布西耶和康外，还有一些国际建筑师致力于研究印度现代建筑，并有一系列建筑作品在印度建成。

建筑师斯坦因曾致力于印度现代建筑的探索。1960年前后他在新德里设计了许多建筑,充分挖掘和利用当地的砖石片墙、精巧的混凝土遮光格栅和游廊等建筑要素,并结合手工艺和抽象艺术的表现形式。此外,面对日益拥挤且遭受污染的环境,斯坦因也在努力解决城市生态问题。

在印度现代主义建筑发展初期,国际建筑大师的作品并不完全是"国际性"的。不论是粗野主义派,还是典雅主义派,他们在设计思想上都有"地方性"倾向,都在不同程度上注重建筑与印度民族文化的融合,在设计手法上体现"理性主义"。这些建筑大师为后来建筑师的探索奠定了基础[①]。

美国建筑师斯通在设计美国驻印度大使馆之前,曾认真研究过泰姬陵,并从中受到启发。虽然这位典雅主义代表人物使用的镀金柱廊、白色漏窗幕墙与印度传统并无直接联系,但其在布局上借鉴了泰姬陵中轴线格局,大使馆匀称的体态、水池中的倒影都颇具泰姬陵的风韵,表现出斯通对印度文化的尊重。

建筑群包括使馆主楼、大使官邸、办公楼和其他附属用房。主楼两层高,平面为长方形,坐落在一个不高的平台上,平台下面是车库。约4米深的房檐与25根镀金钢柱组成四周的柱廊。柱廊内侧是用白色镂空陶砖砌成的通花幕墙,陶砖节点处镶嵌着金色圆钉。通花幕墙内侧的玻璃墙,既透光也起隔热作用。柱廊顶部采用隔热的中空双层屋盖。

该建筑整体端庄典雅,金碧辉煌,体现出美国政府欲在国际上树立富有而又文明的形象的意图。斯通因该作品获得美国建筑师协会颁发的1961年年度奖,他还因"为人类的卓越服务"获美国社会科学学会颁发的金质奖章。印度建筑师和建筑评论家萨里奇(K. Salikhi)在美国驻印度大使馆建成30年后如此评价该建筑:

"它(美国驻印度大使馆)是新德里使馆区中第一个建筑杰作。今天,它仍然是一个重要的标志。占地28英亩(约11.3公顷),是一个人们熟悉的、具识别性的纪念碑式建筑。它的魅力、浪漫、生动与华丽夺目很适应它的那个时代。那个时代是美好的。(20世纪)50年代末到60年代初,印美之间的关系正处于顶峰时期……它象征着两国之间的友好关系。虽然它在建筑艺术上有些做作,自命不凡,但它的简洁的动人的形式曾吸引人们来此,体味其如痴似醉的梦境。"

"它有着印度建筑艺术的传统精神。当时,印度建筑师们被柯布西耶在昌迪加尔和艾哈迈德达巴德的作品影响和禁锢着。所以,它的出现,是对印度建筑师的一次有用的提醒,提醒他们不要忘了印度建筑的精神价值。虽然,它在形式和创作意图上对印度传统价值的吸取,看来是过于简单化了。"[②]

2. 外来建筑师在东南亚

这一时期,东南亚本土建筑师的设计水平与国际水平差距很大,因此,外来建筑师承担着大型建筑项目的设计任务,他们将西方晚期现代建筑的"国际风格"带

① 王毅. 香积四海: 印度建筑的传统特征及其现代之路 [J]. 世界建筑, 1990 (6): 15-21.
② 胡冰路. 美国驻新德里大使馆 [J]. 世界建筑, 1989 (6): 99-102.

到新加坡,城市中心渐渐被象征现代化的有着玻璃幕墙的方盒子摩天楼占据,这其中不乏高水平的作品,它们甚至能比肩世界顶尖建筑。贝聿铭、保罗·鲁道夫、丹下健三、摩什·萨夫迪(Moshe Safdie)、波特曼、詹姆斯·斯特林等建筑大师都在此留下作品。20世纪70年代,在新加坡政府实现其政治理想的过程中,外来建筑师发挥了重要的作用,他们主持设计了银行、办公楼、商业中心、体育馆等综合性公共建筑。贝聿铭设计了OCBC银行总部大厦(OCBC Center,1976,图4-11)和莱佛士大厦(Raffles City,1986,图4-12);波特曼(John Portman)与DP建筑师事务所合作设计的马里纳广场(Marina Square,图4-13)是美国同类建筑综合体在东南亚的翻版,他们使用了同波特曼亚特兰大桃树旅馆的共享大厅相一致的设计手法;丹下

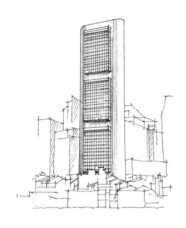

图 4-11 OCBC 银行总部大厦（海外中国银行）

图 4-12 莱佛士大厦

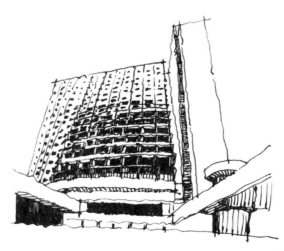

图 4-13 马里纳广场

健三的作品新加坡室内体育馆(Singapore Indoor Stadium, 1989, 图 4-14)的建筑形式明显带有日本味道,显示了外来文化的作用。与此类似的还有他与 SAA 合作设计的海外联合银行中心(Overseas Union Bank Centre, 1997, 图 4-15)等若干超大型建筑项目。

外来建筑师的涌入对新加坡产生了两方面的作用:一方面,这促使最先进的设计技术、规范、管理技巧及计算机辅助设计等迅速地移植到了新加坡,这种移植无疑在短时间内提高了当地设计事务所的生产效率和设计水准,使其在世界范围

图 4-14 新加坡室内体育馆

图 4-15 海外联合银行中心

内更具竞争力；另一方面，当地建筑师也在相当一段时间内无缘设计大型项目[①]。本土现代建筑师成为配角，他们的创作范围十分有限，一些本土建筑师只有与国际建筑合作才有机会参与一些大型项目的设计。

这一时期，外来建筑师的建筑创作观念较为落后，手法上也缺乏创新的成分，即依旧体现以往的国际风格。建筑师们的创作没有扎根于新加坡的社会现实和地域条件，只是体现市场经济快速发展后科技水平的进步。在城市的现代化进程中，现代建筑的国际性与地域性存在矛盾，"国际风格"存在割裂历史、地域环境文脉、气候条件等明显缺点。这些所谓的"进步"与"现代化"，实则阻碍了新加坡建筑的地域特征的体现与发展。

自1985年以来，由于竞争的加剧及西方设计市场的萎缩，新加坡本土及外来建筑师的设计质量大幅度提升。外来建筑师在创作中主动加入新加坡本土因素，对现代建筑的本土化进行了积极的探索。如斯特林与迈克尔·威尔福德合作设计的淡马锡理工学院（Temasek Polytechnic，1990，图4-16）为学生提供充分表现个性的环境，高效利用空间与能源，最大限度地实现自然通风。萨夫迪与RDC合作设计的雅茂园商住楼（1984，图4-17），是萨夫迪在蒙特利尔展览会上展示的作品在现实中的落地，为新加坡商住综合体建筑提供了新思路，是外国建筑师作品中较少的结合了新加坡社会状况的实例。RDC根据相同的设计方法，又设计、建造了马里士他坊商住楼（1986）等建筑。

图4-16 淡马锡理工学院

3. 外来建筑师在西亚

外来建筑师在西亚地区的建筑创作实践由来已久，可将他们在20世纪的探索分为若干时期。其中两次比较集中的创作实践发生在殖民统治时期和20世纪60

---

① 李晓东. 当代新加坡建筑回顾 [J]. 世界建筑，2000（1）：26-29.

图 4-17 雅茂园商住楼

年代以后。殖民统治时期的外来建筑师的作品，多数表现出殖民国家的建筑风格，对于当代伊斯兰建筑的探索之路并没有太大的进步意义。

由于政治经济等原因，尤其是石油资源的发现，20世纪60年代后，西亚地区累积的财富给当地带来了大量建设机会，外来建筑师也被吸引到西亚这片土地上。这时西亚的大型建筑项目多以竞赛的形式评选出最佳方案，获胜者往往是西方建筑师或发达的东方国家的建筑师，这归因于当时西亚国家对现代化发展的渴望，而一些西亚国家的独裁政治也限制了本土建筑师在当地的建筑实践，它们反而支持其他国家建筑师的创作实践。在黎巴嫩内战前，来自法国、美国、瑞士、奥地利、意大利及日本的建筑师通过私宅或其他项目的设计，占领黎巴嫩的建筑设计市场。因此，一些阿拉伯建筑师，如迦法·图坎等，便很难有机会接触大型设计，于是也就纷纷离开了故土，导致西亚地区人才流失。

西亚国家众多，西方著名建筑师的作品随处可见，几乎所有第一代建筑大师都曾在此进行过建筑创作。在伊拉克，有赖特设计的歌剧院、柯布西耶设计的体育馆，格罗皮乌斯设计的大学城、阿尔托设计的艺术博物馆。后来几代著名建筑师也在这里留下了许多作品。例如，美国建筑师保罗·鲁道夫设计的贝鲁特城市综合楼、美国SOM建筑设计事务所设计的沙特皇家阿卜杜勒·阿齐兹国际机场（King Abdul Aziz International Airport，1982）以及日本丹下健三、黑川纪章等建筑师的作品。

这些外来建筑师的表现各不相同，他们对西亚文化的了解程度也不相同，所完成作品的风貌也就各异，或因循传统或体现个性，建筑师们通过其作品为西亚国家的地域文化注入新的内涵。以下将这些建筑师分为三类，以便对其建筑作品进行分析。

第一类是那些对西亚伊斯兰建筑有着深入研究的建筑师，例如丹麦建筑师汉宁·拉森，日本建筑师丹下健三、黑川纪章，他们在设计中更多地表现出对当地地域传统的尊重。

汉宁·拉森把对阿拉伯传统的理解完全融入作品沙特阿拉伯外交部大楼之中。英国《建筑评论》杂志称誉该建筑为"20世纪世界建筑艺术的转折点"。"通过传统形象的塑造，使王国及其首都传统建筑艺术在文化上和环境上承前启后；

与此同时,方案十分得体地适应了功能要求。"①汉宁·拉森在建筑中融入伊斯兰城市当地的建筑观念,通过净化后的空间和实体造型处理再现伊斯兰建筑的精神。内部主要交通干线的设计受到伊斯兰集市街的启发,室内广泛应用白色进行粉刷,饰以具有伊斯兰风格的元素,如大理石铺地、雕花门窗洞边框等。引入室内的自然光线和景观水池被视为装饰要素,即便室外气候恶劣,但建筑内部却始终能够保证环境的宜人。当被问及对传统文化和地方源流的态度时,汉宁·拉森说:"在我设计沙特阿拉伯外交部(大楼)时,采取了对外封闭的地方传统做法。阿拉伯建筑艺术特点的形成与当地干热的气候有关:要尽可能减少阳光的直射。这么处理就表现了阿拉伯的建筑文化。"②除此之外,丹麦驻沙特阿拉伯大使馆的设计同样建立在对当地传统深刻了解的基础上。

丹下健三在西亚设计了大量优秀的作品,包括科威特国际空港(Kuwait International Air Terminal Building,1967—1979)、科威特体育城(Kuwait Sports City, 1969)、沙特阿拉伯利雅得体育中心(Riyadh Sports Center,1969)和沙特阿拉伯王国国家宫和国王宫(Royal State Palace and Royal Palace for H. R. M.,1977—1982)等。此外,他在设计巴林阿拉伯海湾大学和约旦雅穆克大学时还将其城市轴向生成理论运用其中。

雅穆克大学位于约旦北部,是世界上最大也最为先进的大学校园之一,它将建筑和当地的景观、地域文化传统结合在一起。校园由一系列方形的院子组成,两条轴线组织起大学的各个不同部分。其中一条轴线是社会轴线,使校园面向普通市民开放。它从东向西,连接起校园和周围城市,侧翼是剧场、会议厅、艺术博物馆、学生中心、清真寺、宾馆和其他大型的公共设施。另一条轴线是学术轴线,从北向南,穿过场地中心。沿着这条轴线,是科学、艺术、工程学院,医学院和医院。在两条轴线的交叉点上设管理中心,每一个系被安排在一个庭院单元中。根据基地的标高,建筑被安排在二层、三层,部分在四层。通过变化标高及中心走廊和侧廊位置的方式,产生丰富的空间变化。

校园基于伊斯兰传统设置,校园平面仿佛是对伊斯兰传统连续装饰图案的表现。主要合作者结构师瑞夫·尼吉姆(Raif Nijem)说:"这个设计的主要理念来自《古兰经》……雅穆克大学的其他技术和建筑准则是和当地的环境、文化、习俗、气候和需求相一致的。这些重要的概念和伊斯兰精神的具体化将导致大学和社会的一体化。"③

黑川纪章在西亚地区的建筑作品主要集中于阿拉伯联合酋长国,他在两次竞赛中均拔得头筹,拿下1975年阿布扎比会议城和1988年艾阿因大学城的设计。艾阿因大学城(New University Town of Al-Ain)的设计,体现出建筑师对传统进行

① 引译自网络文章,文章来源: www.akdn.org/agency/akaa.
② 王章. 丹麦当代建筑师汉宁·拉森[J]. 建筑师,1994 (5): 100.
③ 引译自 KULTERMANN U. Contemporary architecture in the Arab States: renaissance of a region[M]. New York: McGraw-Hill Professional, 1999: 121.

继承的方法,即"将历史上的外表形式打散成若干片段并将这些片段自由地配置于现代建筑作品中"①。他将完全抽象的几何图形作为设计的要素,试图表现那些藏在历史中的符号和形式背后的看不见的思想、宇宙观、美学、生活习俗和历史上的思维方式,将地区传统元素与当代教育建筑的需求合二为一。遗憾的是,这两个项目都未建成。黑川纪章的作品艾阿因国家博物馆(National Museum,1996,图4-18),结构设计精巧,建筑局部以传统样式的帐篷式屋顶覆盖。阿布扎比商业和工业协会大厦(Chamber of Commerce and Industry,1996,图4-19),则使海湾建筑呈现出完全崭新的面貌,吸引国际社会对这一地区的关注。

图4-18 艾阿因国家博物馆

图4-19 阿布扎比商业和工业协会大厦

相较于第一类外来建筑师,第二类建筑师对西亚建筑传统的了解并不多,于是在创作的过程中,他们便自然地将已探索成熟的建筑理念融入其中。有时,这些理念也会同本土的气候、风土等因素相匹配,最终建筑也能够呈现出良好的效

① 郑时龄,薛密.黑川纪章[M].北京:中国建筑工业出版社,1997:7.

果。但究其根本,因缺少对当地传统文化的深入研究,他们的创作实践仅仅是回应当地地理气候而做出的一种反应。

德国建筑师弗赖·奥托(Frei Otto)[①],其在西亚地区的建筑创作从技术角度出发,但又并非"纯技术"。他关注自然条件,认为技术的应用不应破坏原有环境,应同环境保持和谐。奥托推崇原始建筑学(Urarchitektur)。在他看来,"原始建筑学是一种实用建筑学,它没有使用许多东西,是'最少'的,它在'贫乏'中显得特别美……'最少'的原始建筑学能将结构和装饰结合起来"[②]。后来这种美学观点也被转换成现代建筑观,即轻的、节能的、灵活的、适应性强的,简而言之就是自然的,同时不忽视安全稳定性。

奥托认为"帐篷基本上是生态的,非技术的或原技术的形式"。于是在作品中,奥托大量运用帐篷这种轻质结构,并通过实践,将该结构发展得极为完善。也许是巧合,帐篷建筑又是阿拉伯地区的传统建筑形式,因而其建于西亚地区的作品与地方文化相符,更添地域风格。由于技术水平的落后,长期以来,西亚本土建筑师并未使帐篷建筑获得太大发展,但奥托通过改进其结构,给予传统建筑形式适应现代功能需求的能力,使它具有了继续存在的可能性。由其设计的沙特阿拉伯利雅得土维克宫(Tuwaiq Palace,沙特阿拉伯外交俱乐部,1985,图4-20)便是典型的实例。在这里,传统的帐篷结构被赋予了强大的现代生命力。

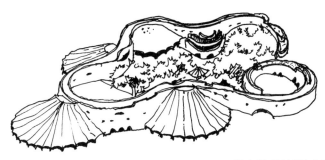

图4-20 沙特阿拉伯利雅得土维克宫

第三类建筑师只是把该地区作为个人理念的实验场地,在这里创作一些没

---

① 弗赖·奥托,2015年普利兹克建筑奖获得者。1980年因设计沙特阿拉伯麦加会议中心（与罗尔夫·古特布罗德合作）而获得阿卡·汗建筑奖;1998年因设计沙特阿拉伯外交俱乐部（与奥玛拉尼亚和海坡尔德合作）而再次荣获阿卡·汗建筑奖。
② 周卫华.弗赖·奥托与轻质结构 [J].世界建筑,1998（4）：3-5.

有任何地域可识别性的建筑。这类建筑为该地区带来了现代气息。第一代建筑大师就应归为此类。他们是现代建筑思潮的创始者,在设计中明显表现出现代主义原则,对伊斯兰文化则采取一种漠视的态度。波兰建筑师赞布拉克(Wojciech Zablock)也属此类,他在设计中并不过多地考虑某一国家或地区特定文化的影响,认为同样的建筑可以出现在世界上的任何一个地方。叙利亚拉塔基亚体育城(Latakia Sport City,1982,图4-21)就是其基于对早期波兰运动设施的了解而创建的一个理想的体育竞技场地。虽然它不具有地域可识别性,但其动力悬臂结构却给这个地区带来了些许现代气息。

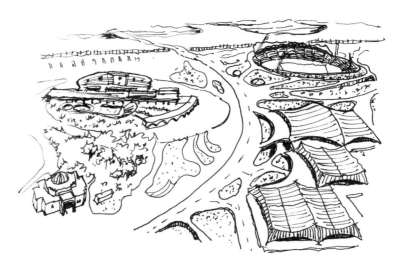

图 4-21 叙利亚拉塔基亚体育城

四、本土建筑师的地域性创作

本土建筑师出生在亚洲这片土地上,对当地有先天的了解。他们的设计灵感源于长时间的亲身感受,进而自由地选择发展方向。他们根据自己的理解来阐释社会的需要,运用他们选择的形象来塑造建筑环境。

许多亚洲建筑师接受过西方建筑教育,却少有追随西方建筑流派的倾向,他们曾经向外国学习,但保留本地区建筑本身的精神,体现当地地域风情。20世纪60年代中期,一些印度年轻一代建筑师曾在国外接受教育,他们开始审视自己的作品,评价其对印度国情的适用性,并探索出更多适合印度本土需要及生活方式的设计方法。

其他国家的建筑师同样也并未对传统建筑文化置之不理,而是如实地看待这些经长期积淀形成的丰富的建筑财富,从中发掘可以演化成辉煌成就的可能。国际风格的语汇开始被否认,整齐划一的建筑形式与内部功能没有合理的联系,大片玻璃墙面和混凝土板条的使用或许更多的是为了装饰而不是服务于功能。在传统复苏的状态下,设计的重点复归建筑功能以及特定区域的生活形态、地理地貌、气候、特色和人本精神。但是,因为新的建造方法和混凝土、钢、玻璃等材料的普遍使用,建筑远未实现完全个性化和地方性,某种程度的普适性依然存在。因此,亚洲各地的建筑师们开始探寻可行的现代建筑方式。

(一)当代地域性建筑产生的必然性

面对现代技术的标准化、功能类型的同一化带来的建筑文化趋同化潮流,许多建筑师意识到,被广泛建造的现代建筑,其高级的风格、材料、形式和建造技术从一开始到现在一直缺少变化。在运用现代技术满足现代功能并使建筑符合现代审美观念的基础上,建筑师们对地域性建筑文化进行新的探索与诠释。信息时代的全球化导致地域性建筑语言不断更新。传统地域性建筑,有其固有的形式、风格、材料和营造方式。在地域性建筑的发展中,建筑形式语言不断更新,材料、技术这些地域性建筑文化的基本语汇和表现方式在不断发展。外来建筑文化的冲击促使本土建筑师积极探索当代地域性建筑发展的新方向。他们向传统学习,充分利用建筑材质特性,使建筑成为延续地域性建筑文化的载体。

马来西亚的本土建筑师完成了多数的建筑工程,其中不乏一些大型工程,也有一些建筑工程是他们与外来著名建筑师合作设计的。美国建筑师西萨·佩里设计了石油双塔,日本建筑师黑川纪章与当地建筑事务所等合作设计了吉隆坡的新国际机场等。值得注意的是,在马来西亚,除了一批老、中年建筑师外,还涌现出一批朝气蓬勃的青年建筑师。他们在学校、工厂、住宅设计中,发挥着重要的作用[①]。纵观马来西亚和泰国的现代建筑的发展历程,也许在20世纪70年代,它们远远落在新加坡后面,但是经过不断的建筑创作探索,当地建筑师设计大型项目的水平大大提高。

20世纪60年代,许多新加坡建筑师尝试将现代建筑本土化,并取得了一些可喜的进展。他们投入很多精力创作反映本土文化、气候、环境的建筑。有限的成功作品说明本土建筑师的投入还远远不足。由于20世纪70—80年代中期,新加坡选择了西方的城市发展模式,建筑脱离周围的环境,失去文化、地域、气候的文脉,与环境间的关系并不密切。本土富有责任感的建筑师认识到了这一突出的建筑病态现象,并积极致力于创作,努力改善这一状况。经过20世纪70年代至80年代末的建筑实践,本土建筑师设计大型项目的能力有所提高。不断增强的民族自信心促使他们回归本土文化传统以寻求方法解决当代建筑发展中的问题。他们的建筑创作方向与国际建筑师的创作方向不同,开始走向地域主义,从民族文化中寻找应对策略。

---

① 张钦楠. 马来西亚建筑印象 [J]. 世界建筑,1996(4): 12-15.

（二）本土建筑师的现代建筑探索

20世纪70年代中期以后,在亚洲,虽然大型建筑设计项目以外来建筑师为主,但是本土建筑师真正了解自己国家的特色,没有停止对本土现代建筑创作的探索。西亚建筑师在创作过程中,以深厚的伊斯兰文化底蕴丰富现代设计理念,与外来建筑师互相补充,不断完善建筑观点,"寓传统于现代",积极确立新地域性建筑的身份,同时对长期积累下来的理论和实践经验通过建筑教育进行传承,为未来的本土建筑创作打下基础。

西亚各个国家之间存在差异,但是拥有相似的伊斯兰文化背景和经济政治背景的建筑师群体表现出共同的特征。即便曾经去往国外接受建筑教育,感受到西方建筑理论和实践的飞速发展,但这些建筑师身体中流淌着的依旧是融入了伊斯兰文化的血液。因此,虽然他们带回的是西方发达的技术,但是对于西方文化,他们却有着清醒的认知和明晰的批判,或建立自己的建筑事务所,独自设计,或与外来建筑师合作,无论是以怎样的方式,他们都坚持以发扬伊斯兰文化为己任。

新加坡的一些中小型项目设计曾在20世纪70年代为本土建筑师提供施展拳脚的机会。SLH设计的富图拉(Futura)私人公寓(1976)现在仍然是荷兰路上最醒目的标志性建筑。此外,城市与建筑协会(ArchUrban)的建筑师设计的班丹河谷私人公寓(图4-22),王匡国设计的圣弗朗西斯教堂及斯科特商业中心,Architect Team 3设计的视觉效果强烈的裕廊镇中心(图4-23),PWD设计的樟宜国际机场T1航站楼(1981,图4-24),这些都是极具特色的本土建筑师的代表作品[①]。

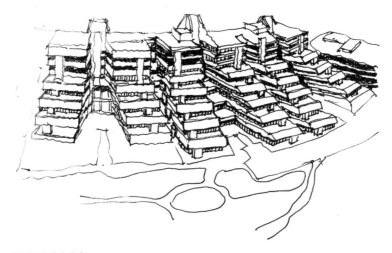

图 4-22 班丹河谷私人公寓

20世纪80年代,关于地域主义的讨论伴随着政策的实行而达到高潮。大批的建筑修复、保护项目实施,报纸、杂志、书籍和展览等都在试图提倡传统的文化

---

① 李晓东. 当代新加坡建筑回顾 [J]. 世界建筑,2000（1）: 26-29.

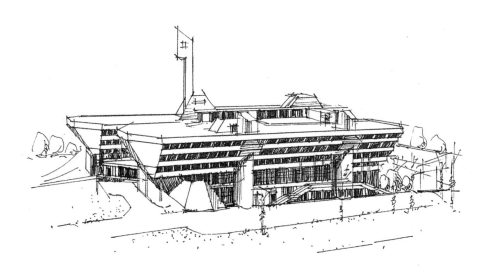

图 4-23 裕廊镇中心

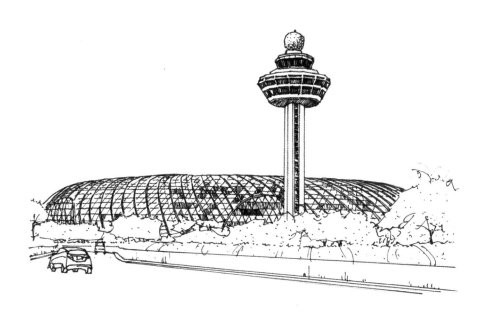

图 4-24 樟宜国际机场 T1 航站楼

价值观。在这个时期,建筑手法中出现了对传统和地域性建筑要素的模仿和新的
诠释。建筑师们也在尝试跨越传统与现代之间的鸿沟。很自然地,华人传统店屋
和马来西亚传统建筑作为本土建筑类型,成为建筑创作的原始素材。基于这些建

筑形式,通过使用自然材料,建筑师在建筑处理上反映当地气候,并通过新旧建筑语汇的共同搭配,使建筑呈现出良好的视觉效果。在地域主义者成功利用过去来肯定现在的同时,许多新建筑并没有诠释出对过去的真正理解。历史和地域的要素只是作为"形"被游戏般地运用[1]。

这个时期,由郑庆顺(Tay Kheng Soon)主持完成的热带都市实验工程在当地引起了广泛的注意和反响。其他由本地建筑师设计的重要项目有RDC设计的马里士他坊商住楼(1986,图4-25)、胡国钊(Raymond Woo)设计的位于珊顿道的办公楼(1988)和位于乌节路的义安城商业中心(1995)。这些作品证明了新加坡建筑师完成大型项目的能力。不难发现,新加坡自己的风格正在形成,一种有别于西方的热带现代建筑正在逐渐走向成熟。新加坡已走出殖民主义的阴影,不再畏缩不前,而是充满自信[1]。

图 4-25 马里士他坊商住楼

通过对不断变化的现实世界、地域传统文化做出回应,建筑师们发挥自身创造力,不断促进建筑发展,提升当地现代建筑的活力。因而,亚洲各地的建筑也得以在世界范围内逐渐扩大影响力,并引起热切的关注。传统文化的精华在实践中得以延续,文化与传统间的矛盾却因手法的合理而能够被调和。在精神、经济和社会等层面上,新时代的建筑体现价值,也因信息技术的进步而具有不断更新发展的活力。

———————————

① 李晓东. 当代新加坡建筑回顾 [J]. 世界建筑,2000(1):26-29.

　　与建筑实践同步发展的建筑理论,不仅其现代建筑内容因西方潮流的出现愈显充实,也为民族主义与文化认同等方面的问题提供答案,助力亚洲各国摆脱曾遭受的殖民主义的阴影。

　　在文化交融的背景下,亚洲建筑未来的发展会如何? 各地的历史与文脉为建筑师们提供了丰富的设计语汇,在今日全球化加速发展的现实条件下,建筑师更应思考如何避免对文化的呼应仅仅停留于表象。

　　地区和民族间的交流日益频繁,建筑不应是无场所感的孤立存在。为有效抵御全球性文明的冲击,建筑师应以真诚探索的态度,对地域文化特征进行充分考虑,充分运用地方材料和技术,努力理清传统文化和当代经济技术的关系,这些不仅是反映当地文明的自发性行为,更是现代建筑发展过程中的必然选择。

第五章　文化重构与亚洲地域性建筑探索

第一节 自然文脉的探索

气候是自然条件中的主要因素,深刻影响地方风俗、聚落的形成。有些文化学家甚至提出"气候决定论"。过去,许多建筑形式、空间及构造的产生都是人们适应、改善气候条件的结果。作为影响设计的主要因素,气候条件为建筑师所广泛关注。维克多·奥戈雅(Victor Olgyay)的专著《设计结合气候:建筑地方主义的生物气候研究》(*Design with Climate: Bioclimatic Approach to Architectural Regionalism*, 1963)的出版标志着生物气候地方主义理论的形成。该理论认为建筑设计应遵循"气候—生物—技术—建筑"的过程。除此之外,更多高科技的成果与传统营造方式相结合,以创新的设计方法促进当代地域性建筑的发展。

复杂的地形环境使得亚洲的自然环境特征明显。广阔的大陆包括从赤道带到北极带的所有纬度带。东亚—中亚—西南亚的自然带结构与纬向发生很大变型,现为由内陆荒漠、半荒漠向外经草原、森林草原而到外围的森林带,呈非纬度的环状分布,因而表现出各不相同的气候,但整体呈现出典型的季风气候,大陆性气候表现强烈。

具体来看,亚洲的气候跨寒、温、热三带。北亚大区面积广阔,周围水体不对称,又因地处高纬,具有强烈大陆性的寒湿气候和普遍的永冻现象。东亚大区位于中、低纬度的大陆东缘,沿经线方向延伸。该地区地壳变动剧烈,地质构造复杂,且地形多山,具有季风气候和水系。根据区域内部差异,东亚大区又可划分为朝鲜半岛、日本群岛、中国东部季风区等副区。东南亚大区主要由山地、河谷和平原三种地形构成。由于其位于亚洲大陆纬度最低处,属赤道带和热带,又扼亚洲与大洋洲两大陆之间和太平洋与印度洋之间的交会地带,从而形成热带雨林气候和热带季风气候,其主要特点是湿热。前者包括缅甸沿海地区,泰国沿海地区,马来西亚,新加坡,文莱,印度尼西亚,菲律宾等;后者则包括越南、老挝、柬埔寨、缅甸北部、泰国等。防晒、遮阳、隔潮、排水、通风等成为建筑师必须解决的问题。东南亚传统民居的建筑形式特征由此而形成。

另外,素有"次大陆"之称的南亚大区具有典型的热带季风气候。在不同年降水量的影响下,形成了热带雨林、干季落叶林、热带稀树草原甚至热带荒漠和半荒漠景观。被副热带高压带笼罩的西南亚大区紧临欧非，周围多为干旱地区。北回归线横贯其南部。由于地理位置、地形、风向和降水的差异，其可分为6个副区，伊朗高原区、阿拉伯半岛区、美索不达米亚平原区、地中海东岸区、小亚细亚高原和亚美尼亚火山高原区、高加索山地区。干旱性和大陆性是西南亚大区的总特征。中亚大区位于北亚与南亚的纬度带之间，又处于东亚与西欧之间的海陆相关位置，多为山脉围绕的高原、盆地与低地，受海洋气流影响较小，因而具有大陆性很强的干旱、半干旱气候，形成温带草原、半荒漠和荒漠，高山带具有高山气候和垂直景观带结构。根据中亚的地区差异，其可划分出帕米尔高原区、哈萨克丘陵和图兰平原区、蒙古高原区、中国西北地区等副区[1]。

亚洲大部分地区冬季寒冷。最冷月平均气温在0 ℃以下的地区约占全洲的三分之二。北部终年严寒，降水量较少。东部夏季高温多雨，冬季寒冷干燥。中部和西部降水少，多沙漠，冬夏昼夜气温变化较大。南部热带地区终年炎热，其中热带季风区旱、雨季分明，热带雨林气候区全年多雨。西部地中海沿岸地中海型气候地区冬温夏干。

广袤的亚洲大地蕴藏着丰富的自然资源。矿物种类繁多且储量丰富，石油、铁、锡、镁等储量均居各洲之首。森林面积占世界森林总面积的13％，盛产杉、松、柏、樟、楠、柚、檀等名贵木材。水力资源极为丰富，占世界可开发水力资源的27％，估计每年可发电2.6万亿千瓦时。渔业也极为发达，亚洲沿海渔场的面积占世界沿海渔场总面积的40％。亚洲地域性建筑文化便是在这些因素的共同影响下产生的[2]。

其中，材料因素在传统建筑的发展中起到了重要作用。以东南亚地区为例，在湿热的气候条件下，该地区盛产各种木材，包括椰子、棕榈等热带树木，于是当地的民居多采用竹、木、棕榈树叶等作为建筑材料，创造了造型古朴、极具热带风貌的建筑形式。同时，建筑材料的出产情况也直接影响着建筑技术的发展。竹构、木构建筑技术的成熟，促进了干栏式住宅的盛行。材料之间通过咬合和榫卯技术方法连接，完全不需要钉子。在某些情况下，木条不是榫接的，而是被藤条、竹条或纤维绳简单地捆绑在一起，这种建造方法在东南亚传统建筑中特别常见。

东南亚传统民居为适应气候条件，具有通风良好、排雨顺畅、阴凉干爽、实用性强等特点，这也是热带和亚热带地区各民族民居建筑的共同特征。其具体的建筑形式类似于中国云南傣族竹楼干栏式的高脚屋。干栏式住宅用支柱架离地面，需登梯而上，这种形式有利于防水、防虫蛇毒害。高脚屋建在木桩或竹桩上，离地面的高度因地理条件差异而有所不同。建在沼泽地和水边的，离地面1~2米，建在山坡的则就山势而定。架空不仅有利于泄洪，还有利于通风换气。屋顶多为两面坡的，也有四面坡的，上盖棕榈叶或以草绕成，城市中的则用瓦或锌板覆盖。屋顶

① 中国大百科全书总编辑委员会《世界地理》编辑委员会. 中国大百科全书: 世界地理 [M]. 北京: 中国大百科全书出版社, 1990: 682-697.
② 王成家. 各国概况: 亚洲 [M]. 北京: 世界知识出版社, 2002: 2-4.

坡很陡且长,一方面为了雨水畅流,一方面则是为了遮住强烈的阳光。楼上为起居室,楼板和墙板用木板或竹板拼成。门窗都不宽大,处深檐下,故白昼室内亦昏黑暗淡。这可能是为了让居民从烈日当空的户外进入屋内时即可处于一个阴凉干爽、幽静隐蔽的休息环境。屋前多有凉台,有顶无墙,与楼板相平或稍低,其功能相当于客厅,并兼有阳台的功用,是白天家务活动,接待宾客之处。房屋被隔成3个或2个房间,有的也只有一大间。屋下空间不大,多为畜圈鸡栏,或被用于囤积木柴,安置谷囤、火碓、药材、农具、马具等物。院落多用栅栏围起来,除住宅外,还设有厨房、厕所等。院内菜地充裕,终年有蔬菜水果自给。这就是东南亚地区典型的传统民居形式,而其典型的村寨则是由一个或几个这样的住宅区组成的。巫语所称的"坎棚"即村寨。村寨一般位于道路两侧、江河岸边或山谷里,周围栽以果树。

受当地文化和条件影响,东南亚地区的不同国家业已形成了种类多样的民居。

1.印度尼西亚苏门答腊米南卡保式民居(图5-1)

米南卡保族(Minangkabu)是苏门答腊岛上最大的民族。传统的米南卡保社会既是伊斯兰式的又是母系制的,在这里宗教和世俗的权力由男人掌握,但家庭却围绕女人组织,至今祖上的财产仍传给女方,房子也归女人所有。"米南卡保"意为"胜利的野牛",用以纪念传说中将西部高原上的人们从爪哇的统治中拯救出来的"野牛战"。可见牛的形象对于他们有特殊的意义。米南卡保式民居那弯弯翘起的屋脊便象征着牛角,其有"牛角屋"之称。"牛角屋"端墙由竹子编成,方便柔和的光线射入并促进通风。屋子架起,其下为饲养牲畜的空间。

图 5-1 印度尼西亚苏门答腊米南卡保式民居

2.印度尼西亚苏门答腊巴塔克式民居(图5-2)

巴塔克式民居的显著特点是:飞架于泥竹墙上的鞍形棕榈屋顶出挑很多,并和向外倾斜的山墙在地面上形成大片阴影,其两端透空以利采光、通风;两排木桩深入泥土中支撑着长梁,梁上架椽子,椽子上再铺棕榈纤维形成屋面,这种灵活的连接方式能较好地抗震;檐口下面的木雕花饰丰富,有的雕着狮子头以驱魔辟邪,有的雕着野兽、公牛等并漆成红、白、黑色。据说整个房子的造型就是野牛的象征,一些巴塔克式民居的山墙顶端还装饰有真正的牛角。

图 5-2 印度尼西亚苏门答腊巴塔克式民居

3. 印度尼西亚南尼亚斯式民居(图5-3)及村落

尼亚斯(Nias)是印度尼西亚北苏门答腊省的岛屿,岛上居住着马来西亚原住民,信仰万物有灵。南尼亚斯的村寨就位于岛上的丛林中。其长长的街道两旁整齐地排列着如西班牙大船一般的民居。由石头铺成的小径把村寨、田野和稻田连接起来,并通向只有一人宽的中心街道,然后生出许多分支与住宅相连,从而限定了人们的行走路线。中心街道两边是晒谷物和衣物的地方,其也兼有运动场的功能。住宅门前有些巨石块,其后是排水沟,再后面的屋檐下的较私密空间则为做家务和其他工作的地方。街道上还有一梯形的石头墙,原先用于年轻战士的跳跃训练,现用于体育娱乐。住宅往往成对布置,共享一个廊子,屋门位于廊子下面。屋子被架起,距地面1.6米,其下空间为储藏用。室内靠街道一面为会客空间及未婚男子的卧室,窗下还有供观看街景的石头长凳,里面则为其他成员睡觉的地方,炉床位于屋檐下面。

图 5-3 印度尼西亚南尼亚斯式民居

　　传统的南尼亚斯式民居与巴塔克式民居一样,都是由硬木建成的,后来有了一些改进,铁屋面代替了棕榈屋面,混凝土凳代替了石头长凳,屋子的立面色彩变得更加鲜艳。

　　4.马来西亚马来屋(图5-4)

　　传统的马来屋都是高脚屋,体量较小,但易于扩建。整个结构采用木栓及开榫的木结构连接方法,木柱不插入地下,落在底石上面,以底木或混凝土做基脚,便于拆除和维修。墙、天棚、地板用木板、竹板、竹篾或树皮制成,倾斜的屋顶覆以棕榈叶片,因此马来屋也称"棕榈木屋"。屋内空间有起居、休息之分,有的厅中还有低于厅地面半米的"舞池"。出入口处,搭设木梯连接室内外。海边和渔村的住宅一般正面朝向大海,而朝向陆地一面的坡屋面特别陡,特别低,可防季风。房门

图 5-4 马来西亚马来屋

不向南开,符合当地求福纳瑞的习俗。

5.婆罗洲伊班式及达雅克式长屋(图5-5)

婆罗洲上的伊班人(Iban)及达雅克人(Dayak)居住在长屋群定居区,村庄由一座座长长的条状木造房屋组成。一座长屋的一个单元容纳一户核心家庭,每户可随意迁移,带走拆下的单元房屋材料搬入另一长屋中。有的长屋长达300米,每个单元宽一间,深两间,以斜屋顶覆盖,长屋底下饲养牲畜。长屋由硬木做支柱,以木板和木瓦建成,地板伸出屋外形成距地8~10米的露天平台。

图5-5 婆罗洲伊班式及达雅克式长屋

6.泰国式民居(图5-6)

泰国式民居被架空建在支柱上,以保证雨季和洪水来临时居民的安全,旱季时地板下面为储备空间。建筑为南北朝向,以利通风散热。临水的建筑则面向水

图5-6 泰国式民居

面,斜屋顶大而陡,以利排水。屋前多有凉台,有顶无墙,与室内楼板相平或稍低。室内无隔墙和吊顶,以睡席划分寝卧空间,以地坪高差划分起居与卧室空间,厨房则单独布置在院内。典型的泰国式民居由木、竹、稻秆、棕榈叶等建成,并能反映泰国独特的传统习俗,如楼梯必定设在外廊部分,踏步数必定是奇数等。

7.菲律宾式的高脚竹木草屋(图5-7)

图 5-7 菲律宾式的高脚竹木草屋

南太平洋的菲律宾式民居为热带高架竹木草屋,常见的构架方式有6种。其中菲律宾伊富高人(Ifugao)的民居为架在木脚支架上的方形小屋,整个构架采用榫卯的木结构连接方式,屋顶呈尖锥形,上覆茅草。

可以看出,东南亚的传统民居形式多样,各具特色。但它们都适应当地的地理、气候、材料等条件,因而具有强大的生命力。近几十年,随着人们对自然能源利用的关注,它们越来越被重视。"高脚屋""坎棚"等建筑成为世界上有名的"气候建筑"。由此可见,气候环境是现代建筑师适应地域环境的借鉴因素和灵感来源。

一、对气候环境的适应

气候是自然条件中的主要因素,影响地方风俗、聚落的形成,并始终贯穿建筑的发展过程,它以一种不可见的形式存在于传统建筑和现代建筑之中,成为联系二者的纽带。许多传统建筑形式、空间以及构造的产生都是适应气候条件的结果,而同一地区的许多现代建筑也是对相同气候给予关注的产物。气候因素不仅能够影响设计,甚至能够成为影响设计的主要因素。建筑师结合气候因素探索出一系列建筑创作理论。许多亚洲建筑师在对地域性建筑进行探索时都以此为研究重点,例如哈桑·法赛、里瓦尔、杨经文等。他们通过结合特定地区的气候条件为建筑设计提供了创造性的思路,赋予建筑强烈的地域色彩。无论是在亚洲,还是在世界其他地区,只有适应当地的环境气候,并满足节能和经济的要求的建筑,才能够真正接近建筑师所追求的具有地域性特质的建筑理想。正如美国学者史坦利·亚伯克隆比(Stantey Abercrombie)所指出的,"南非的稻草屋(rondavels)、意大利南部石城楚里(Trulli)、多贡(Dogon)的泥棚——这些建筑形式都是经历长时期的实践摸索,适应气候及机能,逐步改善演变而来的"[①]。

（一）取法传统的建筑形式

建筑创作扎根于具体环境,因所在地区的自然与气候条件而产生相应的设计策略。同时,从历史上传承下来的设计思想不断在建筑实践中得到诠释。传统形式体现先民智慧,能很好地适应地区环境,体现地区文化、道德、风俗、艺术、制度等。这些传统形式并非过时的,其应对气候的方式,在当代依旧值得借鉴,经时光沉淀后仍在无形中不断影响着建筑师的设计方式和创作思维。

在炎热的西亚地区,通风和降温是建筑设计中极为重要的主题。面对此问题,建筑师们成功地从当地古老的风塔建筑中得到启发。风塔设于建筑物顶部,用以通风降温,波斯语称之为"宝基尔"。伊朗亚兹德的房屋大部分都由土坯泥砖筑成,外附泥浆,上有风塔。屋顶以上的部分四面镂空,将来自各个方向的风引入,室内外温差产生的压力使气流循环到室内。建筑主体部分悬空,下面建有水池,热风经过高耸的塔身降温,通过水池的再次降温后,吹进各个房间,这就是传统建筑中的"中央空调系统"。

卡塔尔大学(University of Qatar,1984,图5-8)是应用这种传统冷却原理的最具代表性的范例。建筑师卡玛尔·艾·卡夫拉维(Kamalel-Kafrawi)在满足一个大型校园的技术、管理方面的需求的同时,保留了伊斯兰的精神,成功地连接了现在和过去。通过一部分封顶的庭院而非门廊打造校园内部的动线,这是从传统的风塔住宅中获得的灵感,它不仅更适应炎热的气候环境,也更符合阿拉伯的文化传统。木制矮墙将空间分隔,形成交叉通风。建筑师指出:"风塔不仅是能源短缺情况下机械通风和空调系统的替代物,而且也勾勒出建筑的形体,与文脉相关联。"同时,

图 5-8 卡塔尔大学

---

① 史坦利·亚伯克隆比.建筑的艺术观 [M].吴玉成,译.天津:天津大学出版社,2001: 13.

该设计考虑了当地的日照条件。在凹进的小房间中使用遮光屏幕,光通过阴影区散射进居住空间,开敞的屋顶也能够实现光的散射。间接光为使用者带来舒适感,这在西亚地域性建筑中被广泛运用。使用了数个世纪之久的传统装置,在当代科学研究的基础上得到新的阐释。

沙特阿拉伯沙嘉标准幼儿园(1975,图5-9)通过方形平面组织系统开敞和闭合空间,同样也通过屋顶上所设的中心塔实现每个单元的空气调节。风塔结构的另一个应用实例是沙嘉商场(Market in Sharjah,1977,图5-10),其拱顶形式与风塔相得益彰。蓝色的陶瓷瓷砖铺贴于建筑外部作为装饰,沿袭古老的阿拉伯传统,影射着附近盈盈的海水。

伊朗建筑师柯蒙仁·迪巴(Kamran Diba)的作品当代艺术博物馆(Contemporary Art Museum,1976,图5-11),以传统建筑中为适应沙漠干旱气候而产生并在波斯传统建筑中被广泛运用的"捕风遮阳窗"装置为原型,在半圆拱形屋面设置纳光系统,这也是建筑师以现代手法对传统和地域性建筑语汇的重新诠释。

在泰国,许多城市的住宅建筑都是用实墙包围起来的,以保护内部居民,但这同时阻隔了街巷和私人庭院内的空气流通。这种类型的围墙住宅使热带地区传

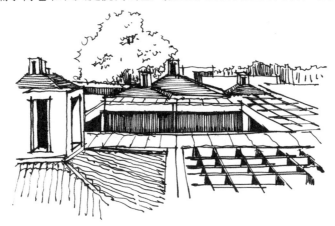

图 5-9 沙特阿拉伯沙嘉标准幼儿园

图 5-10 沙嘉商场

图 5-11 当代艺术博物馆

统生活居住方式被改变和渐忘。为了恢复传统的邻里交流模式,也让自然环境因素渗入建筑内部,建筑师在设计爱卡麦住宅(Ekamai Residence,图5-12)时,便将住宅和围墙作为整体进行考虑,重现曼谷的住宅区街道。过去曾用于当地城市社区商店中的可开合的百叶窗围墙再次被使用,重新建立私人和公共领域之间的联系。百叶可以打开,以产生与城市空间的联系。多种活动即可发生,如邻里间的闲聊、泰国宋干节的泼水活动,这样的设计能够促进人们的情感交流。百叶打开时,微风将吹进花园和室内。关闭百叶后,经过滤的空气仍能进入庭院。住宅、花园和街道之间的界限模糊,城市生活自由开放①。

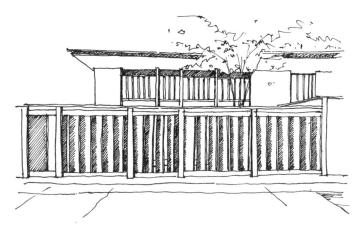

图 5-12 爱卡麦住宅

　　克里斯托弗·李(Christopher Lee)设计的新加坡国立大学新设计与环境学院教学楼(New School of Design & Environment, National University of Singapore,2019,图5-13),从传统的东南亚热带本土建筑马来屋当中提取出巨大的出挑屋顶、可以

---

① 查蓬·楚恩鲁迪莫尔.“热带杂交体”:为亚洲热带地区无法控制的城市化进程设计的适应性赤道地区建筑 [J].徐知兰,译.世界建筑,2019(3):16-23,128.

实现交叉通风的房间布局以及将建筑抬离地面的平台等原型,结合当代节能技术,在建筑表面安装1 225个光伏电池用于发电,起伏柔和的多孔铝板可以缓和东西两侧强烈的阳光,这成为教学中实验数据的来源。面向未来的教育理念渗入建筑创作,取法传统的设计方式使建筑得以更好地适应气候。在一定的造价控制下,建筑实现了零能耗。通过对传统屋顶的改善与再利用,非空调区域实现遮阳和自然通风,这反映出在当代发展的背景下,传统建筑适应气候的再发展。

图 5-13 新加坡国立大学新设计与环境学院教学楼

很多建筑师醉心于在当代设计中继承传统,却会忽视客观的限制条件,或刻意为了"继承"而"复古"。在现实条件下,中国建筑师王澍在中国美术学院象山校区的设计中,拒绝将传统做法模式化,而是刻意强调了传统与现代的距离,这种距离使我们能够更严肃地看待传统本身。传统需要被尊重,而不是被消费。在象山校区,王澍同样也使用了在现代建筑表面附加传统屋顶元素的手法,但必须注意的是这些小披檐的建构特征。青瓦披檐脱离了建筑主体,而且用简单得近乎粗糙的钢架支撑着。这种有意的分离,使得一种新与旧、传统与当代的紧张关系形成[1]。这种方式拒绝将传统和现代以形式元素进行结合,在精神层面体现出传统对当代的意义。

(二)结合地域特色的现代主义

建筑师在热带地区的创作需要充分考虑到当地的气候特征,并以现代先进的技术手段和方法来解决气候问题。在这个过程中,建筑师们接触到现代世界最敏感的环境和生态问题,认识到单纯地用空调和机械设备来降温和通风势必造成能源的浪费。他们探索各种自然降温和通风的方法,主要是在建筑上设计能够让空气对流的通道并形成大片的阴影,这样的建筑往往是通透而轻盈的,就像运用这

---

① 青锋. 建筑·姿态·光晕·距离:王澍的瓦 [J]. 世界建筑,2008(9):112-116.

种设计方法的代表人物杨经文的大部分作品那样①。

以热带雨林的气候条件为基点,马来西亚建筑师创造了有地区特色的建筑。该地区传统建筑多采用坡顶、骑楼、底层架空的做法来解决遮阳和通风问题。这些做法也被应用于当代高层建筑中,用以隔热防雨。IBM大楼正是运用生物气候学原理进行建筑创作的重要体现——在高层建筑中采用屋顶遮阳格片、外墙绿化系统等,以实现自然通风、防晒隔热,进而节约能源。

现代建筑对传统遮阳措施进行了再创作,遮阳构件以富有节奏感的形式,使建筑在热带强烈阳光的照射下富于层次感和韵律感。伊斯兰教文化根深蒂固地植根于地方气候和地区的历史中,对气候和生态条件的适应,不仅能够实现人们潜意识中的建筑形式,更能够为文化延承提供独创性答案。

马来西亚的住宅和一些小型建筑似乎更多地吸收了干栏式建筑的特点,因为这种建筑形式本身就是从生活实践中衍生出来的,自然更适应这里的环境与气候,亲切宜人,适合居住。此外,马来西亚城市中的一些建筑小品,如过街天桥、高速公路上的拱门等在设计上也吸收了传统的建筑语汇,增强了城市的可识别性②。

印度现代主义建筑的原型即来自气候启迪下的传统建筑,能有效地应对社会变化。柯里亚设计了一个完整的体系,其中有庭院平台、凉廊和台阶等,这使人联想起印度村庄中的开敞空间及模糊连接。然而,他的建筑又建立在现代传统的坚实基础之上。里瓦尔研究了混凝土框架与传统梁柱结构之间的共性。他为新德里国立免疫学研究院设计的住宅被组织在一系列庭院周围,它们相互间用一些窄道或轴线连接,这能使人联想起印度传统的空间组合方式——在法特普尔西克里宫殿群体或贾依萨玛尔沙漠城市景观的设计中均有体现,他以同一手法,创新遮阳方式。多西设计的位于艾哈迈达巴德郊外的桑珈建筑事务所,是由一系列低矮的半埋入土中的拱形空间组成的。拱形这一元素提取于印度庙宇空间形态,如同音乐节奏般有秩序地排列着。这同柯布西耶的拱形原理并不相同,而是对地域文化的诠释和表达。在多西的内心中存在着一种为改善社会条件,包括与自然取得和谐而献身的精神。桑珈建筑事务所就是这种梦想的微观体现,是一个由带草堆的花园、水渠和存于农村及城市之间的古朱拉底型土罐组成的天地③。

巴瓦设计的斯里兰卡新国会大厦(Parliamentary Complex,1981,图5-14)富丽堂皇又极具乡土特色,与环境十分和谐,同该国的鲁呼奴大学一样,既借鉴了世界多国的文化,又以本土特点为主。红瓦四坡顶大挑檐形成浓重阴影,多廊、大窗适合湿热气候。与此相似的曼谷文化教育院,以大小两讲堂及展览教育楼为主,配以亭廊,有三合院意味,建筑除一个复古亭子外,既简洁又富泰国特色④。

① 焦毅强. 马来西亚现代建筑的国际化与地域性 [J]. 世界建筑,1996(4): 16-19.
② 郝燕岚. 传统与创新: 马来西亚城市建筑 [J]. 北京建筑工程学院学报,1995(1): 10-17.
③ 威廉·寇蒂斯. 现代建筑的当代转变 [J]. 张钦楠,译. 世界建筑,1990(2-3): 123-131.
④ 郑光复. 新乡土、新地域与后现代主义的再认识: 兼商于昭奋同志 [J]. 世界建筑,1991(4): 60-63.

图 5-14 斯里兰卡新国会大厦

在1976年,马来西亚吉隆坡Zlg Design建筑事务所的建筑师修特·利姆(Huat Lim)获得了一座普通的两层独立式住宅的设计资格,这座住宅坐落于马来西亚首都吉隆坡市的一个建有居住区的高地上。几十年间,这座房子及其周围成为建筑师热带建筑思想的试验基地,不断完成的创作使这座老房子拥有了多种"副生物团体"。为促进自然空气流通,他设立阳台、走廊,并安装通风装置、格构式排污栅、百叶窗、篷子、屏风、通风道等设施,只在卧室和音乐室里装了空调。

同时,建筑师的实践也体现在细部和材料上。木料和过火砖作为承重材料,不加修饰地暴露在外。如果问利姆在设计中使用热带硬木的理由,他会自信地告诉你,比起在纯钢筋混凝土结构中仅仅让木材充当模板,这样做更具有生态意义。从旧房子上拆下来的木梁架、柱和过梁还可以被不断地循环利用。

在建筑中,他以一系列变化的空间,如设飞塔、前台、后台等,创造出不断变幻的气氛,并为视线交流提供可能性。这座建筑的功用有多种,它包含研究中心、住所、工作间、博物馆、音乐学院、图书馆,也包含冥想中心、古董店、车库、院落、鸟舍、天文台、祖屋或家庙。建筑空间能带来一系列的情绪变化,它提供安静的休息角落、宽敞的半公共空间、高耸的天井……人们置身其中,沉醉于美景,可以尽情享受独处的时光。

柯里亚设计的ECIL办公楼(ECIL Office Complex,1968,图5-15)应用中心庭院、

图 5-15 ECIL 办公楼

顶上篷架,将局部格架与主体连接,并在剖面中使用倒三角形。建筑的屋顶部分使用格板遮阳,部分由一层100毫米厚的水膜覆盖。院落、游廊、平台穿插于建筑当中,不仅在视觉上使建筑连贯起来,而且也在建筑内部形成微气候。当时,石油危机尚未到来,对高技术的崇拜风靡于世,但该建筑使用了充满灵活性和趣味性的手法,又加入被动式太阳能的策略,明显具有超前的环保节能意识。

新加坡的纽顿轩公寓(Newton Suites,2007,图5-16)为热带高层居住环境的营造提供了借鉴。建筑师将一些可持续的策略整合在当代建筑布局之中。塔楼外部采用遮阳元素,规整排列的有质感的面板以及出挑的阳台,形成了既满足功能需求又具有表现力的建筑立面。水平向的金属格网挡住了强烈的热带阳光,它们按一定角度排列,既防止了暴晒又与地面产生视觉联系。因观看角度的不同,金属格网产生形象变化,或通透或密实。这种光影效果使建筑内部体验发生持续变化,外观同样因角度和时间的不同而呈现各异的景象。由于经济原因和法规约束,凸窗曾经是新加坡公寓的标准特征。在这个项目中,建筑师对凸窗的运用更为灵活。在最开始设计时,种植屋面、空中花园和绿墙就已被预留出。宜居的公寓和广阔的公共区,外加环境元素,共同造就了这一幢独特的热带地区建筑。它不但实现了新加坡发展绿色城市的国家愿望,也改善了居民的生活环境①。

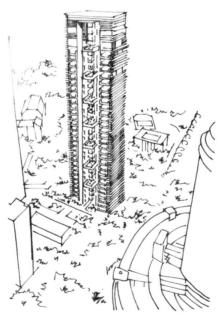

图5-16 新加坡的纽顿轩公寓

从特定地域的地形、气候等因素,或是乡土建筑材料、传统的建构技艺,抑或

---

① 王靖. 纽顿轩公寓,新加坡 [J]. 世界建筑,2009(9):92-97.

是特定场所精神、自然景观入手,建筑师的作品表现对地域性的深度思考,以更为审慎的态度协调现代主义和当地特色,以一种平视的态度探索现代建筑与当地建筑相结合的多种可能性。"文化""当地""传统""自然环境"等字眼,强调当地建筑,尊重传统与自然环境,不被传统束缚,建筑师拥有更大限度的创作自由。在中国建筑师张轲的作品中,石头这种材料最常用,从阳朔的条石、成都的青石到西藏的乱石,他在建造和技艺方面展现出对当地建筑、街道肌理和自然环境的尊重。在建筑师华黎创立的迹·建筑事务所(Trace Architecture Office, TAO)完成的作品高黎贡手工造纸博物馆、灾后重建的四川德阳孝泉镇民族小学(2010, 图5-17)等中,建筑的营造同当地气候相适应,建筑师利用当地材料、技术、工艺,从建构形式上真实反映地域传统,用最适应当地气候的材质和最适合表现当地特征的方式,促进对地域传统资源、传统建造技术等的保护与传承。

图 5-17 灾后重建的四川德阳孝泉镇民族小学

(三)创作热带的城市建筑

针对热带气候条件,建筑师在创作时首先强调的是提升人居环境品质,即考虑通风和隔热,并将实现使用者与气候环境的和谐共生作为设计的最终目标,协同发展环境、社会和经济。因此,如何充分结合热带环境条件,挖掘和突显热带城市建筑特色和生活特点等,有效利用气候因素,并避免负面影响,成为建筑师面临、关心的城市建筑设计问题。

无论是住宅建筑还是公共建筑,在适应热带气候时,其策略有共同之处,但又因其具体功能的不同而有所区别。住宅建筑数量最多,也是最基本的建设类型,同社会发展、人的生活状况的改善紧密相关。公共建筑能够为人们提供从事社会性公共活动的空间,因其种类与功能多样,于是广泛融入人们的日常生活中。随着技术升级与能源结构的调整,热带城市建筑也正经历着一场大规模革命,这场革命自现代建筑兴起时便不断积蓄力量,热带气候条件与绿色节能技术的发展既是刺激其加速发展的强劲动力,也是激发建筑师设计灵感的不竭源泉。

1.住宅建筑

罗伯特·鲍威尔(Robert Powell)在《热带亚洲住宅》(*The Tropical Asian House*,1996)中提出,热带住宅应满足以下条件:

——有一个永远开敞的作为家庭核心的生活起居空间;

——不毁坏地基上的任何原有树木,并与自然相协调;

——在设计中尽量少用装饰;

——不要有排水沟;

——有一个包围它的花园但不能对景观有不良影响;

——有宽阔的高抬的屋檐遮挡阳光;

——有庭院、过廊、露台和阳台这种形式的过渡空间;

——房间的层高要足够高以实现热隔离;

——有面向主导风向的通透的墙以实现自然通风或用有创造性的开敞设计来引导城市建筑中的空气流通;

——在允许的情况下,每个房间的纵深方向都应设窗;

——在规划时,应设有引导通向花园和庭院的双重作用的开口,庭院对外的一面应是封闭的;

——在某些房间,比如卧室,应有空调;

——利用景观来改变小气候,水池和喷泉除能够为人们提供视觉上的愉悦以外,同时能够降低城市住宅的温度;

——在设有卫星城镇的城市中心,体现"退却"与"庇护"理念。①

1)店屋和露台住宅

在东南亚和南亚,新加坡和科伦坡随处可见传统住宅,如英属海峡殖民地住宅店屋(Straits Settlement Shophouse)。19世纪和20世纪早期,新加坡大量采用的店屋形式,是由1811—1816年在爪哇岛作为陆军统帅主持英国重大事务的斯坦福德·然弗(Stamford Raffles)引入的。然弗意识到,在热带城市的建筑中必须设置遮光防雨的空间,他还观察到荷兰人在巴达维亚(Batavia,印度尼西亚首都雅加达的旧称)使用了外廊。有些研究者认为,店屋即是在阿姆斯特丹常见的窄小前屋和在中国南方尤其是广州和福建一带带有内院的店屋的融合体。

然弗在1811年对城市委员会提出指示:"每幢房子都应有统一的正立面,在建筑外部街道两旁加设外廊。"这样便形成了骑楼。在这个过渡空间中,有些房主会种植一些植物或放置一些装饰物,以宣示对这个空间的所有权,但也有房主认为它应当对公众开放,相关机构应当负起维修和清理的责任。若建筑用以商业经营,店主常常会将这个空间拓殖为附加展示区。

---

① POWELL R. The urban Asian house[M].London: Thames & Hudson, 1998: 12.

　　店屋形式在其他英国殖民统治的地区中也被广泛使用。在槟城、吉隆坡、雅加达、曼谷和马尼拉都能够找到这种建筑形式。它可以实现较大的容积率，一般可达到1.3，甚至1.8。当代新加坡店屋(图5-18)同传统的采光井相结合，在为内部引入阳光的同时，经过改造，可以转变为公寓住宅，以适应如今人们的生活方式，这体现着对条屋与时俱进的改造与诠释，反映着社会的愿望与城市生活的新方式。

图 5-18 当代新加坡店屋

　　2)庭院式住宅

　　传统的庭院式住宅在热带地区应用广泛，在斯里兰卡、菲律宾等地区普遍适用。来自中国的移民以及来自荷兰、西班牙的殖民者都带来了本国的庭院式住宅模式，它们与当地环境逐渐融合，并产生更为恰当的转变。时间继续向前推进，当代建筑师依旧将庭院视为热带住宅中不可或缺的一项，既为建筑引入景观，又能够调节建筑内部微气候。

　　马内尔住宅的设计体现出乡村文化的悠闲与随和。住宅完全开放，环绕着中间的水池展开，只有卧室是封闭的。建筑空间具有某种矛盾性，但各种功能可以根据家庭的不同需要进行调整。起居空间通常用于全家共同就餐，开放的公共区域通过中间的水池与室外的花园相连。住宅顺风而建，热空气由庭院排出。借助被动通风系统，住宅全年都保持着凉爽怡人的温度[1]。

　　人居环境的健康发展终究离不开人与环境的和谐共生，更离不开人对自然和舒适居所的向往。开辟庭院空间便是建筑师寻找到的炎热地区建筑设计策略之一，它兼具气候适应性与有效性。

---

[1] 希兰特·韦兰达维. 马内尔住宅，科伦坡，斯里兰卡 [J]. 尚晋，译. 世界建筑，2019（2）：38-41.

3）独立住宅

独立住宅模式在南亚和东南亚也由来已久，由英国、荷兰和西班牙的殖民者引入。1819年然弗刚到新加坡的时候，目之所及，建成的住宅只是一些简单的木棚子。随着殖民政权的巩固，坚固耐用且具欧洲特色的建筑逐渐替代了原来的临时建筑。在殖民初期，住宅呈对称的紧凑形式，由英国乡村引入。古典主义在当时具有极大的影响力，新加坡的大多数住宅都采用意大利住宅的传统形式，即在第二层布置建筑的主要功能。受欧洲风格变化的影响，不对称的建筑住宅形式大约出现于1890年前后，不同功能特征和尺寸的房间真实反映于建筑的平面和形体中。

Bungalow（图5-19）是殖民时期新加坡的一种带柱廊的平房。"bungalow"一词来源于"bengali"，意为乡土的茅舍。其最原始的形式只是一个简单的高出地面1~1.5米的泥墙建筑物，由一圈围廊围绕。英国人在此基础上进行了一定的改进，保留了前廊和后廊，将侧廊围合起来做浴室或更衣室。建筑使用砖墙和木柱，加强建筑内部通风，以适应近赤道地区的气候。严格来讲，"bungalow"一词只指高出地面一层的建筑，但在新加坡，它的含义更为宽泛，所有单独的公寓都可以被称为"bungalow"。在一些地区，也会将独栋住宅称为优质平房区（good-class bungalow areas）。

图 5-19 Bungalow

在菲律宾，西班牙的殖民统治在一定程度上促进了其城市化。起先，西班牙人引入了他们在地中海一带的石制建筑，但这些建筑易倒塌，17世纪频发的地震使城市遭受到很大损失。于是殖民者开始汲取当地住宅巴贝库博（Babay kubo）的建造智慧，将其与石构建筑相结合，以此形成的双层住宅被称为巴贝石（Babay na Bato），住宅第二层为木框架，第一层由砌块墙支承，两层结构相互独立，以结构的灵活性来降低地震对建筑的破坏,屋顶高高抬起以遮蔽风雨。建筑首层一般少有出入口,以其封闭的墙体保持结构的稳定性,更好地抵抗地震。功能上,首层封闭空间用作马车房或汽车库。上层地板选用轻质材料,设开口以通风,家庭生活起居空间均在第二层。民间建筑师罗萨里奥·恩卡纳西奥(Rosario Encarnacion)在奎松市(Quezon City)设计的住宅,即是在巴贝库博和巴贝石中找到灵感的。

4) 半独立半联合住宅

在英国殖民统治时期,广泛流行于新加坡的半独立半联合住宅多位于郊区,相邻两户有共用的一道墙,建筑形式如孪生一般。两家的屋檐需对齐,窗户的比例要一致,材料也应相互适应,尤其要在建筑高度上保持相同,以示对对方的尊重。这种建筑上的统一性源于居住者本身的群体相似性,他们的社会经济地位与审美风格的相同成就了谨慎而一致的建筑形态。

但在新加坡的科菲广场住宅(Corfe Place House,图5-20)中,建筑师意欲打破这一传统,通过一定的建筑手法回应当代与历史的关系,体现城市的快速发展。

图 5-20 新加坡的科菲广场住宅

位于新加坡郊区的石龙岗花园(Serangoon Gardens),作为私人地产,直到20世纪90年代,其建筑都没有经历太大的变化。但不断增长的人口,对土地持续的开发,为满足高容积率而进行的重新规划,政府对人口所需住房的承诺等都不可避免地影响到石龙岗花园。这座住宅以前曾是半独立住宅之一,建筑破败后重建,意在打破常规,表达不同。原来共用的墙体不再只作分隔用,而因空间的变化被赋予了新的意义。同时,建筑高度也有所变化,对比周边建筑,更显建筑新意。除此之外,建筑也选择使用与过去完全不同的材料,建立与过去迥异的审美标准。对过去时代的守旧已在给具有当代个性的表达让路。

5) 延伸式住宅

随着建筑周围环境的变化，延伸式住宅逐渐发展。这类建筑能够提高对土地的使用率，因而常常产生高容积率。经过不断发展，其已形成了经典而灵活的平面形式。在马尼拉，巴瓦设计的特索罗(Tesoro)住宅和费尔南多(Fernando)住宅，都呈现不断扩展的状态，从而适应家庭成员增长带来的建筑功能需求。

在斯里兰卡，建筑师巴瓦关注岛上的热带风景和建筑传统，在建筑中注进现代建筑的理念，融入东西方文化。当地气候湿热，传统棚屋支撑着宽大的屋檐，以阻挡阳光和雨水，并方便空气流入。受欧亚各地的影响，白墙、瓦屋顶以及利于通风的开放式布局等特点逐渐显露。巴瓦于1963年在斯里兰卡为自己设计的住宅(图5-21)同时兼作办公场所。他将整个城市浓缩进住宅之中，街道、广场、外廊、庭院、露天餐厅、树荫下的休息空间，由特定流线组织串联。居住其中，在视觉上，能欣赏远处的景观、庭院中的喷泉；听觉上，能感知远处的车流声、不知何处传来的音乐；嗅觉上，能闻到飘自厨房的香气。高高的外墙和相对朴素的立面入口充分保护着建筑的私密性，使安全感和舒适感在这方天地中得到保证。步道由提炼于传统建筑中的悬挑屋顶覆盖，组织规划着步行的路径。

图 5-21 巴瓦住宅

这座建筑可视作其关注历史与自然关系的体现。建筑参考了当地传统的木构架房屋，这种房屋四周开敞，屋檐出挑较深，以避免日晒雨淋，并利于自然通风。在此基础上，建筑也反映了受亚洲和西欧建筑风格影响后的结果。住宅中设有一系列开放和半开放的院子，柱廊空间围合庭院，轴线位置开敞，设水池，以此空间让空气流通，并能够让雨水注入。柱廊的形式进一步参考了斯里兰卡佛教寺院的传统达玛·萨拉瓦(Dama Salarwa)式样，在材料和手工艺上，同样也将传统形式作为参考①。

　　在同属南亚的印度,建筑师对气候问题更为敏感。不断涌现的优秀建筑师以建筑作品证明通过设计的力量,他们能够提供与环境和解的人居条件,并以充满特色的现代建筑作为重要的文化输出,树立印度建筑的地域品牌。作为本土建筑师,柯里亚提出"形式追随气候",他认为:"能源是个重要议题。在西方,建筑师越来越依赖机械技术手段来控制室内的采光通风;而在印度这样的国家,经济条件的制约使社会不具备这样的条件。这更要求建筑本身,通过其真实的形式,来产生(对气候的)调节。""在印度,建筑的概念绝不能只由结构和功能来决定,还必须尊重气候。"在此理念的指导下,他借鉴传统经验,并加以创新,创作了多个体现该理念的住宅类建筑。

　　设计于1973年的拉利斯公寓,在起居空间周围设敞廊、工作间等辅助空间,通过活动的隔断隔开卧室与辅助空间,便于实现室内布局的灵活转换。这种形式源于殖民时期的单层建筑,中心为起居空间,四周设辅助房间,在外部设檐廊。建筑平面呈集中式,中央部分集中度最高,统领四周,设窗以利通风。这种住宅难免因形式的简单而显单调,但柯里亚通过改进,使其变得灵活。

　　与集中式布局相反,另一种住宅形式是将中间部分作为直接通风口,四周环绕设置其他使用空间,以便风能够自然吹入。在巴夫纳干的商人住宅设计中,中央部分的通风井也兼作交通枢纽,连接四周8个使用空间。这一设计形式多运用于柯里亚之后的设计中。

　　在加尔各答郊外的申氏住宅设计中,柯里亚结合印度传统建筑形式红堡,对其气候应对手法进行再创新。莫卧儿帝王时期的红堡(图5-22),底层用作防御和贮存空间,上层设花园平台,另有不同功用的凉亭用于待客、祈祷或沐浴。印度北方冬冷夏热,为调节自然气候带来的不适,建筑师在红堡这种传统建筑形式中通

图 5-22 莫卧儿帝王时期的红堡

---

① STEELE J. Architecture today[M].London: Phaidon Press, 2001: 224-251.

过连接中间的下沉式庭院与上层的花园平台,创造了灵活的建筑使用方式,第二层的花园平台于盛夏入夜后和冬季有暖阳时使用,第一层的庭院则相反:在夏天清晨,通过篷布留住夜晚存留的凉气;在冬季夜晚,房间则可抵御寒冷。柯里亚的设计即是将使用房间呈风车状布列在中央方整的庭院四周,中央空间四面开敞,功能模糊,随四季、时间变化而被赋予相应的功能,这即是建筑师对"建筑是变化的"这一概念的实践。再如帕雷赫住宅(图5-23),两种不同的剖面形式应用于夏季和冬季。在夏季,室内形成正三角形剖面空间,顶端拔气,开口小,减少热辐射。而冬季时剖面形成倒三角形,顶端开大口以获得更多日照。夏季的正三角形剖面即夹在冬季的倒三角形剖面和服务性空间之中。

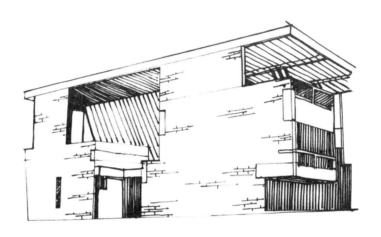

图 5-23 帕雷赫住宅

　　20世纪60—70年代前期,柯里亚在住宅方面的主要成就体现在连排式住宅的设计中。他为秘鲁设计了高密度廉价试验住宅,其单元之间的墙体不再是简单的平行关系,而是通过咬合关系,将进深减小,面宽则增加了一倍。每户中心设一个拔气口和中庭,进一步发展了连排式住宅。

　　除此之外,柯里亚还设计了多个高层住宅,其中位于孟买海滨的干城章嘉高级公寓(1983,图5-24)共28层32户,公寓设4种户型,每户的阳台花园两层通高,室内处理体现了"管道住宅"的进一步发展。值得一提的是建筑的色彩处理采用了柯布西耶的手法[1]。

　　柯里亚设计的各个住宅,以气候作为出发点,同时为适应不同地区的不同条件进行了改善,无论是对印度建筑设计水平的提升还是对世界其他国家的地域性建筑设计方式的创新,都具有启发性的作用。

　　由德里发展局建造的雅穆纳联合居住区(Yamuna Apartment,1982,图5-25),用

① 王辉. 印度建筑师查尔斯·柯里亚 [J]. 世界建筑,1990(6):68-72.

图 5-24 干城章嘉高级公寓   图 5-25 雅穆纳联合居住区

于安置都市加速增加的人口,居住区共200户住户,平均每户建筑面积为90平方米。这些住户多数属于来自印度南部的中低收入阶层。在居住区中,四条放射状街道交会处设有俱乐部、商店、餐厅等,形成居住区公共使用的中心区域。住宅单元为三种标准平面的重复组合。这三种平面的方案都是在广泛征求社会意见的基础上确定的,并都着重考虑了气候的影响。每户均将私密与半私密的空间明确分开,私密区的卧室位于半私密区的起居室后部,同时起居室带有一个可以观赏风景的阳台。在平面中,设计保证了足够多的交叉通风,既有开敞阳台吹入的穿堂风,又有内部通风井产生的交叉风。这样,虽然居住单元聚集在一起,但各单元的通风性也能得到保证。连接卧室的半露天平台为休息纳凉、晾晒衣服提供空间。到了冬天,平台上阳光充足和煦,是晒太阳的好地方。建筑的阳台错落布置,再加上外部楼梯,建筑整体立面造型更丰富[1]。

在卡普尔酒店(图5-26)中,建筑师对气候的关注在设计方式中有着进一步的引申,高墙界定出方形生土庭院和各个组团,院中央即用以交流集会。庭院系统明确地被一面连续的墙体界定,不同的功能块分散布置,并可向外不断扩张。在湿热气候下,封闭的盒子与开敞的自然之间即形成了一条连续的纽带,根据建筑不同的功能要求而产生不同程度的建筑开敞,进而自然生成建筑的形式。使用者通过檐廊的过渡进入庭院,行至树下,走上平台,再折回屋中,走到阳台上……不同区域间界限模糊,相互交融。在此过程中,光影的不断变化为行径带来乐趣。

在住宅建筑中,与外界直接交流的空间能丰富人们的居住体验,其形式及尺度反映建筑性格。这类空间的完成,不仅体现在庭院中,也体现在高密度的住宅设计中。建筑师极力为每户配置各自的平台,例如对吉凡·比玛区镇的规划以及

① 普拉韦什·杰特海,梁井宇. 新德里雅穆纳公寓,印度 [J]. 世界建筑,1990 (6): 36-37.

图 5-26 卡普尔酒店

为艾哈迈达巴德的古吉拉特住宅委员会设计的低收入者住宅。这类空间不仅能够改善居住条件,而且在第三世界国家中,还有相当高的经济价值——可以在庭院中饲养牲畜以提高家庭收入。

孟买同样处在炎热地区,曾经的殖民地式建筑将起居部分放在中间,周边护以连续的檐廊。在剖面上,起居部分的坡屋顶拔高,檐廊部分形成低矮的一圈,便于风能吹入。如在松马拉公寓和拉利斯公寓中,一系列的檐廊、工作间、盥洗间构成了环绕中心区的保护带,组合后的建筑成为一个完整的系统,每两个空间的界定是动态的、模糊的[①]。

由DP建筑师事务所设计的海滨私人住宅公寓(图5-27)是首例利用新加坡预制体系建造的住宅,可容纳1 000余户居民。建筑位于新加坡岛上最理想的地段,海风徐徐吹来。在交通方面,通过大型高速公路,建筑便捷地与城市联系起来。建筑师通过实践探索热带地区高层建筑未来的生活方式,寻找热带建筑有价值的元素加以运用。在总平面中,四栋30层高的塔楼和一栋9层高的塔楼呈扇形对称布置,这种设计方式能够为住户提供观赏美丽海景的广阔视野,每个单元之间彼此不遮挡视线,采光通风良好。受热带树木形象的启发,建筑师在塔楼屋顶设计了格栅形式,用象征性的符号反映了位处热带地区的场所精神。在平面中,所有的起居室都面向大海,服务空间例如厨房、卫生间等成组设置,靠近建筑核心位置,从而不影响立面效果。除了对单元进行精心设计外,建筑师还在立面上做了丰富的细部处理,形成雕塑感,并赋予建筑以都市气息和精致品位。在技术方面,建筑主要依靠预制建造技术建造,质量优良,细部动人。依据人的尺度,建筑师在花园中集中设置了多种活动设施(例如游泳池、浴池、步行桥、网球场等),并且进行了丰富的质感处理,并没有附加集中空间(因为在多数情况下,这样带来的公共

---

① 查尔斯·柯里亚. 转变与转化 [J]. 王辉,译. 世界建筑,1990(6):22-26.

图 5-27 海滨私人住宅公寓

交往并不活跃),而是提供公共空间,让每个居民都能够乐在其中[1]。

热带地区不同国家的建筑师都在当代设计手法中结合传统,以更好地让住宅适应气候条件。无论是在尺度上,还是在形式上,他们的设计都体现着对该地区生活方式的高明再阐释。这种满足最基本居住功能的建筑,更能够反映当今建筑界研究的诸多议题,如可变更性、可增长性等一系列概念。它们吸纳着历史,并预示着未来热带城市中住宅发展的趋势。即便外部环境炎热,建筑师竭尽全力打造的栖居之所却能够为人们提供凉爽、静谧的安逸氛围。

2.公共建筑

东南亚的热带地区与同为热带地区的非洲和印度次大陆的气候并不相同,这就决定了当地建筑会因地制宜地选择设计策略,确立地域模式,提出新的指导路线并实施。建筑师通过探索新方法,寻找并应用可持续、可再生的建筑材料,从而减少对自然资源的浪费。热带地区充沛的日照作为最充沛的能源,转化成能量后能供建筑物使用,能够极大地减少建筑本身消耗。

在吉米斯·利姆的构想中,未来热带多层建筑的角色将不是"能量消耗者",而是可以维持自身并为周边提供能量的"能量塔",其服务半径可涵盖整个地区。如同发动机一般,这些"能量塔"持续向外输出能量,在外形上它们应当同热带地区环境完美融合。同时,他提倡使用无污染的交通方式,如控制汽车的数量,通过减少交通系统占地面积,从而为城市留出更多空间,建构活动场所。在可持续性的循环中,人类在消耗资源的同时也在积累资源。

在这种思想的指导下,利姆创造的建筑空间轻巧而富于变化,墙体分散,界限不明确,空间是可流动的非固体,尤其当阳光从藤条制成的遮阳板的缝隙中透下

① 李晓东.海滨私人公寓,新加坡 [J].汪芳,译.世界建筑,2000(1):49-51.

来时,光影便在空间中随处涌动。这不同于一些现代主义者所倡导的功能至上,各空间的功能在不断变化,随着建筑的连续扩展,相应地,生活方式会发生调整。其他建筑自完成后,只能够面临不断"衰退"的命运,通过"补救手术"延长寿命,但利姆的建筑却能够不断更新,即便是小小细节也能够为建筑带来新的活力,拟建新的秩序。

里瓦尔设计的新德里国立免疫学研究院(图5-28)位于德里郊外的山坡上,利用轴线来组织空间(包含研究实验室和居住组团),将建筑围绕不同尺度又相互连接的庭院布置,建筑群整体如同一座城市,引入广场、街道、游廊等。这是受到了传统"大居住区"(Havelis)建筑形式的影响,通过庭院缓解炎热气候带来的不适。而研究院内的空间,并非通过繁复的装饰,如东方拱门、圆顶和雕刻品等表现,而是通过运用传统的规划原则,以合理的结构、现代的技术和新型的材料实现对印度城堡建筑的继承[①]。其中的来访学者招待所顺应坡地,以多边形露天看台组织平面(这显然受到康的作品孟加拉国达卡国会大厦影响),这种建造方式取得了意想不到的效果。转换的轴线,变幻的远景,完美的比例,有层次的室外空间,从印度传统建筑中吸取的有机形式被抽象、概括、转化。研究院仿佛是法特普尔西克里宫殿城市的复苏[②]。

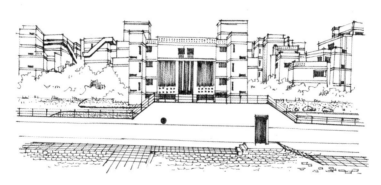

图 5-28 新德里国立免疫学研究院

建筑师多西设计的桑珈建筑事务所(图5-29),是其"印度新建筑"构想的体现。建筑由一系列不同高度的连续圆筒状拱组成,砖墙承重拱顶结构体现韵律与动感,结合维护墙与砖柱承重的平顶结构,墙与梁、柱的混合承重结构在水平与垂直两个方向呈现不同形态,满足不同功能需要,形成多种空间。事务所向地下延展空间,有效避免阳光直射,通过侧窗、天窗以及平顶上的玻璃砖,将自然光引入,并将热气隔绝在建筑之外,以此顺应并灵活适应当地气候,充分体现传统与地方特性。

① 拉兹·里瓦尔. 社会转变中的传统建筑及其当代阐释 [J]. 朱建平,译. 世界建筑,1990(6):60-61.
② 王毅. 香积四海:印度建筑的传统特征及其现代之路 [J]. 世界建筑,1990 (6):15-21.

图 5-29 桑珈建筑事务所

　　侯赛因 - 多西画廊(图 5-30)采取同样的方法,但它已经成为脱离现代国际主义的环境适应论的例证。虽然同样由圆形呈现平面形式和剖面轮廓,但二者的差异却显而易见,建筑师们通过具体建筑的不同表现形式体现建筑形式特征。这一由自然、有机形态构成的具有表现主义倾向的建筑是多西对地区文化象征性和联想式的表达,是他对时空流动特征的把握以及对"流水"的哲学思辨。侯赛因 - 多西画廊使人联想到洞穴、山体、乳房及以这些为原型的印度建筑形象——佛教的窣堵坡、支提窟和毗诃罗。多西使用细铁丝网和钢筋混凝土完成结构建构,鼓起的壳体结构类似印度城乡流行的湿婆(Shiva)神龛的穹顶,碎瓷片的屋面做法被延续,室内支撑屋顶的柱列还会引发人们对森林的联想。这一梦中"龟形"的画廊,经过画家本人在其表面添画蛇形图案,更增添了宗教感和神秘感。

　　受印度迷宫般城市规划组织空间的传统手法的启发,班加罗尔印度管理学院

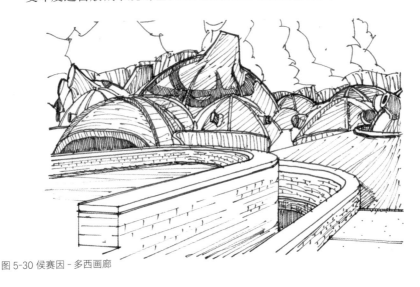

图 5-30 侯赛因 - 多西画廊

的柱廊、庭院,将阴凉空间组织联系起来,使其成为各部分的室外延展空间,在葱郁绿藤下规划出避暑穿行的行进路线。石砌工艺塑造随意而模糊的建筑面孔,多样空间即在其中不断转化,相互交织。

　　1989年初,MGT和DP建筑师事务所承担了新加坡军事学院的总体规划,并设计了新加坡国防部陆海空军事培训学院(图5-31)。其整体占地85万平方米,建在繁茂的热带绿丛中。52栋建筑中包含教学设施、教职员和学员的宿舍以及完善的体育活动休闲设施,以供教学、休息、练兵活动之用。总体规划和最初建筑形象的设计都建立在建筑师对日照、气候等条件的评估和对每个学院的功能特征的分析的基础上。建筑师通过对建筑布局、建筑形式进行规划和对阳光的遮蔽设计进行计算试验,使得教职员和学员宿舍全部实现自然通风。

图 5-31 新加坡国防部陆海空军事培训学院

　　由MGT建筑师事务所设计的新加坡国家军事学院工程设计项目,耗资巨大,是极具魅力的艺术作品。建筑为绘画、雕塑等提供了充足的展览空间。正因如此,军事院校严格、刻板和紧张的气氛得到缓解。校园中蜿蜒的小路逐渐隐匿在60米高的观测塔后,前方建筑在夕阳下的不同剪影引领着游人一路向前,直至指挥官学院建筑,它便是视觉上的终点。它的立面是简洁却很独特的褐色墙面,略有起伏,整个立面看起来如同可攀登的岩壁。在学院入口处能够看到由林同炎(T. Y. Lin)设计的悬索连桥,它反映出折中方法在地区主义文脉中的非具体化体现。古典主义的对称和秩序通过地方材料表现,使建筑成为一张抽象的拼贴画。

　　贯穿于校园建筑中的明确而有效的设计策略为:宏观上,即总体规划的理念,体现古典建筑语汇中的坚固、秩序、安全和纪律；微观上，融入当地的历史、文脉和材料，并由此体现出建筑风格的生动特征与多样性。

　　海南三亚的海南航空俱乐部(图5-32)，以"航空"概念作为主题，与传统建筑的结构、形态、比例、尺度、材质等元素形成呼应，呈现出统一变化的整体效果。建筑师在平面功能、立面造型等的处理上运用了大量热带建筑造型语言，如架空外廊、深挑坡屋檐、宽大露台、凉亭、大量遮阳构件等，通过多种元素的合理搭配，逐一显现热带建筑的地域特征。在颜色搭配、材料运用以及造型风格上，该建筑也抽象表现出海南民居的质朴感和亲切感。通过借助现代数字技术，建筑师还量化了温度、光照、肌理等诸多要素，建立关联模型，使用参数化工具与方式，得到曲形叠加的复杂适应性形态[①]。

图 5-32 海南航空俱乐部

　　热带建筑所处环境的特殊性，使得建筑的气候适应性成为设计中的重要调控因素。技术的成熟在一定程度上曾使现代建筑忽视气候文脉，但也为充分利用自然能量提供了更多可能性。通过建筑自身的形式调控微气候，使调适气候成为建筑形式创作的原动力和手段，从而显著减少能源消耗；辅以针对气候特征和朝向的气候边界设计，引导和调控各种能量流为建筑所用。无论是住宅建筑还是公共建筑，只要建筑师着眼于调控温度的有效方式，找到适应气候的有效策略，多种手段互补，合理进行空间分区，进行建筑创作，那么这对能源的节约将具有重大意义，能够保持地方建筑的持续繁荣。

　　(四)顺应气候的空间形式

　　建筑对气候的反映，体现在协调建筑功能、调整建筑形体、配套相应措施上，但这并非意味着建筑设计本身处于被动地位，只通过某些方式手段简单顺应。现代建筑丰富的设计方式，使得建筑空间的表现更多样，呈现出完全不同的建筑形态。建筑外部通过布局、形态、材料等体现环境影响，内部则注重空间营造与人工设施应用相结合，进而使内外部环境共同适应自然条件。在保证建筑合理性的基础上，建筑师合理划分空间，保证尺度适宜，从而实现其创作理想。

　　沙特阿拉伯地区属热带沙漠气候，酷热与干旱少雨的天气情况，使得当地建

---

① 陈喆，姬煜，乌玉军. 地域建筑的复杂适应性设计探究：以海南航空俱乐部规划项目为例[J]. 华中建筑，2014，32（10）：68-73.

筑更需要适应这种极端严峻的环境挑战。SOM建筑设计事务所设计的沙特阿拉伯吉达国家商业银行曾获1996年建筑石材奖(中东与北非地区),该建筑位于红海海边,由呈三角形的27层办公塔楼和6层圆形车库组成。建筑核心部分是一个不受强烈阳光照射的天井,它将热空气向上排出,从而为建筑降温。各办公室的窗户直接面向天井打开。这种建筑形式源于当地的建筑设计传统,并广泛应用于住宅、风塔等建筑,但在实际设计中建筑师并不会完全照搬这种传统形式。开放的露台如同空中绿洲般为高层建筑提供活动场所。带有浓郁伊斯兰风格的建筑立面,让人自然而然地联想起古代堡垒的外形,同时也体现着海滨建筑的特质,象征着金融建筑本身所具有的财富和自信。

　　新加坡益乐住宅(2007,图5-33)在设计时被构想为一个三维景观装置,生活空间嵌入其中。由此创造出的流通平台空间优化了日间的自然光照、交换通风条件以及视觉景观。植物、鹅卵石、水面等景观元素共同从水平和垂直方向定义了不同的生活空间,有效地在住宅内部创造出了凉爽的微气候,并使建筑能在日间保持良好的采光和通风。它创造出了一种类似于热带雨林的环境,减少了建筑内部对空调和人工光源的需求,成为都市当中一处人与自然同处的和谐之地①。

　　在气候更为湿润的印度,柯里亚营造出的各类开敞空间,保证户外公共活动

图 5-33 新加坡益乐住宅

---

① 李璠. 益乐住宅,新加坡 [J]. 世界建筑,2009(9):19-25.

能够正常进行,更体现建筑师对提升人居环境的坚持。甘地纪念馆传承了德里等地的伊斯兰清真寺大面积水体化开敞空间的设计传统,以院落式布局提供了绿荫和池泉,创造了宜人的小气候和良好的户外活动空间。位于博帕尔的巴哈汶艺术中心利用自然坡地打造一系列平台花园和下沉庭院,构建温湿度宜人的户外开敞空间。其源于古梵庙的一些公众祈祷空间,意在通过营造清凉的气候幻化出净水冥想的心灵世界。其原理在于利用空气热动力学蒸发制冷。同时,该建筑还是干热地区以覆土掩体建筑创造环境微气候的成功例证。

在热带地区,因日照更强烈,建筑的阴影也就更为深沉,勾勒出建筑的体积感。凹阳台、栅格窗的大量运用,不仅为建筑遮阳,也成了热带地区建筑最富有特色的通用装饰。早在干城章嘉高级公寓的设计中,柯里亚便将艳丽的原色平涂在凹阳台的阴影里,以加深阴影凸显清凉。在果阿旅馆(Cidade De Goa,1982,图5-34)等作品中,柯里亚使用二维的壁画来扩大三维立体空间。壁画的风格与意大利未来派画家籍里柯的风格颇为相近,空间构件层层相叠,色调相近,只用透视线来强化景深。深深的影子突显出亚热带气候的特点,通过错觉造就空间的复杂性,使作品既简洁纯朴,又颇具意韵。

图 5-34 果阿旅馆

美国建筑师鲁道夫为印度尼西亚首都雅加达设计的达摩拉办公楼(Dharmala Office Building,1990,图5-35),共25层,设天井、天窗,以两头大、中间小、带有斜面的管状形式促进水平或垂直方向的空气流通。每层均设有出挑的三角形玻璃阳台,在保证房间不被太阳直射的同时,也密密匝匝地在建筑立面上形成带有韵律的起伏波澜光影。建筑因而也具有了轻盈活泼的性格。中庭内各层楼呈阶梯式后退,为各层办公用房提供便于活动的露台。同时,基座每层楼后退形成一个反转过来的漏斗形状,可以直接引进得自然光线。中庭内的每层露台都被蔓草覆盖,

图 5-35 雅加达达摩拉办公楼

并有流水、花台、落水,看上去像是村庄的绿色庭园,微风习习,清爽怡人。阳光和空气通过露台,穿过建筑的所有部分,整栋建筑便像是轻盈地飘游在基座上空[①]。

在新加坡诺怡酒店(2007,图5-36)的设计中,建筑师将艺术、建筑与室内设计结合起来,创造出了具有新艺术气息的环境。立面采用了新颖的上升几何造型,构成绿色幕墙的攀缘植物被栽植在金属多孔板筛上,这道自动灌溉的水培绿植幕墙作为第二层表皮,隔离了直射的日光,并收集太阳能以达到自给自足的循环。折面的角度也保证了攀缘植物能够最大限度地接受光照,同时创造出了有趣的光影效果。这种立面几乎不需要进行人工维护。激光切割花纹钢板所创造出的光影效果为大堂空间带来了愉快的气氛。伴随着徐徐变化的日光,用餐的体验也不

图 5-36 新加坡诺怡酒店

① 保罗·鲁道夫,吴竹涟. 雅加达达摩拉办公楼,印度尼西亚 [J]. 世界建筑,1991(3):34-37.

断变化着,在这里人们能获得心灵上的美妙体验[①]。

在芬兰驻沙特阿拉伯的大使馆(Finnish Embassy in Saudi Arabia,1983,图 5-37)中,建筑师利用混凝土框架结构特性,将底层架空,并设大面积门洞促进空气流动。墙面被设计为浅色,便于反射阳光。上层形如百叶窗的外墙,在便于通风和遮阳的同时,也因创造了灵动光影而使建筑具有了独特的艺术效果。

沙特阿拉伯沃西亚村镇发展计划(Wasia Village Development Plan,1990),不仅考虑了当地居民传统的生活方式,同时也对当地炎热的气候条件做出了应对。为了让居民免受阳光的炙烤,在建筑的上面运用现代技术发展了一种"阳伞"系统,这个系统可以使建筑处于"阳伞"的阴影下。同时,建筑两侧的百叶窗允许自然风通过,降低了建筑的温度。

图 5-37 芬兰驻沙特阿拉伯的大使馆

不同于热带的炽烈,气候温和湿润的中国华东地区,在地理位置上承东启西,连南接北,这里的建筑兼具中国北方的雄浑敦厚和南方的温文秀雅。何镜堂等人设计的安徽省博物馆新馆(2011,图 5-38)着眼于挖掘传统空间,以材质、构成等现代建筑语言传达地域文化的精神与内涵。通过营造公共空间与展览空间的相互关系,建筑师布局清晰地将建筑分成三个圈层,以"四水归明堂,归水亦宏扬"的空间立意,着意突出庭院的中心位置。建筑师对一系列转折勾连、错动交叠的通高

图 5-38 安徽省博物馆新馆

① 李璠. NAUMI 酒店,新加坡 [J]. 世界建筑,2009(9):26-31.

片墙进行多样化的限定,引导公共大厅联动一系列大、中、小空间并通过环绕盘旋的"巷道"到达各层。外围的两个圈层交缠联动。展厅由一系列连续转折的实体构成一个四面通透的方体,确定建筑的基本外轮廓。博物馆展厅内有着沉静、幽暗等空间感受①。

　　建筑空间感的塑造同气候密不可分。建筑师基于气候本身的特点,营造出相异的空间形式,引发游览者多种情感上的变化与共鸣。隽永活泼或奇幻神秘的氛围,由建筑与自然共同配合营造。阳光与雨露、文脉与历史,融于空间,揭示出地域气候影响下的空间发展变化。寄托情怀于营造中,予建筑以灵魂。

　　(五)借助现代建筑技术

　　技术的发展促进万象更新,现代地域性建筑的发展同样离不开相关的科技,其需要借助技术实现开创探索和进步。结构、设备、材料、施工等技术措施成为影响建筑造型、节能、环保等方面的制约或促进因素。带有地域技术特性与传统技术延承性质的建筑现代化发展趋势,提倡适应地方建筑形式和环境的需要,从而使建筑更好地适应当地气候。因此,合理使用可再生能源,如太阳能、风能、水力资源等,将使适应技术与生态技术相结合。另外,由生物学家和生态学家共同推动的绿色运动,在建筑学与生态学概念的共同指导下,利用结构技术、构造技术、材料技术、设备技术,共同推动可持续发展,使得关于人居环境的探讨具有实质性的意义。

　　1.适应气候的建筑构造

　　建筑师针对特定地区的气候提出多种具有创造性的设计思路,赋予建筑以强烈的地域色彩和地方个性。技术的发展加速了这一过程,催生出"构造设计学"的创作思路。这为节能节地提供了重要途径,使自然真实成为建筑艺术发展的源泉。不依赖耗能设备,在建筑形式、空间、布局和构造方面采取措施,以改善建筑环境,实现微气候建构,这对发展中国家实现可持续发展尤其具有现实性意义。现代建筑技术在建筑的发展过程中起到的作用不容忽视。运用高科技的材料与技术符合现代社会重视经济效益与效率的需求。在全球化进程中,积极地借鉴西方先进的建筑技术,成就适宜当地发展的建筑策略无疑是建筑师们共同追求的目标。

　　在这方面,许多建筑师都做出了不懈的努力。在具体的实践过程中,柯里亚长期致力于研究发展中国家的建筑环境问题,通过实践总结出了四个原则:一是要关注温暖气候条件下的生活模式;二是要认识到节能的重要性;三是关注城市化趋向;四是当前传统文化面临全球化的挑战,建筑观念与设计方法的变化在所难免。"开敞空间"和"管式住宅"两个命题即体现他对户外生活模式的执着和在室内空气流通方面的探索。

　　柯里亚在20世纪80年代初完成的安达曼海湾旅馆(1982,图5-39)即吸取了传统建筑中"形式追随气候"的经验。印度南部帕德马纳巴庙已有千年历史,其大殿的坡屋顶与金字塔形台座相呼应。这种建筑形态保护人们不受日晒雨淋,它不

---

① 何镜堂,刘宇波,张振辉,等.四水归堂 五方相连:安徽省博物馆新馆创作构思[J].建筑学报,2011(12):70-71.

图 5-39 安达曼海湾旅馆

需要任何围护结构,完全架空,既有利于通风,又能使坐在台顶的国王俯瞰草地全景。柯里亚利用这种空间拓扑关系创造了海湾旅馆的建筑形态。该旅馆为分散式,由数座小型建筑组成,各建筑嵌于向海的山坡上,主要公共面积部分设有几层露台向海面跌落,上有大坡顶,人们可俯瞰大海及草地。为利于建筑群通风,建筑底层架空。该建筑在考虑气候条件、适应地形地貌、配合自然环境方面均很出色[①]。

　　马来西亚建筑师在创作中借鉴或直接延续了传统的本土热带木构架建筑模式,在吉隆坡的马来西亚国家图书馆(National Library of Malaysia, 1971,图5-40)中即运用了大而陡的斜坡顶,顶子上设马来西亚传统装饰图案。作为当地的一种文化象征,马来西亚历史博物馆同样也对木构架的建筑形式进行了抽象表达。在一些风景区的旅馆中,这些样式也随处可见。它既能够同原始热带自然景色相适应,又满足外国游客的好奇心,有利于旅游业的发展[②]。

　　中国建筑师在创作中逐渐意识到了现代建筑技术所带来的环境、资源、气候、

图 5-40 马来西亚国家图书馆

① 赵钢. 地域文化回归与地域建筑特色再创造 [J]. 华中建筑, 2001 (2): 12-13.
② 焦毅强. 马来西亚现代建筑的国际化与地域性 [J]. 世界建筑, 1996 (4): 16-19.

文化等方面的问题,于是转向选择性地借鉴并改进,并采取相应手段赋予其文化内涵。例如,在中国石油大厦以及重庆南山植物园展览温室的设计中,建筑师就是在利用现代建筑技术的基础之上,通过对气候、文化等方面进行考虑,赋予了建筑新的地域精神。

优秀建筑的成就不仅在于表面的豪华气派,立面材料等方面的呈现也尤为重要,细部更能够体现出建筑品质。墙体、门窗、屋面等各方面的构造方式提升,技术障碍扫除,各处构造节点优化,将更能够增强整体的合理性。

提到阿拉伯建筑,最易让人联想到的便是其地理位置与气候条件,即炎热沙漠对其产生的影响。西亚地区纬度较低,处热带和亚热带。除山地迎风坡、黑海和地中海沿岸等少数地方降水较多,年平均降水量超过500毫米外,其他大部分地区都降水稀少,其中伊朗高原和阿拉伯半岛年平均降水量不足300毫米。伊朗高原中部和阿拉伯半岛南部甚至连续几年滴雨不下,天空中是如火烈日,地面上是茫茫沙海,这是世界上著名的干旱区之一。西亚大多数国家位于阿拉伯地区。在建筑中,构造方法的形成和传统建筑材料的使用均体现着人类长期与恶劣的地理气候环境对抗的智慧。

在多为沙漠和半沙漠地区的阿拉伯半岛内陆,建筑师们最为关心的问题是如何降低酷暑、强烈的阳光和沙尘的影响,以及如何集水贮水和避免阳光下的水分蒸发。在西亚炎热地区,防晒、隔热、通风是建筑处理的重点,如在伊朗东部,建筑设有宽大的廊子和出挑的屋檐,加厚的南墙用以阻挡热气。巴格达城市住宅则在地下和半地下设置人工通风系统。而在西亚湿润地区,建筑则需防水排水,如在黎巴嫩沿海地区,建筑西南侧的墙多采用多孔脆性沙石墙以防雨水渗入室内。

在"建筑形式追随文化文脉、气候因素和社会经济实力"思想的影响下,建筑师们运用乡土技术,关注生态化的发展。通过材料的合理运用来减少能耗成为建筑师节约能源,走生态建筑、可持续发展建筑创作之路首先考虑的问题。他们将从长期的建筑实践和传统建筑设计方式中提取出的经验运用于现代建筑设计当中,不断完善构造技术与建筑整体设计。在当代科学的建筑物理视角下可以发现,中国岭南地区的传统建筑在构造上多方面适应当地气候,如利用大量蚝壳作为建材,加黄泥浆黏合以砌筑墙体。凹凸的蚝壳犹如百叶,起到了遮阳隔热的作用。墙体的导热系数很低,有利于构造的隔热。内部抹灰找平或砌青砖墙形成组合墙,其总热阻为两种材料的热阻之和,隔热性能更好。在屋顶上,采用七层叠瓦的铺法,亦称"一掂七",形成横向微气流,有利隔热散热及阻隔雨声的传入。滴水瓦、鸡胸飞子和封檐板组成的"檐口三件"引导雨水滴落[1]。多种措施在当代被再次挖掘、应用,以提供灵感与参考,在当代继续指导现代建筑做法。

在现代与传统、国际化与地域化、表现技术进步与回归传统手工技术等关

---

[1] 黄嘉武,沈淼森,沈焕杰,等.岭南地域特色建筑构造实践探讨[J].教育教学坛,2012(24):190-192.

系的对话中,南华建筑Ⅱ事务所设计的塞恩贡花园乡村中心(Serngoon Gardens Country Center,1986,图5-41),运用当代先进技术手段,而没有采用新乡土的方式表达现代地域性建筑的意义,是该建筑的创新所在。建筑平面由符合模数的方格网单位组成,中央的活动大厅采用自然通风的方式,大厅上面覆盖着玻璃拱顶,带有空调的活动用房上部的玻璃拱顶比中央大厅的低一层,由图书馆、餐厅、休息厅、迪斯科舞厅、咖啡厅组成最外侧最低的空间。为了表现另一种形式的热带生活方式,设计者在屋顶设计上运用了复杂的制冷和遮阳设施,对采用新技术手段表现传统的热带生活方式进行了尝试。

图 5-41 塞恩贡花园乡村中心

巴格达大学城(University City Baghdad)建于开敞空间,拥有273座建筑。核心区域建筑密集,围绕中心广场,为校园提供大片阴影区域。同时,为了达到降温的目的,德国雕塑家诺伯特·克瑞柯(Norbert Kricke)借助现代建筑防水技术,将一些屋顶和墙体转变成水幕墙[1]。

罗杰斯设计的新欧洲人权法庭(1993,图5-42),既体现了建筑师一贯地对高科技的运用,又能与所处的地形地貌相协调。建筑的体形设计出于三方面的考虑:法庭的功能需要,建筑与弯曲河道的联系以及建筑在绿带中的位置。建筑被明确分为两部分,两个鼓形的"头"分别是法庭和委员会大厅,"尾"分成两翼,随着河岸蜿蜒,渐次跌落。"头"用玻璃和不锈钢制成,映出周围的景物,"尾"采用混凝土和玻璃材料[2]。

张永和设计的上海世博会企业联合馆(2010,图5-43)所践行的理念是利用当代技术表现建筑,传达一种追求高科技的精神以及人们对高科技带来美好生活的期盼。建筑的外立面由塑料管道交织而成,内部的电梯、楼板隐约可见,有强烈的工业化意味。塑料管内有发光二极管,夜晚通电后,灯光强弱变化,若隐若现,唯美梦幻,动感时尚。此建筑借世博会契机将环保和节能理念在建筑中体现得淋漓尽致。

① 王育林.现代建筑运动的地域性拓展 [D].天津:天津大学,2005.
② 张天宇.建筑形态中的身体观研究 [D].天津:天津大学,2007.

图 5-42 新欧洲人权法庭

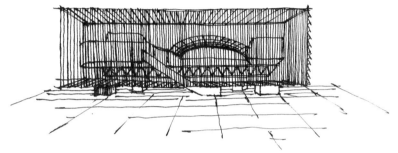

图 5-43 上海世博会企业联合馆

2.被动式太阳能设计

1972年斯德哥尔摩人类环境会议通过了《人类环境宣言》《人类环境行动计划》和其他若干建议和决议,1973年石油危机等事件,真切表明地球资源并非无限的,快速发展下急需控制能源消耗。当人类终于肯停止只追求经济效益的脚步时,无能耗住宅、被动式太阳能建筑等成为对建筑未来发展的反省。

被动式太阳能即利用自然手段来收集和分配获得的太阳能,以尽可能环保的方式为建筑物提供采暖、照明、机械动力和电力。在寒冷地区,针对较低温度和较短日照时长,在进行建筑设计时更需要考虑太阳能的利用和保温等问题。在这种意义上,从太阳能利用或对自然能源充分利用的观点出发,绿色节能技术在当今得到更多重视。美国科罗拉多州迈萨瓦迪的悬崖宫殿(Cliff Palace),在寒冷的冬季利用大地的热能和太阳照射留下的残热保证居住空间的舒适性。意大利阿尔贝罗柏洛(Alberobero)的民居(图5-44),在酷热的夏季仍可在室内创造出阴凉的空间。西亚(伊朗、伊拉克)的通风塔,在外部气温高达50 ℃时仍可将室内温度下降到20 ℃左右。菲律宾的树上住居,很好地利用了风的作用,是凉爽的住处。在此基础上发展出来的高架式住宅在中国的南方、一些东南亚国家、日本都能见到。这些传统的居住形式在过去的几十年间随着人们对自然能源利用的关心而急速受到关注。

图 5-44 意大利阿尔贝罗柏洛的民居

在逐渐发展的过程中,被动式太阳能设计不断增加新的内容,以住宅为根源不断衍生发展,并不断调整和扩展设计手法。其关注对太阳能的充分利用,以期在寒冷季节更多地获取并积蓄太阳能,在炎热季节实现有效隔热。

中国的窑洞广泛分布于黄土高原,这一穴居式民居的历史可以追溯到 4 000 多年前。窑洞冬暖夏凉,拥有极强的抗寒能力。当室外温度达到零下 20 ℃时,其室内因被大地稳定的地热包围着,仍能够保持着大约 15 ℃的舒适室温。正是因为窑洞具备这样的良好性能,现代建筑在设计时也会延续运用这种建筑形式。郑州邙山黄河黄土地质博物馆南侧的黄河展厅采用木骨泥墙、植草屋面以及双层中空玻璃窗,利用黄土墙体的天然蓄热能力,保证冬季夜间的供热。同时,在建筑所在山体南侧黄土裸露的部位设有太阳能集热板,其既保护了山体的稳定性,使山体免受风沙雨水侵蚀,又为博物馆提供了大量热量用于室内供热。

随着技术手段不断进步,被动式太阳能建筑也逐渐利用高技术,其中以计算机技术、人工智能技术和太阳能光电转换技术等为代表。在以往的太阳能建筑设计中,建筑师多通过定性分析完成相关设计,但现在他们通过结合 BIM 等平台的模拟分析软件建立信息模型,及时地调整相关设计,从而减少对建筑围护结构采取的节能措施,并使太阳能的能效最优化。

天津生态城项目,通过采光口和蓄热材质组成被动式太阳能系统(图 5-45)。由玻璃幕墙、景观水池、遮阳百叶和绿色植物组成的生态幕墙,被加建在既有建筑的南侧和东侧,作为室内生态环境的调节器。在冬天,投射到生态幕墙上的太阳辐射不断加热室内空气,并驱使其流动,同时,原有的砖墙作为蓄热材质也不断地储藏热量并在夜晚释放热量。在夏天,顶部的遮阳百叶、排风口和下部的进风口同时开启,通过"烟囱效应"带动空气流动,同时水体由上而下冲刷玻璃幕墙,不断带走热量,固定于玻璃幕墙上的绿色植物也阻挡和吸收了部分热量[1]。随着季节的转变,生态幕墙也在灵活转变自身的功能,有效降低建筑的制冷和制热能耗,提升

[1] 程嗣闲,祝捷,戚建强,等. 被动式设计方法研究:以天津生态城项目为例[J]. 建筑节能,2017,45(5):71-75.

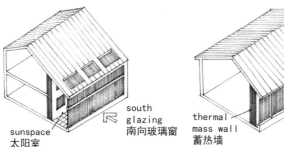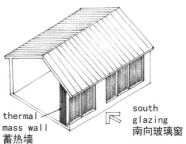

图 5-45 被动式太阳能系统

室内的整体环境品质。

蒙古国的气候具有强烈的大陆性气候特征,季温差和日温差均很大。冬季天寒地冻,漫长的冬天几乎每天都在飘雪,最冷时可达零下40 ℃。因此,对阳光的珍视使被动式太阳能的使用成为捕捉和保留热量的重要途径。蒙古国"极寒学校"的设计运用生态分析软件Ecotect Analysis建立热工模型,模拟计算蒙古国"极寒学校"的年采暖、制冷能耗值。在附加阳光间的情况下,使用空调进行采暖与制冷的年能耗值为119.64 kW·h/m²。在采用直接受益式和集热蓄热墙式设计的情况下,使用空调进行采暖与制冷的年能耗值分别为196.38 kW·h/m²和144.14 kW·h/m²。并且,建筑墙体中所使用的风干砖坯墙体,在最冷月的失热量是黏土多孔砖的83%,在最热月,风干砖坯墙体的得热量是黏土多孔砖的33%[1]。这大大降低了能源消耗,有助于学校降低采暖、制冷能耗值和提高室内热舒适度。

光照条件,空气的温度、湿度及流向,以及动植物等因素,共同决定设计结果,决定人的视觉和触觉感受。不同纬度的气候条件截然不同,因而位于不同纬度的建筑的形态必将呈现巨大差别,体现出地域性。人工在其中的作用,在于调理环境的微气候,不断改善人的生活舒适程度,这正是设计的最终目的和科技发展的持续动力。

二、对地形地貌的回应

从地形地貌来看,亚洲地势起伏,高低悬殊。山地和高原,占亚洲总面积的四分之三。亚洲也是除南极洲外世界地势最高的洲,平均海拔约950米。以帕米尔高原为中心,向四方伸出一系列高大的山脉,主要有阿尔泰山脉、天山山脉、昆仑山脉、祁连山脉、喀喇昆仑山脉、喜马拉雅山脉、兴都库什山脉、厄尔布尔士山脉、扎格罗斯山脉和托罗斯山脉等。各大山脉之间有蒙古高原、伊朗高原、安纳托利亚高原和被称为"世界屋脊"的青藏高原,此外还有阿拉伯高原、德干高原、中西伯

---

① 谭令舸,张锡尧.特朗勃集热墙在蒙古国"极寒学校"中的应用与节能实效研究 [J].华中建筑,2018,36(3):31-34.

利亚高原等。

亚洲平原和低地面积占亚洲总面积的四分之一。较大的有西西伯利亚平原和图兰平原,还有北西伯利亚平原、华北平原、东北平原、美索不达米亚平原(又称"两河"平原)、印度河-恒河平原等。另外还有山间盆地,如喀什盆地、准噶尔盆地、柴达木盆地、费尔干纳盆地等。

亚洲还是世界上火山最多、地震最频繁的洲之一。亚洲水系发达,河流纵横。外流区占全洲面积的70%,外流河大多发源于中部山地和高原区。内流区占全洲面积的30%,主要分布在中西部。著名江河有长江、黄河、额尔齐斯-鄂毕河、湄公河、黑龙江、叶尼塞河、萨尔温江、印度河、以及恒河、幼发拉底河、底格里斯河等。

亚洲的湖泊虽不太多,但有些颇具特色。欧亚交界处的里海是世界最大的湖,贝加尔湖是世界最深的湖,死海是最低和最咸的湖,巴尔喀什湖的湖水西淡东咸,咸海则因截流灌溉等原因面积骤然缩减。

亚洲大陆海岸线长69 900千米,多半岛和岛屿。亚洲半岛总面积约1 000多万平方千米,居各洲之首。这里有世界最大的半岛——阿拉伯半岛,还有印度半岛、中南半岛,有世界第二和第三大岛之称的新几内亚岛和加里曼丹岛,以及苏门答腊岛、本州岛等。

面对如此壮阔多变的地形地貌,建筑师在设计时更需珍视自然景观,着重考虑地理、文化等因素对建筑的影响,主张其应当"嵌入"场地,即所谓"建造场地",这体现一种更积极的场所观。建筑所在基地的地形、植被、水体等自然形态、景观是构成自然场所特质的组成部分。与这些自然因素相适应,其意义不仅在于保持或加强自然场所的特质,更是出于对人性基本需求的满足,保证人能够获得归属感。从这个意义上讲,不仅要使建筑外部形式的构筑与其所在地相结合,也要在建筑内部营造与室外环境相融的自然气氛。

人类在不断寻求发展的时候,常常有意无意地破坏周围环境的景观和生态平衡。建筑应该与周围自然环境和谐共生,这种关系并非指被动地适应和保存原有景观,而是在将建筑融入环境之中的同时创造性地发展环境的性格,形成更加完美的景观。此外,回应环境的设计通常也能达到节省能源的效果。其中顺应自然的设计手法主要有以下几个。

1.萃取

建筑中的美大部分基于房屋与自然的和谐。在建筑史中,这种关系已成为建筑设计的主要目的之一。

赖特设计的西塔里埃森,其整体形式和交接处都采用30°的锐角。他解释选取这个角度是为了与建筑所在地这块不毛之地上的山、石结构的基本角度相一致。这种手法即从自然界中提取相关元素并运用到建筑中去,而这正是建筑能够与所处环境和谐相融的关键。

阿尔托为使其建筑适合芬兰风景,创造并运用了不同的方法。芬兰风景中引人注目的是起伏的露出岩层的地面,并且其上几乎全部覆盖着直线形的树木。阿尔托设计的建筑形式来源于地形地貌,建筑的大部分是水平的长条形,内部功能和外部造型随着地面的起伏灵活地调整。建筑的水平形态与笔直高耸的树木产生强烈对比,自由延展。

2. 依从

面对自然,顺应是最恰当的方式,远比破坏或改造更适合,也更具智慧。柯布西耶在设计位于法国中部的多米尼加修道院(图5-46)时发现,他面对着的这块壮丽土地的周边,树木粗壮而丰满,树顶是罕见的水平形,连成一个巨大的水平面。越过周围农田可以看到西面的景色,欣赏到早晨太阳光照在山坡草地上的美丽侧光。于是,他将建筑物放在山脊下方,面向西边的秀丽景色。建筑的屋顶约比树低9米,呈现平坦形态,房屋内部的功能同样反映出他对自然的认识。屋顶上设有一个供冥想和散步的平台,可眺望下面的乡村和风景。

图 5-46 多米尼加修道院

在中国国际建筑艺术实践展展区中,规模最大的接待中心的设计即体现建筑与周围环境和谐共处。在设计中,刘家琨采取了"一分为二,化整为零"的设计理念,用分割的手法来弱化整个建筑的体量。接待中心主要分为两个部分,一个是作为接待与餐饮场所的公共部分,一个是客房部分。他将客房部分细分为一个个客房单元,并沿着山的形态进行布置,从而形成一种聚落的形态,且客房单元使用了黑、白、灰三种颜色,强调了建筑群的时代感。无法被细分的公共部分顺着山势被安排在山洼处,部分屋顶成为客房的院落,从而使之消隐于山体中,由此消除了接待中心大规模建筑与景观之间的冲突,同时还成功地塑造出了一种当代的聚落空间。

这些建筑师的作品之所以获得成功,大部分是由于他们处理好了建筑与自然的和谐关系。这种和谐体现了建筑美学的理念,同时也增强了城市整体的美感,因此可以用相同的观点去研究城市美。

3. 延伸

印加的前哥伦比亚城市马祖·皮祖位于荒凉的秘鲁山区。高耸的山峰高出河床610米。在自然的山地上,印加人拥有惊人的石工技术,并以此建造房屋,在城市尺度上创造了一系列高度精确的几何形,与大自然中珍奇的山河谷地、沟壑等自由形式形成对比。金字塔是山体的延伸,规则的建筑则是峡谷的延伸。

墨西哥城也同样如此,壮丽的城市景色与大自然呼应并作为它的补充。城市最初由群岛发源,底部稳定,足以支承重型的结构物,因而金字塔、石祭坛和其他建筑物能够在此建起。岛上小巧玲珑的建筑物在水面形成倒影,背景则由山峦构成,具有较强的美感。这即为另一种城市构图形式,即城市与陆地、湖的形式相呼应,以人工建筑形式完成对自然景色的扩展。

4.谦让

城市之美,美在与自然条件相呼应的形式,更美在城市社会文化体现出的较强的文雅特性。城市的文雅特性包括对古代遗迹的保护和保存,它们是城市历史的见证,能激起今人对古代文化的景仰和自豪感。这种文雅特性也体现在城市建筑之间的适宜尺度和比例上。城市中的建筑物需要互相谦让,这既体现在建筑高度上,也体现在建筑风格融合中。在共同的环境中,它们应彼此接纳而非力争超过对方。

建筑与地形、地貌的相融,是其同自然界中各种肌理形态的地形地貌景观,甚至一定区域内的大地形态以及各类空间的总和取得和谐共处的状态,是一种建筑与大地形态相融合的设计思路。这种融合表现为建筑与自然景观或是地域景观中的其他实体要素进行的形态上的融合,这种形态融合设计既能够满足建筑的使用需求与主题精神的表达,还能够与基地形成相互融合的人工场所。建筑以谦逊的姿态存在于基地之中,确保与周边环境和谐共处。

纪念性工程安曼新皇家法院(New Royal Court in Anman, 1975,图5-47)对沙漠特有地貌特点进行了呼应。在这里,建筑师波托赫斯(Paolo Portoghesi)试图将建筑表现为沙漠中的绿洲。在他看来,伊斯兰建筑(特别是内部空间)的特征通常可以解释为对沙漠环境的呼应。明确的形式,丰富的几何图形,令人耳目一新的颜色

图 5-47 安曼新皇家法院

和丰富的水体植物设计,便是其中最吸引人之处①。基于对传统的理解,建筑师使建筑与周围的沙漠环境协调统一,营造出"沙漠绿洲"的奇观。

　　位于土耳其查纳卡莱的古偌家族夏季住宅(Gurel Family Summer Residence,1971,图5-48)是建筑师为自己及其家族设计的住宅,它沿着多岩石的坡地顶端向下面的海滩展开。7个单层建筑随意布置在松树、橄榄树和橡树之间,被饰以灰泥和白色涂料。这些建筑是用传统的石材砌筑工艺建造的,有木天花和黏土瓦屋顶。最初的绿化被保留下来,小路用沙滩鹅卵石铺砌。建筑融入原有的自然景观之中,获得了人与自然共生的和谐景观。

图 5-48 古偌家族夏季住宅

　　科威特悉弗宫殿(Sief Palace,1983,图5-49)强调对大海的呼应,"sief"在阿拉伯语中意为"海岸"。在作品中,建筑空间、构造细节、色彩和装饰中的许多方面都隐喻着"水"。在这里,水作为一种阿拉伯传统装饰元素,使建筑和周围的水环境取得呼应,创造了良好的建筑景观,并表现出科威特当代建筑特征。

　　在长期的实践中,建筑师们树立了足够的信心,即在任何地形条件和文化条

图 5-49 科威特悉弗宫殿

---

① KULTERMANN U. Contemporary architecture in the Arab States: renaissance of a region[M].New York: McGraw-Hill Professional,1999: 118.

件下,只要以尊重的态度对待设计,便一定能够创造出美的城市。这就需要清醒地认识到,城市绝不能够凌驾于自然之上,必须尊重当地的气候、地形、光照,以及过去和现在的智慧创造。在美的观念下,美的城市才有可能被创造,每个城市也将在此过程中依据自身的条件发展成为最美的城市。

（一）适应地形的实现方式

在建筑与地形、地貌的结合方面,东西方因处理方式不同而使其建筑各具特色。中国古典建筑讲究以"形势、围合、因借、变化"来实现与自然的和谐共生。日本建筑师善于让自然界的光、风、水与建筑要素保持同一种张力,使自然"建筑化"。与东方"在场地上建造"不同,西方通过"建造场地"来实现与自然共生。新建筑不仅要适应所处环境,还要反映其与因人工介入而构成的新环境之间的关联。在本质上,东西方建筑师都在追求和谐共生。

因人工建设,地表面被切割,破坏作用便随之产生。植被被铲除,土壤被侵蚀的过程加速,暴雨径流留下深深沟壑,土壤结构改变、稳定性降低,生物的栖息地也被破坏,甚至光照特性和声音强度也有所改变,景观与场所特性均受到影响。正如美国约翰·奥姆斯比·西蒙兹(John Ormsbee Simonds)在其著作《大地景观:环境规划指南》中所说:"一台运土机械一个早晨的喧闹工作,就可以永久地给路边或社区留下伤痕。"[1]在地域特点的营造过程中,利用场地起伏的特性,是基于"场所"的一种培育行动。

土耳其社会保障综合楼(Social Security Complex, 1970,图5-50),位于一个十字路口的陡坡上。建筑师的设计初衷是希望将空间集中在逐渐升高的层板上,以减少土方工程投资。这种做法不仅适应了地形,而且在一定程度上促进了能源节约。建筑造价低,采用层叠结构,连接着山顶上传统的高密度木住宅和下面沿着现代街道展开的现代住宅。它对地域文脉做出回应,也尊重历史环境,保持着对场地的敏感性。建筑师通过遮阳板、悬臂梁和檐口富于韵律感的组合,创造了具有强

图 5-50 土耳其社会保障综合楼

① J.O. 西蒙兹. 大地景观: 环境规划指南 [M]. 程里尧, 译. 北京: 中国建筑工业出版社, 1990: 7.

烈个性的现代地域性建筑。

　　日本建筑师隈研吾设计的建筑物典雅精细,仿佛生长于环境,形成既没有轮廓鲜明的边线又没有突出焦点的混合物。他提出"消解建筑"的思想,以对建筑外观的消解展现建筑空间的独特性,从而强调作为主体的人的体验,这使他所设计的建筑能够同时容纳内部空间与外部环境。他始终坚持的建筑应该适应不同土地的观点,展现出他对建筑与自然关系的深层思考,"好的建筑应该和自然连续地融为一体"。龟老山展望台(1993,图5-51)坐落于面向濑户内海的一座小山上,业主希望削掉山顶的一部分来建一座小公园。但隈研吾认为,应该恢复山的本来形状,在保持山体原貌的情况下建造公园。经协商后,建筑最终采用的做法与一般观景建筑突兀于风景当中并且与自然相对立的常规做法不同,龟老山展望台就如同一个"间隙"被嵌入山体中。展望台的入口成为人们体验建筑与环境关系的起点。从"间隙"进入建筑后,看到的则是扩大了的空间。顺着台阶登上山顶,人们可以从这里展望美丽的自然风景[①]。

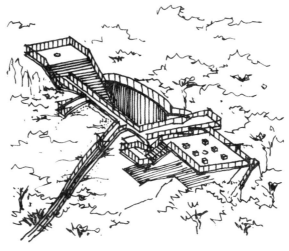

图 5-51 龟老山展望台

　　四川映秀汶川大地震震中纪念馆(2012,图5-52)由何镜堂团队完成,基地坐落在一个可以鸟瞰整个小镇的小山包上,成为全镇的视觉中心。纪念馆局部嵌入山体,西侧与起伏山脉连贯对接,东侧稍稍抬升,如同从地形中崩裂而出。无论近观还是远望,建筑都带有极大的视觉冲击力。建筑整体以水平舒展的方式延续着山体的整体走势,如生长于山体之中。形体碰撞的体块逻辑使建筑的体积感强烈,表现出强烈的纪念性效果。

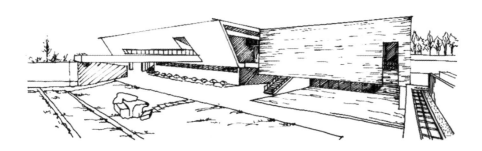

图 5-52 四川映秀汶川大地震震中纪念馆

　　李保峰的作品青龙山恐龙蛋遗址博物馆(2013,图5-53)位于湖北省十堰市郧阳区青龙山国家地质公园内,基地位于坡地之上,地形不规则。面对如此的基地条件,建筑师将建筑分成若干段布置在不同的高程上,并通过台阶连接各个标高平台,使建筑整体呈现出附着于地形表面,随地形而动的形态特征。

图 5-53 青龙山恐龙蛋遗址博物馆

　　李兴钢的作品元上都遗址博物馆(2015,图5-54)选址于元上都遗址向南五千米附近的乌兰台的半山腰。自山脚开始,红色片墙引导着参观路线。随地形高差,路径绕山折返,直至博物馆入口前,狭小的路径突然被宏大的入口替代,顿觉豁然开朗。建筑大部分都掩埋于地形之内,与前导的折线形路线一起形成了依山就势、蜿蜒而上的建筑形态。一个长条形建筑被置于山体之上,指向都城遗址的起始点明德门,明确建筑与遗址间的轴线关系。从明德门方向远观博物馆,整个建筑以一个隐约的方点呈现,几乎消失于整个地形环境中[①]。该作品获2019年亚洲建筑师协会建筑金奖。

　　建筑在空间、形态、流线等物质层面上与地形地貌环境有着密切的联系。地形地貌是建筑设计必须考虑的条件,二者之间相辅相成。建筑的主题精神也能够通过地形地貌体现。建筑创作并非单方面地、被动地去适应地形,对地形的充分

① 胡伟航. 博览建筑与地形地貌相容性研究 [D]. 广州: 华南理工大学,2017.

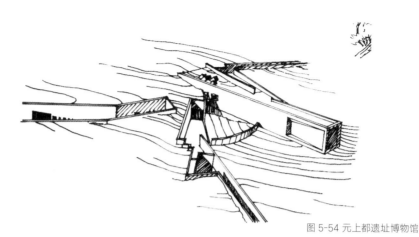

图 5-54 元上都遗址博物馆

利用,将有利于表达建筑本身的功能空间感受,有助于在自然地形地貌中发掘建筑主题表达所需的美学潜能。

(二)尊重植被的建筑处理

为实现城市与建筑的可持续发展,必须充分探究人与自然、建筑与自然的关系,充分探究建筑形式的多样化、人情化,以扬弃的目光审视传统,从而构建和维护地区风貌。设计生态建筑,既需要从建筑本身入手,更需要结合当地植物设计景观。乡土植物是自然环境的一部分,更是鸟类、昆虫等的栖息地。在良性的共生关系中,它们形成具有特色的景观环境,体现地方传统。

对植被的尊重意味着要控制难以控制的因素,处理不断变化的情况。在气候温和的地区,植物不仅为建筑提供景观,也与其共同配合建立绿荫遮蔽的活动空间。早在 20 世纪 20 年代,柯布西耶就宣扬,“我们能否……发现一些隐藏的适当比例,完全满足人们的习惯需求,并给人们带去……(植物)喜悦、娱乐、美丽与健康? 必须种树啊!”他进一步指出,“明日城市之巨大形象,将会在令人愉悦的绿荫中成长”[1]。现代主义运动关注自然、光线、空气和绿化与建筑之间的关系。这意味着需要着力解决城市肌理中的绿化景观问题,也要使建筑本身向其周边的风景和自然环境开放。

常熟图书馆(2004,图5-55)中的树院体现了尊重现状植被、避让现状树木这一设计原则。出于对树木寿命的考虑(因为移栽树木会伤到根系,会使树木寿命比原生树木减少很多),设计时调整了建筑的总体布局,将西南角的少儿部设计为南北进深较浅的建筑,而艺文书院也向西平移,且逐渐叠退,保留了原有的植被,形成了一个独立的树院。这些银杏树、香樟树是当地常见的植物,有助于营造地域感,而且随着季节变换的树形与叶色,打破了简洁的水院给人的凝重感,增添了一些活跃的气氛[2]。

① 勒·柯布西耶. 明日之城市 [M]. 李浩, 译. 北京: 中国建筑工业出版社, 2009: 70.
② 蒋励. 以生态为切入点营造建筑环境的地域性: 以常熟图书馆为例 [J]. 苏州科技学院报(工程技术版), 2009, 22(2): 47-50.

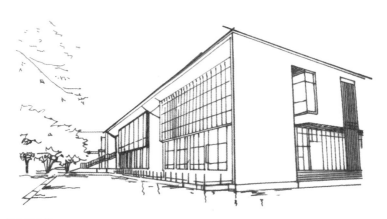

图 5-55 常熟图书馆

　　江西崇仁园林式酒店(图5-56)有别于传统商务酒店,在创作实践中,建筑师以园林式酒店的形式将建筑与自然环境完美融合。基地位于崇仁森林公园区内,整体呈"L"形,东西临街面长约414米,南北纵向面长约702米。为避免对生态造成不可挽回的破坏,建筑师根据地貌特征,采用化整为零、分散式庭院布局,利用地势高差与高大植被的遮掩优势,使建筑消隐于绿色之中。建筑客房区结合地形随山势起伏,沿着水岸线东西向有机延伸,运用江南园林"贴边"处理手法,将西面建筑沿着湖面布置,在建筑与水岸之间设置滨水步道,供行人休憩与游玩。同时考虑到东面客房区的观景体验,客房区由原先的4层降为3层,虚化建筑的转角空间、廊道空间,引入山水景观,延续庭院内外的空间交流,保证非亲水区域的游客也能观赏湖面的美丽景色。由于地处森林公园,基地周边自然植被丰富,百年古树颇多,故须在设计中对其进行最大化的保护和利用。结合古树营造的庭院空间成为绝佳的驻留欣赏空间。别墅区域呈环抱之势弧形排列,立于小岛之中,通过木桥,跨越水面,私密性极佳,满足了游客闹中取静的特殊或高端需求①。

图 5-56 江西崇仁园林式酒店

① 龚飏杰,吴闽,罗为为.斯山·斯水·斯人:江西崇仁园林式酒店创作实践 [J].建筑与文化,2017(3):156-158.

　　湖北省国税局九宫山培训中心(图5-57)位于湖北省通山县九宫山风景区内,九宫山雄奇险峻,景色迷人,人文景观星罗棋布。培训中心整个建筑群的规划尊重环境地形特征及其生态结构,避免盲目建设对环境的破坏,尽量不破坏基地的原始地形、地貌特点,顺应山势,采取台阶式的建筑组合方式,减少对山体的开挖,并将基地及周边环境扩展成充满野趣的生态公园;同时,也尽量保留基地原始的自然植被和林木,做到少砍甚至不砍树。建筑总体采用了退台式的不对称布局,两个台地之间布置生态缓冲带,使山地环境与培训中心内外庭院大小不等的各类空间互相连通、渗透。建筑群空灵、通透,不仅能充分地借风景区之景,同时也使自身有机地融入自然大环境中。生态带的居中布置,隔开了公共区和客房区,使其成为客人们交往、游憩等各类活动的中心,从而实现了真正意义上的生态共享,为塑造别具一格的山地建筑提供了条件[①]。

图 5-57 湖北省国税局九宫山培训中心

　　翠微宾馆(图5-58)建于浙江省温州市鹿城旧城区西北角,瓯江南岸,翠微山北麓。西南与温州市妇儿活动中心相邻,北侧为望江西路及沿岸景观带,与江心屿隔江相望。建筑尽可能地消除其自身大体量对翠微山和瓯江产生的不利影响,争取做到不遮挡山势,不阻隔水体,并将更多的自然景观要素引入建筑环境中来。建筑的基座部分是宾馆的裙房,它平行于道路,顺应原有的城市空间结构,延续原有的界面,很好地保持了原有城市的秩序感,因其低矮并有大量的透空和架空处理,故能够将山显露出来。客房区垂直于瓯江和翠微山,打通了山体与江面的视

图 5-58 翠微宾馆

① 谢宏杰.弘扬地域文化,创造生态特色:湖北省国税局九宫山培训中心设计 [J].华中建筑,2008(9):122-125.

觉通廊,实现了"游江时可以观山,登山时能够望江"的效果。建筑位于景观带上,尽量削弱尺度体量的影响,"闪身"避让,这种处理形成了自身的建筑特色语言。尺度庞大的客房区被分解为4个部分,它们有序地面江排列,犹如待航大船的船舱[①]。

中海盐田项目(图5-59)位于深圳市盐田港的西南片区,背依梧桐山东南山麓。项目基地为群山所环抱,通过缩小建筑的体量,化整为零,使建筑融于自然。总体布局依山就势,使建筑群最大限度地朝景观面展开。在主入口和展示区的设计上,沿跌落的水系设计了两条登山道。从一条登山道由会所(可做售楼处)乘电梯可直达半山处,参观完样板房后,可由另一条沿水系设计的山路逐级而下,在近身体验山水景观的同时观赏大海。这种灵活的布局不仅形成了一系列十分丰富的院落空间,创造了多界面、多层次的复合空间效果,也使项目的空间环境质量得到了大幅度提升。基地北侧的一条山溪被保留,建筑沿山溪布置,景观视野良好。另外还对基地中间的一座小山和两个水塘进行改造利用,使之成为整个项目的景观中心。主要建筑均围绕山水中心布置,水系也顺着山势层层叠落,最后延伸到会所前的主入口处。围与透、规则与不规则、动与静,各种各样的空间互相交织,穿插在高低起伏的山地中间,产生空间的渗透和层次的变化,创造出极为活跃而富有生气的建筑空间形态,并与自然相融[②]。

图 5-59 中海盐田项目

与自然元素的融合向来最为中国建筑师在设计过程中所关注。融情于山水既是客观需要,同时也是设计所必需的。徐甜甜设计的大木山茶室(图5-60)依托本地的茶文化进行建造。为了保留基地内的五棵梧桐树,建筑后退形成院落,茶室空间或面向水面,或面向院落,树影婆娑,光影闪烁,与自然近在咫尺。面向水面的墙上开有一个月亮门,阳光照在水面,映射到顶板下的光圈波光灵动,同时与地上的阳光投影,两个圆环相互映照,成为动人的冥想空间,禅意浓浓。大木山竹亭是建造在茶园中的一组"构筑物",六个方形竹亭组合在一起,其中两个为平台,其余四个为四坡棱台形屋顶,直接用竹子构建而成,没有实体界面,"风可过之,雨可润之,光可及之"。建筑构建在场所中,似有似无,与自然浑然一体,且轮廓与远山遥相呼应。同样,在石仓契约博物馆中,光与水相遇,独山驿站里婆娑的光影让人心旷神怡,建筑与自然的合作,营造出"可呼吸"的空间自然环境,尊重原有的生命存在,尊重其生活方式、秩序,并为人创造新场所。

① 黄锰,张伶伶,刘万里.一种自然 两种情境:温州翠微宾馆的创作思考[J].华中建筑,2008(2):85-91.
② 覃力.山居逸境:中海盐田项目规划及建筑设计[J].城市建筑,2006(1):17-20.

图 5-60 大木山茶室

弱建筑是在消弭建筑与环境的割裂[①]。面对自然环境与生长植被,建筑以"弱"的姿态呈现,此刻的"弱"即为尊重,尊重基地原有的裂,以寻求建筑与人类和解的方式,实现和谐共处。建筑发源于自然,植被与环境让我们深刻认识到人、自然、建筑的和谐状态,在这样的观念指导下,建筑师们正努力构建自己的理论体系,实践出风可过、雨可润、光可及的建筑空间。

(三)基地场所的建立营造

在进行设计之前,建筑师必须对基地的特点进行深入了解。必须明晰的是,人类与自然环境共生共存,任何行为上的偏离或逾越,必将导致环境的恶化。环境问题与自然、社会、经济、政治、宗教、民族以及军事等人类社会方方面面之间的关系越来越密切,已经成为影响人类发展的重要问题。今天,人们对环境问题愈发关注,其中的原因多样。首先,在于环境观念的改变,在人类为21世纪的到来做准备的时候,人们的思维方式也由以前的单一片面转向了全面辩证,对环境的理解逐渐扩展为关注自然环境、人文环境、地域文化环境等多方面的综合环境观。其次,环境的恶化成为促使人们更加关注环境问题的客观原因。如考姆·傅一(Colm Foy)所说:"亚洲的大部分地区均为发展中国家,内环境问题仍是主要问题,该地区也已成为全球环境问题的主要制造者之一。"[②]在经历了部分地区因环境恶化而承受的巨大打击后,人们已经认识到生存所面临的危机。1989年5月,联合国环境规划署理事会通过《关于可持续发展的声明》,明确提出"可持续发展"的理念,以约束人们的行为,使其自觉维护环境。

"可持续发展含义广泛,涉及政治、经济、社会、技术、文化、美学等各个方面的内容。建筑学的发展是综合利用多种要素以满足人类住区需要的完整现象,走可持续发展之路是以新的观念对待21世纪建筑学的发展,这将带来又一个新的建筑

① 徐惠民. 基于"弱建筑"理念下的乡建实践探索研究 [J]. 中外建筑,2020(4):54-58.
② 考姆·傅一,弗兰西斯·哈里根,奥·康诺等. 世界经济与亚洲未来 [M]. 李德伟,黎鲤,宋占雪,等译. 北京:新华出版社,1999:11.

运动……"①在此之前,虽然人们并没有明确提出可持续发展的环境观念,但是人类的建筑行为已经表达了他们对环境问题的思考。环境因素构成地域的基本特征,适应环境也是地域性建筑创作应该遵循的一个原则。环境包括自然环境和人文环境。地域的自然环境包括气候、植被、地质、地形、地貌等;人文环境包括固有的城市肌理、已形成的道路系统、需要保护的历史遗迹和民风民俗等。

对景观环境形象的塑造是从人的精神感受需求出发,探讨人的环境行为心理,结合人的精神生活规律,利用心理引导的方式,研究并创造出令人心旷神怡的内在环境。它是生态景观设计的主导能动力量。生态绿化环境即是从人的生理要求出发,根据生物学原理,利用阳光、气候、动植物、土壤、水体等自然和人工材料,研究如何保护并创造舒适良好的物理环境(表5-1)。

环境的特殊性与客观性是当代亚洲地域性建筑创作的源泉之一,也是亚洲各地地域性建筑复兴道路上的一个限制条件。在当代,亚洲各国建筑创作对环境问题给予了广泛的关注,并提出了具体的解决措施。这些建筑作品并非仅仅就这个问题给出答案,同时也很好地解答了继承传统和寻找建筑地域特色等问题。不断变化的地理环境和气候条件决定了各地当代建筑的差异性。处于恶劣气候条件下的国家,在建筑上更多表现出对气候的关注,而其他国家则把注意力更多地集中在对地形地貌和城市肌理的呼应上。

新加坡建筑师克里·希尔(Kerry Hill)设计的普能兰卡旅游旅馆是建筑与自然环境有机融合的典型作品。旅馆建于树林边缘的一处峭壁边上,像一座原始的丛林庙宇,安静地顺应着跌宕起伏的地形。建筑未采用对立于环境的巨大而突出的体量,而是将三分之一的客房变成了独立的家庭式小别墅。这些小别墅围绕丛林分布,像巢居一样矗立在桩基上,如同从这里长出一般。公共空间的两侧也布置了一些客房,在立面上形成了一系列小的开敞空间,促进了空气的对流。同时,深深的挑檐提供了有效的遮阳。建筑既注重与自然环境的协调共生,又很好地考虑了与热带气候的适应性,是很成功的地域性建筑作品。

路西莫迪中心(Russi Modi Centre,图5-61)位于印度东北部城市贾姆谢德布尔

图5-61 路西莫迪中心

---

① 国际建协"北京宪章"(草案,提交1999年国际建协第20次大会讨论)[J]. 建筑学报,1999(6):3-5.

表5-1 景观环境塑造方式

与自然环境共生共存	保护自然	对人工景观环境废弃物进行无害处理； 设计应结合自然、气候等物理条件； 保护动植物的生长繁衍环境，确保生物群落的多样构成； 保护水系统及自然堤岸状态，采用透水铺装，保护地下水资源
	利用自然	设置水循环系统和中水系统； 引入水池、喷泉等亲水设施，调节环境小气候； 充分考虑绿化设施，软化人工环境景观； 利用太阳能、利用风能、利用雨水、利用海水
	防御自然	设置防震、抗震设施； 防空气污染、土壤盐害、噪声、台风的措施； 高安全性的防火系统
节约能源、减少污染	降低能耗	节水、节能系统； 适当的水压、水温； 对二次能源的利用
	延长寿命	使用耐久性强的景观材料； 规划设计预留发展余地； 矿区、厂房等工业废弃地的再生利用； 便于对景观设施进行保养、维修、更新的设计
	循环再生	对自然材料的使用强度以不破坏其再生能力为前提； 使用便于回收利用及无公害再生处理的材料； 提倡使用地方材料及地方产品
提供舒适健康环境	身心健康	符合人们心理和生理需求的环境设计； 安全、卫生的环境； 优良的空气质量
	舒适品质	良好的环境温湿度控制； 适度的照明设计； 合理的景观轴和视轴设计； 无噪声、无异味
融入地域人文特色	继承历史	维护城市历史景观风貌； 保护古典园林、古建筑等景观设施及其环境； 对传统建筑及环境的保护和再利用； 继承地方性施工技术及生产技术
	融入城市	景观设施纳入城市总体环境设计体系中； 继承城市与地域的景观特色，并创造积极的城市新景观； 对城市土地、能源、交通的适度使用； 景观资源的共享化
	活化地域	保持并体现居民原有的生活方式与风俗习惯； 保留居民对原有地域的认知标志与相关设施； 创造积极的城市交往空间； 居民参与城市景观设计

的黄金地段,富有极强的纪念意义。设计构思来源于金字塔的游览路线与空间感受,建筑围绕不同活动而展开众多不同层次的庭院全景。建筑功能空间包括展览大厅、档案馆、礼堂、图书馆、自助食堂和办公室等。建筑师考虑到外部环境的影响,决定让建筑"消隐",即从道路上无法看见该建筑的任何结构。因此,建筑整体实际上建于地下,微微露出上部,谦虚地蛰伏在地面之下,在充分尊重自然的基础上,以变化的轮廓扩充自然风景。从西侧入口逐渐进入向下的隧道,人将被引到一个拥有繁茂绿化的庭院。当驱车经过时,从外部无法看到隐藏于低处的建筑的内部,基地的树木得以保留,水面上倒映着如同雕塑般充满张力的建筑形体。设计中重复应用三角形以适应地形,表现景观特点,形成了入口的标志符号。

　　日本遣唐使馆位于萨摩半岛西南部的坊津,中国唐代鉴真和尚曾到过此地,那是一片临海的丘陵地带,遣唐使馆(图5-62)就修建在依山傍海的浓密树林之中。它远离都市,孤零零地矗立着。设计者松井宏方将建筑置于临海丘陵山脚下的一片被开辟出的空地上。建筑平面呈"门"字形,其开口正对丘陵的斜坡,以此作为围墙的一面,使大地与建筑物共同形成封闭空间。在建筑外形设计上,松井将屋顶设计为云形,两组云形曲线山墙用丙烯彩色水泥喷涂,颜色采用中国古代传统的朱红色。掩映在周围一片郁郁葱葱的树林之中的遣唐使馆既在色彩上鲜明醒目,又在造型上与四周的丘陵及森林极为巧妙地融为一体[1]。

图 5-62 遣唐使馆

1.环境景观的因借

　　园林巧于因借,环境景观并非建筑墙体或固定面积所能局限的,自远处观看别有一番情趣。况且能成景之物,并不局限于山水花鸟,目之所及,一切美的事物,都能够成景并引起情感上的共鸣。通过远借、近借、邻借、互借、仰借、俯借、应对借等借景方式,建筑能将外部景色巧妙引入。园林掩映的建筑,因景的烘托而提升了艺术价值,也因景的无限而拓宽了交流视野。

　　贝聿铭设计的京都美浦博物馆(1997,图5-63)构思取自于中国东晋文人陶渊明所著《桃花源记》。参观者首先被引上一条林荫小径,然后穿过一条隧道,接着走上一座吊桥,再被引向地下艺术宝库,这便参照了《桃花源记》中所描绘的一条

① 廖福龄. 遣唐使馆 [J]. 世界建筑,1989 (4): 39.

通往"世外桃源"的迷人路径。建筑因地制宜,布局自由、轻松、无拘无束。玻璃屋顶的外形是日本传统屋顶形式的组合。设计中大量借用中国和日本的传统园林设计手法,如借景,使参观者可以通过月亮门和天窗看到室外景色,为参观者创造了一个既可观赏馆内展品,同时又可饱览四周自然风光的良好参观环境。屋顶和吊桥的结构形式运用了先进技术,建筑处理手法也比较新,博物馆给人的印象是既有传统特色又具有时代感[1]。

图 5-63 京都美浦博物馆

巴瓦设计的阿洪加拉遗址酒店(Heritance Ahungalla,原名Triton Hotel,1981,图5-64)堪称注重环境方面的代表作。建筑坐落在斯里兰卡西南部的海岸边,三个组团围成三组院落,焦点为海边的一个大水池。建筑将东西方建筑元素融合在一起,简洁的四坡屋顶下的细节经过仔细推敲,建筑中也体现出曾促进赖特形成有机建筑设想的草原式住宅的特征。在设计中,巴瓦以丰富元素活跃建筑气氛,如入口前巨大的装饰性水池、"U"形庭院和朝向海滨游泳池的大厅等,在这一特定的滨海景观中,他创造了一方别具特色的小天地。虽然建筑师大量使用天然材料,但其简朴材质最终却营造出高贵气质,这一作品引领着早期乡土风格后新一轮的现代探索。

花溪迎宾馆(2004,图5-65)位于贵阳市西南17千米处的花溪风景名胜区。"花溪"极美,若从麟山上俯瞰,只见群山屏立,绿树掩映,溪水终年流淌。在这样的风景区内建设一座宾馆,首先必须考虑建筑与环境是否协调,如何能够在尊重环境的基础上,体现山地城市的建筑特色。因此,建筑师罗德启将建筑尽可能隐藏在山水绿化之间,利用独特的地貌环境体现建筑的山地特征,采取庭院式布局,使建筑尺度、体量、空间与环境融为一体,与溪流互相映衬,体现平易、朴实的风格。随地形起伏不同,建筑师在设计时,采取吊层、错层、局部架空、地下地上结合等手法,缩小体量,丰富空间层次,节省土石方量,将对原有环境的破坏减小到最低限度,使树木植被最大限度得以保留。建筑色调轻快、尺度适宜、风格亲切,体现地

① 勉成 . 京都美浦博物馆, 日本 [J]. 世界建筑,1999 (2): 54-55.

图 5-64 阿洪加拉遗址酒店

图 5-65 花溪迎宾馆

域特征,以新技术、新材料为手段体现时代精神[1]。

　　掩映于茂密树林中的云南昆明隐舍生态旅舍(2011,图 5-66)中融入了建筑师郝琳"创意绿色"的概念。建筑位于山地,因而置身其中可俯瞰整个山谷和城市。虽处高地,起伏的山势和场地中保留的树木却使建筑消隐于自然。四个"L"形体块散落形成建筑主体,步道迂回曲折,连接面向山谷的半开放式庭院。其以环保重组竹板完成,借自然之景,为游客提供更好的居住环境。除体块上的打散策略外,建筑充分体现科技对自然的适应与利用,如被动式自然通风和采光设计,并以分水岭策略、太阳能技术、中水雨水回收、高保温围护、生态多样性等措施,实现环保节能,体现建筑与环境的和谐共生。

　　位于韩国江原道束草市东明洞的KBS束草广播电台(图 5-67),其场地周边被低洼地所包围,中间逐渐形成高起的地形。根据地形条件,建筑在外观形式上强调了曲折和对称性。逐层处理的立面形式,消解了建筑的厚重感,使建筑轻盈地落在山地上。在该场地中,北部的令郎湖,南部的青草湖,东海和雪岳地带都能够尽收眼底。因此,建筑师在创作中对此进行了充分考虑,通过加设眺望台、大面积

① 罗德启. 花溪迎宾馆:一个尊重地域环境的建筑设计 [J]. 建筑创作,2004(12):62-83.

图 5-66 云南昆明隐舍生态旅舍

图 5-67 KBS 束草广播电台

玻璃窗等引入外部景色[①]。

义乌空中八面厅(图5-68)是位于义乌市中心区域的城市美学体验馆。设计中多处暗合着因借的手法。其四周群山环绕,南低北高,前临自西北向东南流淌

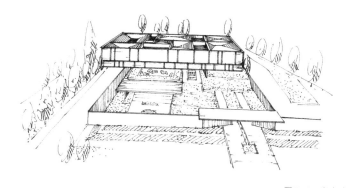

图 5-68 义乌空中八面厅

———————————

① 左昌实.KBS 束草广播电台（韩国）[J].时代建筑,1995（3）：57.

的凰溪,后枕纱帽尖山的谷地。为了充分利用这样的自然地形并将自然景观纳入建筑内部,设计者匠心独运,在面对凰溪的一侧设置大量排窗,并且在建筑四周设置门户,充分考虑内外交融,将自然山水景观纳入建筑空间之中,弥补了占地较少、缺少大尺度庭院空间的缺憾。多个天井空间将光线与空气纳入,内部以柱廊和可打开的门窗形成透明界面,使室内空间和天井空间融为一体。空间之间如同互相"借用",光线和空气徘徊穿插,模糊了室内外的边界,虚实空间之间形成互相渗透的关系,丰富空间感受[①]。

2.场所精神的强化

场所是一个复杂的整体性概念,它既包含建筑环境中的实体形状、材质和色彩等客观要素,又蕴含了人们对场地视觉、触觉和听觉各个层面的感知与记忆。葡萄牙建筑师阿尔瓦罗·西扎(Alvaro Siza)认为,建筑形式并不是对场所现存地形、地貌形态的模仿,而是应当以自己的建筑语言准确地再现场地主题和氛围,通过雕塑性的形态巧妙地融入环境,运用变幻的空间准确地诠释场所,求得建筑与自然、建筑与城市之间微妙的均衡[②]。建筑师关注现代主义中的普遍性,同样也关注现代建筑中传统精神的转化。通过特定的手法创新设计模式,在一定程度上,这是受到民族形式或地域文化的影响,这也已成为他们设计当中的不自觉手段。

日本建筑师安藤忠雄尝试以现代的意味重新叙述住宅和自然的一致性,而这种一致性却曾经在日本住宅的现代化发展过程中有所缺失。他以极少主义替换视觉中混乱的不协调,用简单而巧妙的方法保证其作品中的同一性,以遏制现代大城市的无序蔓延;通过可行的、能够展现建筑空间魅力的方式将平面分解,实现对安静氛围的追求。在材料上,建筑师以平滑的混凝土墙、框架拱顶、玻璃、玻璃砖等体现秩序,又以丰富多变的光线赋予空间以抽象色彩。此外,他还以日本传统茶室的简朴感加强建筑同自然间的联系。其所有作品都既体现着现代建筑的特征,也反映出对基地环境的呼应。

在现代建筑语言体系的建立过程中,对地方建筑进行有意识的探索已成为一种常见的现代模式,在那些气候与景观因素在建筑实践中占据主导地位的国家中有更多体现。在以色列,国际现代主义建筑风格曾有过一段漫长而光荣的历史,仅在近几十年才重新开始恢复对地方传统的保护。拉姆·卡米(Ram Karmi)曾接受英国教育,其父亲多夫·卡米(Dov Karmi)是以色列著名现代主义建筑师,是以色列建筑奖(Israel Prize in Architecture)的第一位获得者。直到20世纪80—90年代,在拉姆·卡米的建筑设计日趋成熟时,他在设计中发展了一种更具敏感性和综合性的构成方法,以书写象征性表现和进行文脉再现。他同阿达·卡米·梅拉梅达(Ada Karmi Melameda)共同设计的以色列最高法院大楼(1992,图5-69)充分展现了他们对各方面问题的综合考虑。同印度建筑师里瓦尔设计的新德里国立免疫学研究院相似,卡米在最高法院的设计中采用了适合所处地段的古代城市隐喻,融

① 莫洲瑾,陈黎萍,曲劼.因借与耦合:义乌空中八面厅的空间透明性表达 [J].世界建筑,2020 (4):116-119.

② 邓庆坦,邓庆尧.当代建筑思潮与流派 [M].武汉:华中科技大学出版社,2010:152.

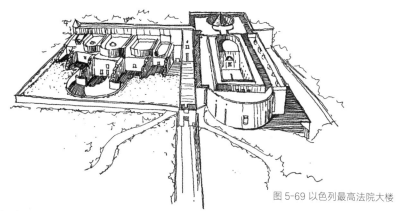

图 5-69 以色列最高法院大楼

合了开敞的庭院、广场，封闭的公共用房等多种元素；挖掘以色列独特的地域魅力，以巨大的石筑墙体，经推敲后完成的弧线表达以及通道尺度，建立起与城市的对话。

Cadence建筑事务所设计的班加罗尔Out of The Box住宅(2008，图5-70)位于城市街角，基地两侧邻近低收入人群的经济住房。住宅为3层的单体建筑，保留了班加罗尔市建筑群原本的形态与面貌，风格简洁，色彩清新、明快，打破了传统住宅楼的空间限定，创造了视觉上的新感受。严整的立方体，纯粹的白色，简单、朴素的建筑色调，使住宅带有明显的新现代主义建筑风格。通体的白色外墙，宽大的落地玻璃窗，凹凸的虚实空间，钢筋混凝土以及金属材料的加入，既延续了现代主义的建筑风格，也融入了新现代主义建筑形式的元素，打造出一个纯净、通透的"呼吸空间"。它像一座会呼吸的建筑，向人们讲述了建筑本身与周边环境的和谐关系，环境衬托建筑，建筑又融合于环境并超越环境，成为环境中的一个亮点[①]。

图 5-70 班加罗尔 Out of The Box 住宅

① 张华. 呼吸的空间：班加罗尔住宅 [J]. 建筑知识，2009，29（5）：21-25.

场所精神的延续和更新需要多元文化与环境的渗透,于共生共融之中既表现历史文脉又符合时代精神。多元和共生并不意味着随意叠加诸多元素,而是对其进行筛选和重组,形成整体上的协调统一。

三、对城市肌理的思考

亚洲的城市与世界其他城市因地域差异而存在着许多不同。对人们来说,聚居的村落一直比城市更为重要,它是亚洲社会最基本的聚落组织。村落之间相互隔绝,封闭保守,但始终在追求人与自然的和谐。在发展中,亚洲的城市也逐渐面临污染问题,城市交通状况日益恶化,各类建筑无秩序地扩展,许多重要历史街区被破坏,过度拥挤的城中村、环境脏乱的贫民窟还在继续扩张,人口过度膨胀,这些都是人们必须共同面对的难题。

当代社会复杂且矛盾重重,人们的多样性需求使得复杂的空间形式逐渐衍生,无论是思考、体验、生活,还是遇见未知、酝酿情感,这些需求成为建筑设计的出发点,也成了每个城市的个性特色,牢牢吸引游客的眼球,牵动城市民众的思乡之心。

雅加达的发展正是亚洲城市快速发展直至失控的有力例证。在1945年印度尼西亚宣布独立时它只是一个小港口,但到1990年它已发展成为拥有700万人口的大都市。工业化推动城市经济迅猛发展,对外出口的石油和其他一些矿产品也成为其发展的助推力。对外围投资者开放市场为当地带来许多新的机会,新建筑得以兴建。许多大型城市的建筑由外国建筑师设计,他们为雅加达带来了新风格和新技术。

马来西亚的历史名城马六甲中留有众多古迹。为了让每座文物建筑完整呈现,保护都是以整片环境为单位进行的,以完整展示其真实的历史生活面貌。在此过程中,环境绿化有机组织各部分,营造完整的场所感。在规划中,采取边保护边发展的策略,保留旧城区原有道路网、水道及标志性纪念物,所建新建筑则以原有建筑为标准,对高度和风格进行控制。对改变内部功能用途的建筑,在修缮时建筑外观则依照修旧如旧的原则进行。曾受国际时尚影响的马来西亚建筑面临语汇单一、缺乏特征的问题,但建筑师已在探索如何在保留当地地区文化的基础上,继承民族形式,吸收优秀做法,从而适应当今时代,体现继承与创新。

亚洲地区在过去千百年中都未曾形成一些必要的社会前提,使中产阶级(手工业者和商人)能够作为一股经济力量充分地参与城市的生活和功能建设。印度有关政权理论的文献充分体现了中央政权对商业和手工业行会的敌视,它们将行会团体对大量金钱的所有视为对君主统治的主要威胁。整体而言,在亚洲地区独立的文明体系中,市民自治和城市社区的形成都缺少法律基础。

在古代中国,城市中心的设立除满足军事目的和维护内部安全等功能外,还需要确保重要物资的运输、存储和发放,其存在的价值在于维护封建政权。百姓居住的城市或次级中心是由绝对王权预先规划并控制的。所以，无论是集中还是分散的居住模式，理论上讲都排斥个人的行动自由。在城市内部，私宅和街道之间的联系遵循着严格的法规，每一街区与地方政权机构的所在地相对隔离也并非偶然。在封建王朝的早期（大约从公元前2世纪到公元9世纪），只有最高级别的朝臣府田才允许直接面向街道开门。为便于控制、管理而不破坏城市的整体感，中国的城市由城墙包围，呈现出方格网状的布局，在核心位置布置统治者的政权机构。直至10世纪末宋代以后，尽管中央政权仍然维持这种相互隔离的城市结构，并通过院落形式的划分来进行政权的管理，但这种城市格局的重要性已经开始减弱。之后，蒙古族进入中原，其游牧民族的血统及其建立的大一统的封建王朝，再次减弱了原有城市格局的重要性[①]。

　　因此，因不断被削弱的自治力量被排斥，城市本身并不具有太大的重要性。除了中亚地区的游牧文化和商业文化之外，整个亚洲都处于农业经济模式中。在之后的发展过程中，亚洲各城市即便有了多样化发展的趋势，但在规划上依旧不同于第二次世界大战后西方的规划模式。因此，亚洲的城市中并未出现严整排布的街区。各地独特的历史和文化传统以及自然特征决定和引导了亚洲城市的形态，使其彰显出鲜明的亚洲城市特色。

　　（一）城市街道肌理的再生

　　城市的空间形态由多方面因素共同决定，特定的城市肌理成为其中的重要部分。不断增加的新建筑与旧建筑之间的关系不仅仅体现在空间上。从宏观视角来看，建筑与环境、与城市整体的契合体现出过去与现在的联系，也体现了人们生活方式的变化。在建筑设计的起点，城市肌理无法被忽视，若是在设计结束时再思考建筑是否能够融进城市的底图中，便会有本末倒置之嫌。

　　各国建筑师一直致力于研究、借鉴城市肌理，并将其相关收获应用于新型的地域性建筑创作中，深入理解形成特定空间形态的自然环境、历史文化背景和生活方式，再设计出满足具体实现某种功能的建筑空间。在此过程中，人居环境不断得到改善，各建筑空间相互作用。

　　1.外部空间原型的再现

　　城市和聚落是由多种建筑按一定的规则组成的有序系统。建筑及其外部空间的总和构成了特定的城市肌理或聚落环境。它彰显出显著的现代脉络，也在诠释一种不同于模仿历史的现代新意识，以革新的现代功能性手法，结合结构和材料的技术特性，阐述基地与地段的特征。

　　建筑师吴良镛主持设计的"菊儿胡同"新四合院工程（1990，图5-71）获1992年世界人居奖，他在此基础上提出城市"有机更新"论，从实践和理论两方面，共同探讨了四合院及其外部空间的"原型"在当代城市和建筑设计中再现的方法。他指出，北京的城市空间结构，是由大街、小街、胡同、四合院构成的一个明晰的、完

① 马里奥·布萨利. 东方建筑 [M]. 单军，赵焱，译. 北京：中国建筑工业出版社，1999：6-7.

整而有序的空间体系。在这一体系中,四合院住宅在道路大系统的控制下,逐层生成建筑空间,建筑师以此为"原型",提出"类四合院"体系,即"从室内走向院落,至小巷,街道,逐步走向世界"①。这便充分体现着建筑对原有历史街区、原本城市肌理、原有文化特色的充分尊重,完成记忆的再现,但这种"传承"却又营造出新时代的氛围。"类四合院"的新住宅体系为老北京新建筑的建造提供新思路,开拓户外新空间。与该项目类似,苏州桐芳巷小区(图5-72)沿用苏州传统的路巷系统格局,根据所处地理环境,满足现代需求,延续苏州的"水乡文化"。

图 5-71 "菊儿胡同"新四合院工程

图 5-72 苏州桐芳巷小区

---

① 黎颖. 黔东北传统民居地域性营造研究 [D]. 沈阳: 沈阳建筑大学, 2012.

SCDA事务所建筑师陈少健(Chan Soo Khian)设计的新加坡埃默拉尔德山95号(格耶住宅)，重点表现当地建筑所蕴含的内在精神。设计关注周围环境，借鉴城市底图和已有建筑的比例、细部等。处于中央位置的巨大中庭，为热带城市住宅提供公共交流的空间，建筑师以现代建筑的简洁方式，完成对传统店屋住宅的精神追忆。沿街部分的外部及室内设计都参照传统形式，中庭顶上设棚架和可伸缩的电动平滑屋顶，而后部则联合使用现代材料钢和木材，创新性地诠释灰空间。

柯里亚曾提出："我们不仅要充分认识到历史的价值，还要理解为什么还要寻求变化。建筑不是对既有价值的守旧，而应打开走向新生的门户。"历史的积淀为如今的设计提供参考，无论是过去的聚居还是当今的城市，无论是先民还是现代建筑师，对于美与和谐的追求不变，参考、借鉴、创新更是丝毫不应动摇的设计出发点。

2.城市传统文脉的延续

文化是城市发展之根，城市的内涵、品质都包涵于其中。历史文化底蕴需要被激发出更多活力，即便各国在发展的过程中都曾有过城市文脉遭到破坏的经历，但当代建筑师们都在运用不同的方法来应对挑战。他们"强调整个区域的文脉、社会发展和经济稳定以及建筑的复兴统一"，注重"在历史的肌理中，将社会文化重建成社区活动的主导"。

宗教信仰的不同，为城市面貌带来差异，例如西亚地区中非伊斯兰国家的以色列与伊斯兰国家相比，在建筑中明显就缺少了产生于该文化下的独特元素。另外，地理位置的差异也使得各地受外来文化影响的程度不同，例如沿海的土耳其和其他阿拉伯半岛内陆的西亚国家相比，更具有现代气息。同时，经济发展的速度，战争造成的影响等，都为城市化发展进度带来差异，例如经历战争相对较少的约旦就要比常年战火纷飞的伊拉克有着更完整的城市文脉。

印度建筑师里瓦尔的作品新德里亚运村，其建筑整体便是传统印度村落的现代版本。它主要为运动员提供住宿，之后转变为当地廉租房。依据传统村落"gali"形式，三种不同类型的单元沿着一条中心步道组合成群体。在这里，人们之间沟通共处，自发地产生交流。建筑群体在统一的标准模数指导下得到规划，以便预制构件进行组合，墙面上的浅槽暗示着标准化的结构体系，同时也通过多样的表现方式避免千篇一律。院落、街道和公共广场将居住单元分成若干组团进行布置，过街楼、门洞和矮墙丰富室外空间。

柯里亚设计的孟买住宅组团(图5-73)以建筑语言完成新的尝试。住宅组团围合出大小不等、层次不同的公共空间。在组团规划和单体设计上，柯里亚使用了传统的曼陀罗模数。每幢住宅结构均独立，住户可以根据需要自行加建，更具灵活性。

致力于解决城市住宅紧缺问题的建筑师多西在印多尔所做的"示范方案"阿冉亚低造价住宅反映了其设计理想，多西期望这个地区能够持续生长、自我循环、能容纳多元化经济群体。该住宅占地0.89平方千米，有7 000个单元，可住4万人。住宅的65％分配给经济条件较差的阶层，其余的在开发后卖给高收入者。从中得

图 5-73 孟买仕宅组团

到的利润用于资助低收入者自建住宅。多西的自建方案提供基础设备——厕所和上下水的施工方式,向用户示范怎样按标准图实施。总体布局上满足人们对社会、文化和宗教的需要①。同时,这些房子也留有建设与变化的空间,供居住者们按个人需求与喜好进行扩建、改造与装饰。多西以高效、节能且人性化的设计,让建筑能随着时间变化不断自我生长并持续发展。

图 5-74 鹤洞戌卒堂住宅

韩国建筑师承孝相(Seung H-Sang)设计的鹤洞戌卒堂住宅(Hak-dong Sujoldang,1992,图 5-74),在庭院中设置照壁,其成为室内空间的视觉焦点,引起人们对传统的记忆和认同。照壁体现民族形式,但住宅庭院及室内空间的氛围却都体现出现代感。传承文化并不意味着完全地仿照,而是需要不断地为其注入活力,只有这样方能实现文化的源远流长。

桐庐先锋云夕图书馆(2015,图 5-75)位于浙江省桐庐县莪山乡戴家山村,是先锋书店开设的第十一家书店。其成为当地村民和"异乡读者"公共生活的纽带,也成为地方文化创意产业的一个聚焦点。图书馆的主体是村庄主街一侧闲置的一个院落,包括两栋黄泥土坯房屋和一个突出于坡地的平台。设计保持了房屋和院落的建筑结构和空间秩序,强化了建筑的"时间性"。土坯墙、瓦屋顶、老屋架这些时间和记忆的载体成为空间的主导。建造者通过翻新小青瓦屋顶,在望板上附设保温构造②。建筑师对老屋的尊重,体现在乡建谋划、建造、后续运营的全过程中,尊重原住村民的经济利益、记忆情感和未来愿景,使得改造依旧承托当地生活的文脉,为文化提供长久不衰的源泉。

---

① 王毅. 香积四海:印度建筑的传统特征及其现代之路 [J]. 世界建筑,1990(6):15-21.
② 王铠,张雷. 时间性:桐庐莪山畲族乡先锋云夕图书馆的实践思考 [J]. 时代建筑,2016(1):64-73.

图 5-75 桐庐先锋云夕图书馆

3.建筑与城市的统一化

在传统和现代之间,建筑和城市之间的统一最为重要,也最有意义。经精心规划后的城市社区内的各座建筑,虽然自身各具特点,但不同的建筑形式、街道、广场和城市其他空间形式之间并无明确界限,它们同当地生活的本质相符。建筑师沿着当地文化发展的既有方向,架构起城市和建筑之间的沟通桥梁。

莱瑟穆·巴德瑞恩设计的利雅得正义宫(Palace of Justice)清真寺(1992,图5-76),将建筑和周围环境作为统一整体,融进城市肌理。新建筑并不仅仅借鉴旧建筑,同时也吸纳了当今时代所孕育出的更多元的建筑形式。正义宫清真寺的设计试图通过创造一种具有文化连续性的建筑来激起强烈的纪念性。厚重的墙体使得建筑如同堡垒,建筑创造出一种连续性并融入城市环境,成为现代建筑典范。

位于也门撒那阿的萨瓦拉医院(Al-Thawra Hospital,1985,图5-77)在满足必需

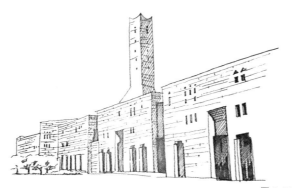

图 5-76 利雅得正义宫清真寺

图 5-77 也门撒那阿的萨瓦拉医院

的医疗需求的同时,与传统城市文脉和谐相容。在一些细部处理上,它模仿了撒那阿旧式的高直式住宅。同样位于撒那阿的沙特阿拉伯大使馆(Embassy of Saudi Arabia,1980)和撒那阿住宅项目(Housing in Sanaa,1991),也都创造性地继承了也门的城市传统,将建筑融入周边环境中。

厄吉普·哈德森地毯中心(Urgiip Hadsan Carpet Center,1993,图5-78)位于土耳其内夫谢希尔省厄吉普镇。基地具有独特的自然历史景观。炎热干燥的天气和历史自然背景成为设计的出发点。当地既有的建造技术是以简单的传统结构、材料和细部处理方式实现的。结合这些技术,建筑师通过使用当地熟悉的形态语言,在现代环境中创造了一系列新建筑,最终使它与城镇的历史与景观以及厄吉普的建筑遗产融为一体,实现了新建筑和城市特殊文脉的共生。

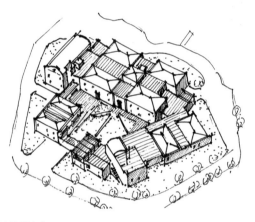

图 5-78 厄吉普·哈德森地毯中心

组团设计也是实现建筑和城市统一的一种设计手法。住宅组团便是其中的重要组成部分。安曼里巴特住宅(Al-Ribat Housing Project,1983,图5-79)的30个

图 5-79 安曼里巴特住宅

居住单元打破单一住宅的传统,居住组团被融入城市文脉之中。建筑在材料上使用当地的石灰石以承重,同时也遵循传统,保持内部空间的私密性,这些都是对城市文脉的尊重。类似的住宅组团还有科威特的哈瓦里住宅、撒里米亚住宅和科威特的信用储蓄银行低造价住宅等。这些住宅组团是所在城市的有机组成部分,与城市其他建筑空间一起维系着新环境下的伊斯兰城市文脉。

新加坡拉萨尔艺术学院(2007,图5-80)在设计之初就旨在体现城市对多样性的包容。基地位于城市公共空间和校园私密空间之间,在城市肌理中可以被看作一个单独的街区,但也因艺术学院的存在,而成为该区域的一个焦点。建筑师试图在城市与学院之间搭建一个多孔隙、交互性的平台,这一平台也将让公众参与学院的艺术活动,丰富城市生活。建筑组群如同形成于峡谷之中,与城市产生互动,在公共空间和学院之间形成了一条二者相互作用的路径。校园的连通性、易达性、方位感和尺度感,允许学生和他们的活动渗透到城市中,弥散到更广阔的社会当中[1]。

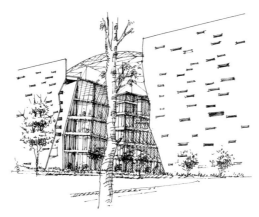

图 5-80 新加坡拉萨尔艺术学院

(二)城市环境意向的表述

设计的前提应当是树立整体的环境观,即在城市规划与建筑设计中采用系统的、生态的、差异的、联系的、动态的、非线性的观点来重塑设计思维。城市与建筑之美的价值模式也应相应地由扩张向保护,由量向质,由竞争向合作,由支配控制向合作公平转换。与之相应,如果我们深入探析城市空间结构就会发现,生态城市与生态建筑的"真"意味着城市结构的根本性变革。与工业化时期城市的点轴式结构以及后工业化时期结合信息技术的网状结构不同,生态城市空间结构呈现出互为因果、循环往复的环形树状结构。城市的各种组成要素共同呈现出类似生态系统的整体动态循环特征(图5-81)。

---

① 周晓燕. 拉萨尔艺术学院,新加坡 [J]. 世界建筑,2009(9):86-91.

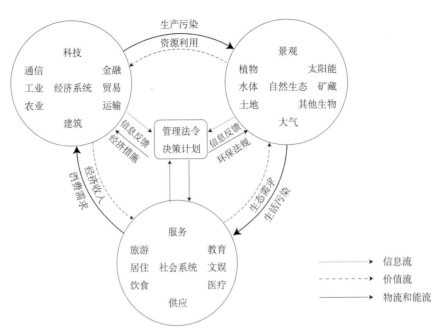

图 5-81 城市生态系统的结构与功能示意

　　在建筑中,人们能够感受自然,健康生活。建筑能够彰显个性,体现人本精神和使用者的需求,并与环境紧密联系。建筑中所蕴含的城市文化决定着建筑的内涵和精神内核。因此,需对建筑进行多层面的分析,从而平衡自然生态结构,构建符合法律体系的城市规划策略,促进社区更多地参与城市发展;通过改善城市的空间,改善城市基础设施和服务设施,促进经济发展。

　　萨林邦童子军中心(Sarimbun Scouts Center, 1986,图5-82)由南华建筑Ⅱ事务所设计,其为现代人的都市生活方式提供补充,体现建筑与自然环境间的关系,构建出与自然接触、磨炼生存意志的场所。建筑由三部分组成,中央大厅是一个直径为22米的无柱圆形大厅。最初,大厅的地面是夯实的土层,后来铺上了地砖。屋顶采用木结构桁架搭接在圆环状的柱子上,结构外露。两侧的营员宿舍结构简

图 5-82 萨林邦童子军中心

单,采用自然通风方式,为营员提供充分感受自然环境的健康生活方式,与周围的热带自然环境融为一体。这种生活方式与在都市林立的高楼大厦中的生活方式完全不同,体现设计的灵活性与创新意识。

坦皮内斯北部社区中心(Tampines North Community Center, 1992, 图5-83)由WLA事务所设计,充分表达了20世纪80年代末期新加坡社会的文化含义,塑造了传统文化意义的当代形式。建筑用地为一矩形地块,建筑立面以三层长方形的流通框架作为围墙,象征良好的社会秩序。围墙内部与外部框架形成对比,由分散几何体建筑组成,分为四个较大的不规则单体和两个较小的不同形状的单体。彼此冲突但却和谐共处的分散元素,象征着当代社会的多元化个体和价值观体系。该建筑体现出建筑师对社区的含义进行的深入探索,注重对独特身份、个性、场所意义的表达,突破了常规的缺乏个性的建筑形式,促进居民交流、参与,使其获得视觉和空间上的开放而复杂的场所,激发他们创造更高品质生活的热情。该建筑传达了文化中的双重含义,既是有序的,又是偶然的,既是稳定的,又是动态的。立面遮阳分三层,明确地体现了建筑的结构。内部环境重现传统的骑楼空间,保证顺畅的自然通风和有效遮阳。

图 5-83 坦皮内斯北部社区中心

何刚发建筑师事务所(Richard Ho Architects)的设计理念是"将建筑作为文明史连续统一的表现,延续城市记忆,作为人类身心居住的世界的表现"。因此,事务所坚信用"最少的手段"创造的建筑会经受住时间的考验,在对新加坡传统的店屋理解的基础上进行了大量的创新实践。坤成路12号住宅保护项目(1993)是这一创作尝试的首个作品,并赢得了1995年新加坡建筑师学会设计奖。另一个成功作品布莱路住宅(House at Blair Road, 1995),其设计重点在于以楼层划分围绕采光井的空间。阳光从采光井射入,为楼梯间、过道提供了均匀的光线。室内采用了玻璃和钢材等材料,以替代传统的木材。室内简洁有序的各种元素共同构成令人愉快的居住环境。

巴瓦住宅更是城市缩影的代表建筑。在象征街道的廊子中行走,在象征广场的露天庭院和采光井中停留,人们在其中可以体验空间的收缩与放大,体验光和影。这座住宅蕴含着一座"城市"的情怀与体验,安静与热闹,私密与公共,在视觉与触觉感知中变化。扶手、画作、一扇门、一个倒影、一条小道,或是玻璃门、被水反射的光怪陆离的光,都在诉说着城市和建筑的故事①。

在印度,多样化的宗教文化深入悠久的历史中,地理区域的分离使各地呈现文化的多样性。历史是活着的现实,这也使人们的生活环境独具特色。从总体上说,印度城镇的特征由三大要素决定:第一要素是古城,某些当地规模较大的市场被紧密地组织在城镇结构网络中;第二要素包括殖民地时期加建在古城旁的建筑,它们属于官员区、军用区以及其他形式的城市改建部分;第三要素是农业移民自发建设的房子,这些房子在城镇边缘地带如雨后春笋般出现。文化古迹是历史性城镇的核心,那么城市后期的发展应当围绕这些文脉要素逐渐展开,更加现实地进行规划,以适应各城市的具体特征②。

图 5-84 德胜尚城

中国建筑师崔愷在北京西城区德外大街完成作品德胜尚城(2008,图5-84),他提出,建筑作为城市的一部分,通过个体建筑对城市结构和肌理的呼应,能够延续和增强城市的地域性③;通过复原老北京城市的空间序列,保留原有的树木、材料质感以及尺度比例等,体现出对北京历史的延续。在该项目的场地中,建筑师用一条东南—西北走向的斜街代替传统北京正向的街道,将七栋独立的写字楼联系起来形成一个整体。写字楼采用"U"形平面形成各自的院落,同时可以保证建筑的自然采光。建筑的围合则采用了北京四合院的构图模式,实现与城市肌理的呼应。

(三)传统空间形式的转译

为使建筑真正融入城市,建筑师必须充分发挥其在视觉和拓扑学上的作用。这并非情感就能够解决的问题,技能更为重要。地域性建筑灵活多元、根植本土,在时代中逐渐沉淀。建筑师必须直面城市存在的问题,并调整设计方式,使得这种语言能够得以继续存活。

1.模糊空间的表述

共生哲学体现在建筑中即为过渡空间。西方观点认为,以二元论解决矛盾,

① POWELL R. The urban Asian house[M].London: Thames & Hudson,1998: 158.
② J.R. 巴拉. 变化中的亚洲城市与建筑[J]. 杨志中,译. 世界建筑,1990(6): 57-59.
③ 王冰冰,张伶伶. 北京新建筑地域性表达倾向[J]. 建筑学报,2010(2): 74-77.

最终结果是将矛盾双方统一成整体,或将其中的一方否定。共生即在矛盾着的元素之间创立一种动态的关系,即在对立的两种元素之间设立空间距离(neutral zone)或时间距离(cooling-off period)。在亚洲城市中,在改变文化的同时,相关理论也得以建立。多数住宅在设计中体现出对重复手法的运用,反映出建筑师有意识地对过渡空间进行的探索。

印度尼西亚爪哇岛南岸港市的芝拉扎住宅(Tjakra House,图5-85)的设计是在"确定的"几何形式中间,留有剩余的或"不确定的"空间,这些空间体现出巨大的活力与能量。房子的入口和主要楼梯间设计于此。阳光从屋顶射进来,放大内部空间,也为室内带来生气。

图 5-85 芝拉扎住宅

在新加坡埃默拉尔德山95号(格耶住宅)的设计中,为了获得居住的宁静环境,又因所在地的不同文脉、文化、气候,建筑与景观同天井、水体一起,淡化了内与外的区别。建筑中所有空间围绕中心的巨大中庭展开,其尺度远远大于传统天井。内有两棵大树和一个用绿色面砖砌成的石灰石平台,这便将公共空间引入了室内,清风徐来,水声潺潺。这里可以成为星光下的露天聚会场所,甚至成为舞台、歌剧院、运动场。这种内外关系的转变是热带城市住宅设计的常用手法,这种空间的模糊性一直在店屋住宅形式中存在。住宅建筑前面设骑楼,体现内外空间用途的转化,这种使用模糊性空间的主张也成为后现代理论的一部分。建筑主立面与相邻的山花墙协调,在起居室的门口上部插入了一个由石雕工艺完成的木质扇形窗。钢的使用使建筑更具现代性。建筑的前半部分是地下书房和主要会客室,其上方为主卧,第二层、第三层为独立客房。在后部有一个可以直接上到屋顶花园的室外楼梯,屋顶平台将室内空间引申到外部。夏夜傍晚,从屋顶平台能够眺望到整个城市的轮廓线以及伴随着夜晚微风戏剧般变化的人间景色,聆听到远处传来的生活喧嚣。

坐落于吉隆坡南部的对话之家(Dialogue House,图5-86)体现着相同主题,建筑师也意欲探索过渡空间。中庭成为室内的景观部分。在特定情况下,非限定性空间会由于不同活动和事件的发生而变成具有限定性或重新被限定的空间。黑川纪章和郑庆顺指出,这种模糊区域是亚洲建筑思想方法中的必要部分,这似乎比西方建筑理论发展得更为精彩。

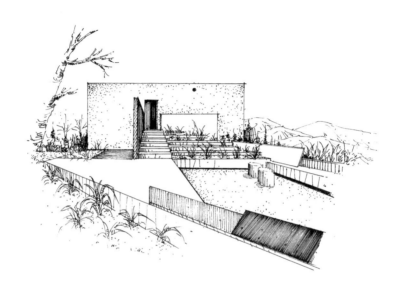

图 5-86 对话之家

邓巴步行街115号半独立式别墅(图5-87)周围都是一些中等收入家庭的带走廊式的平房和半独立式的别墅。建筑师希望采用大胆而独特的方式,积极地回应热带气候。这栋建筑通过建立传统与现代、本土与世界间的对话,同建筑的地域特征联系起来。其中涉及的"街区""室内外空间的连续"等概念,也在突破通常意义上的热带建筑设计方式的局限,提出创新思路。从场地后侧进入小别墅,其主入口设置在场地中部,来访者能够径直进入建筑腹地。如此设计的目的在于减少内部的交通空间,从而提高空间利用率。建筑内墙的错位是为了塑造更为丰富的空间体验,形成更强的空间透视感。部分前院的上空覆有遮盖物,形成灰空间。白色的混凝土架子既在结构上独立,又能把两个空间连成整体,发挥导向性功能。沿着内墙,建筑师以竖直小窗沟通室内外空间。带木框的玻璃门和百叶窗将光线引入,使自然元素与人工作品在建筑中得以平衡。建筑中的一系列院落以不同程度的围合实现空间的模糊过渡,每个庭院的功能和特性都有差别。前部的错层平台用以娱乐;中部的庭院尺度较小,能够让清新空气流入,并提供休息独处之处;后部的庭院用于放置服务设施。建筑与周围环境互为借景,水平和竖直方向上的构图运用了线和面的元素,与热带地区的特征相呼应。虽然坡屋顶是传统建筑形式的象征,但在建筑中并未使用,而是用简洁的几何形式替代。建筑师坚持认为,热带建筑并不仅仅意味着坡屋顶、遮阳构件和木制窗,真正需要的是开放的空间、良好的通风和令人愉快的现代信息①。

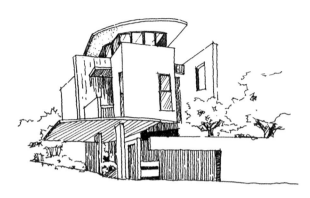

图 5-87 邓巴步行街 115 号半独立式别墅

　　王澍在南京四方当代艺术湖区设计建造三合宅(图5-88)时,将模糊空间引入挑檐下,以此概括与表现传统。装饰贴面使用当地常用的青砖,并加入透窗元素。在"U"形传统民居合院内,人们的活动均围绕树池展开,形成住宅内部的记忆,塑造合院内屋檐下独有的空间形态。现代营造手法的注入,使模糊空间成为传统与现代之间的沟通桥梁,也为模糊空间的形态提供了更多的可能性与发展空间。

图 5-88 三合宅

　　若将建筑中含混暧昧的空间统称为模糊空间,虽然在性质上难以定义,但其包含的内容却丰富而多元。黑川纪章曾指出了亚洲思想观念中的"中间地带"的重要性,并且将它转化成建筑语言。自然和建筑、内与外共生共存,原本互相对抗

① 李晓东.邓巴步行街115号半独立式别墅,新加坡[J].汪芳,译.世界建筑,2000(1):66-67.

的元素也能够因变化的互动关系而共同存在。模糊空间在形制特点上并不固定，但却具有深层次的文化内涵。同时，建筑师也赋予其功能上的实用价值。在一定逻辑的控制下，各种元素保持和谐统一的共生关系，空间因而带有更丰富的内涵。室内外能够保持沟通和交流，并被有序组织。

2.露天空间的利用

良好的空间应能够满足人们的需求，这对于住宅建筑来说尤为重要。理想中的住宅不应只限于居住空间本身，还应当能够为家庭成员提供私密空间以发展个性，提供密切交往空间以增进感情。同时，邻里间交往的社区空间和公共活动场地也同样需要配备，以此实现"建筑—人—社会"的良性协调发展。

在建筑师柯里亚看来，不同国家和地区的文化、经济、气候决定建筑的发展，但是整个系统的良好运行需要基于两个前提，具体如下。

1)建筑中应既包含遮蔽空间，又包含露天空间

在炎热地区，如孟买，每年的季风期只有3个月，于是人们70%的生活活动可能在户外进行，室外的露天空间便能够与户内空间互补。另外，户外空间还可以用来发展养殖业，为人们带来一定的经济效益。

柯里亚致力于探索适应印度地理、经济与文化的建筑。他认为建筑要充分体现当地的生活模式。在印度，炎热地带的凉棚是最好的庇护所，大榕树下的阴凉为人们提供良好的户外活动场地。因此，他积极探求"露天空间"与"露天建筑"(open to sky space, open to sky architecture)。在其作品博帕尔巴哈汶艺术中心中，这种探索得以更好体现。这座建筑面湖背山，完全被置于地下，屋顶除天窗和通气口外均铺设草坪，几个下沉院落错落置于其间，成功与环境融合。此外，他为节约能源创造了适合当地条件的"被动式(降温)建筑系统"。

2)每一部分都应相互联系、相互依存、相互补充

发展中国家应以发展低层高密度住宅为原则，不应追求技术和材料的绝对先进。可实现的技术能够为手工劳动者提供大量的就业机会。低层住宅建设期短，资金周转快，可增长、可变化，维修方便，廉价材料如砖、泥土、竹等的使用也能够节约资金。虽然这些建筑的寿命仅为15~20年，但这对于经济状况不断变化的第三世界国家来说却最为适合。因此，在第三世界国家，研究住宅的"可更新性"便是建筑师们需要面对的重大课题[①]。

在满足气候和社区需要的基础上，印度建筑已经产生了成熟的对功能的回应。经过几个世纪的发展，一套调整日照和空间的方案也已产生。国立工艺品博物馆(National Crafts Museum, 1975, 图5-89)正是在这样的文脉下构思而成的。步入这个既遮蔽又开敞的模糊空间，走上一系列平台，上升、下降、旋转，不同的空间体验，即"行进之变"，使得建筑游览充满乐趣。与此相仿，甘地纪念馆中也有由一系列平行砖墙限定的缓缓向下的道路，行进轴线也在不断发生着变化。

---

① 王辉.印度建筑师查尔斯·柯里亚 [J]. 世界建筑, 1990 (6)：68-72.

图 5-89 国立工艺品博物馆

　　大阪博览会印度馆(图5-90)的步行道一直延伸至屋顶,让人能够在迷宫般的空间中自由出入。在行进中展开的空间,或闭合或开敞,收放之中,尽显建筑本身之美。在曲折的流线中,人们可以自由游憩,这一路径甚至是对印度街道的隐喻。

图 5-90 大阪博览会印度馆

　　里瓦尔设计的新德里国立免疫学研究院综合体,依照该地区传统的内院类型,将院子作为各个单体建筑设计以及整个地段规划的关键所在。林荫道连接院子和建筑,实现融传统于现代建筑之中的表达和尝试。混有当地石料的混凝土板被用作外饰面,板间采用红色或淡黄色砂岩作为装饰,同时这是对当地世界文化遗产库特卜塔(Qutb Minar,1199)的一种呼应。
　　菲律宾的福布斯公园(Forbes Park)内,树荫覆盖下的街道呈现出田园诗歌似的浪漫。绕过水池和巨大的班兰树所形成的景观,便进入了多里斯·马格赛赛-霍(Doris Magsaysay-Ho)的单层住宅中。这是由建筑师和景观顾问保罗·阿尔卡萨伦(Paulo Alcazaren)合作,将原有建筑改造而成的。顺着水池边经过院子,即可到达入口。宽敞的起居室便是住宅的核心,四扇大门开向石灰石铺成的平台,在这里可以俯瞰整个泳池。悬臂式屋顶独立于墙体,由四根大柱子支撑,在视觉上与空调管道相协调。从高侧窗透进来的光点亮整个房间。起居空间位于中心,其外部平台由一个五米宽的悬挑屋顶覆盖。建筑内部的生活都围绕着这个内外交界的空间进行。"U"形庭院一直延伸至树林之中,露台成为这段路的休止符,同时也是福布斯公园和博尼法西奥堡(Fort Bonificio)的分界线。从平台向下看,贴有彩色面砖的游泳池便是整座建筑的视觉中心。建筑中的庭院营造使所有房间均能够欣赏到良好景观,沿着外墙边界保留有原有的竹子。在西班牙殖民统治的影响下,墨西哥、加利福尼亚和菲律宾之间有着强烈的文化联系,体现着多元的文化融合。如同住宅主人描述的那样,这是"现代都市的混乱中和平与安宁的天堂"①。

优秀的建筑设计不仅能够充分满足建筑功能,更能够代表当地建筑的文化特质以及建筑师的设计追求。露天空间不仅为建筑提供空隙以呼吸,更是建筑景观的重要体现。美国帕也特事务所(Payette Associates)设计的卡拉奇阿卡汗大学和医院,其院落规划结合现代建筑形式,利用自然通风技术;汉宁·拉森设计的利雅得沙特阿拉伯外交部大楼,结合现代空间特征等,使建筑围绕巨大的三角形中庭展开;欧姆拉尼亚事务所(Omrania Associates)设计的利雅得外交俱乐部,以石砌面的墙体围合出"花园绿洲";泰国建筑师朱姆赛依(Sumet Jumsai)设计的国立政法大学(Thammasat University),该建筑被抬起,置于混凝土底层架空柱上,如同该地区传统吊脚楼的变体,于其下提供遮蔽的开放空间;理查德·英格兰德(Richard England)在马耳他设计的旅馆,结合台地地形,极大丰富着岛屿景观②。

3.宗教空间的再创造

对于宗教活动来说最重要的是营造场所感。不同时代的宗教建筑物的风格与空间形式并不相同,宗教空间与建筑形式也并非一一对应的关系,而是随着人们思想的转变而不断发生着变化。场所感是宗教空间设计的出发点,也是建筑样式改变的根本原因。宗教空间曾经为人们提供虔诚信奉神灵或表达敬仰的场所,如今却更强调空间的精神体验性,这也为建筑师带来全新的挑战。

在20世纪80年代初期,位于沙特阿拉伯吉达的克里克清真寺由埃及建筑师阿布德尔-瓦希德·艾尔-瓦基尔(Abdel-Wahed El-Wakil)设计。其中最大的艾尔-鲁怀斯(Al-Ruwais)清真寺位于山脊上,成为城市中一个显著的标志。实现自然通风的技术在这几座清真寺中都得到体现,艾尔-鲁怀斯清真寺以优雅的弧度展现其动人的形式,拱顶迎向凉爽的海风。特制的黏土瓷砖承受着压力并将其转化,

---

① POWELL R. The tropical Asian house[M].London: Thames & Hudson, 1996: 110-116.
② 克·埃布尔.生态文化、发展与建筑[J].薛求理,译.世界建筑,1995(1):27-29.

倾斜的穹顶和圆屋顶逐步过渡。在拱顶后方,米哈拉布(mihrab,指清真寺正殿纵深处墙正中间指向麦加方向的小拱门或小阁)上方主穹顶的每一个侧面都由两个穹顶构成,建立起体形巨大又有效的空气流通体系。为强调这些线性的穹顶,并有意模仿红海附近建筑的曲线,正立面使用了扶壁。与其说尖塔是在表现建筑的竖向发展,不如说其是在有意减弱这种发展,更多体现拱顶和圆屋顶共同建立的横向节奏序列。

阿布德尔设计的艾尔-米卡特清真寺(Al-Miqat Mosque,1991,图5-91)的中心庭院连接周围柱廊。早期的伊斯兰清真寺是通过墙体限定出固定的面积,朝向麦加方向建立特定的空间以礼拜,建筑师同样坚信,对真主的崇拜可以通过建筑空间予以反映。于是,在阿布德尔所设计的建筑中,宗教的生命力由严整的几何形式实现。通过系列扭转的方形,指向各个方位,以象征无限,体现宗教建筑的纪念性[1]。

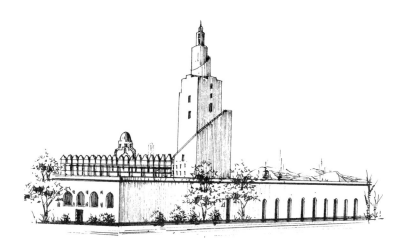

图 5-91 艾尔 - 米卡特清真寺

Forum建筑事务所(Forum Architects)设计的新加坡阿斯亚法清真寺(Assyafaah Mosque,图5-92),以现代语言诠释传统建筑要素,如拱、尖塔和阿拉伯藤蔓图饰等。8个立体的清水混凝土拱,传导楼上3层的荷载,塑造出一个无柱的大跨度祈祷空间。尖塔被设计成以25毫米厚的弯曲钢板层叠搭起的雕塑般的形式。阿拉伯藤蔓图饰以多种多样的形态再现着《古兰经》中描绘的景象。这些图饰出现在入口、围墙、地毯上。设计提供了精神修行的环境,让人们获得平静、心神合一和与真主相连的感觉。在主祈祷大厅,一面向内倾斜的4层高墙唤起人的敬畏感。自然光从狭长的天窗照射进来,营造出幽雅的氛围,唤醒情感和文化的联系[2]。

---

① STEELE J. Architecture today[M].London: Phaidon Press, 2001: 224-251.
② 叶扬.ASSYAFAAH清真寺,新加坡[J].世界建筑,2009(9):32-37.

图 5-92 新加坡阿斯亚法清真寺

　　拜特·乌尔·鲁夫清真寺坐落于城市与郊区的交会处,建筑的建设资金由社区居民捐献,在有限的预算下,建筑师依旧创造出了极具精神性和宗教性的祈祷空间,但在空间的营造和材料施工方面追求质朴,为当地社区居民提供冥想与祈祷空间,使其获得精神上的归属。此外,这座建筑受到许多历史文化要素和母题的启发,如15世纪孟加拉苏丹国陶土砖建筑遗产和康的达卡国会大厦[①]。

　　宗教建筑在现代发展的过程中,面临更多样的社会背景,宗教精神的建筑载体也更为多元化,建筑空间形式更丰富。传统宗教建筑中的高大、空旷感由近人的亲切感所代替,但却也通过其他方式营造建筑气氛。弱化符号化的元素体现,代之以现代设计中的手法,融入自然环境,提供净化心灵的场所。直向建筑设计事务所董功设计的河北秦皇岛海边阿那亚教堂(2015,图5-93)兀自矗立在海边,在一条延伸的线性道路的引导下,人在前进的过程中眼里只有海的底色与教堂的纯净。在海滩广阔无垠的尺度对比下,建筑的仪式感获得极致的烘托。在缪朴设计的湖南株洲朱亭堂(2002,图5-94),信徒从庭院进入礼拜堂,经步道穿过圣坛处的"门洞"直通山坡,远远地,一个十字架在树梢上方的天空中显露出来。"门洞"右面的斜墙将门厅与礼拜空间分隔开,也成为牧师讲坛的背景。建筑形制借鉴了中国传统寺庙的布置形式,适应狭长的基地。建筑师以本土的材料与形式营造出宗教建筑的仪式感。张雷联合建筑事务所作品江苏南京河西万景园教堂(2014,图5-95),坐落于万景园的岸边,建筑小巧精致,两个三角形的外立面组合在一起,形成了一个对称的蝶形屋顶造型,漏下的纯净天光照亮室内空间。竖向木制格栅外壳过滤外部风景,密而透风,影影绰绰。空间形态为单一向心型,垂直方向的线条指向天空。

---

① 支文军,徐蜀辰. 包容与多元: 国际语境演进中的 2016 阿卡汗建筑奖 [J]. 世界建筑,2017(2): 14-22,145.

图 5-93 阿那亚教堂

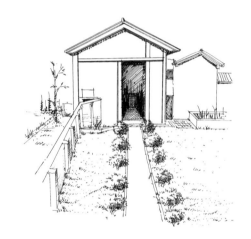

图 5-94 湖南株洲朱亭堂

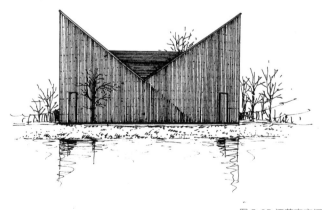

图 5-95 江苏南京河西万景园教堂

宗教建筑空间中仪式感的意境渲染,通过现代建筑的多种空间元素实现。在品、赏、触、悦之间,人们获得精神上的满足,让心灵有所寄托。对称格局,丰富光影,甚至反常态的空间形态强化建筑空间的神秘与精神性,塑造感性空间。意境渲染能增强空间的层次感和尺度感,自然和人工的力量共同引发人对自然和生命的思考。在宁静气氛中,建筑师使用当地建筑材料象征自然,体现质朴与生命。在这样的空间中,人的精神得到净化,去除杂念,静想冥思。建筑的纪念意义得以体现,人们的崇敬、同情、缅怀、悲痛与祝福等得以表达。建筑空间内的象征符号,如光影、水体、雕塑等元素共同配合,渲染出宗教空间的整体氛围。

四、对地方文化的传承

环境应当作为传统文化与现代文明的客观载体而存在,环境景观提供给人标识自身社会属性的感官框架。尊重地方的历史民俗文化,也是对具有某种集体精神意义形式的重新肯定。这里应当注意对以下三个方面的把握。

(一)对秩序认同程度的把握

如今,中国的秩序观已经发生了很大的变化,等级秩序已经被削弱。然而,中国的秩序观传承至今,几千年以来,已经渗透到人们生活的方方面面。事物都是在一种主从关系中存在与发展的,建筑空间也是在一种等级秩序的控制下存在的。就某些方面而言,这种秩序也会阻碍社会进步。因此,建筑师更要关注如何从文化上把握这种秩序的进一步延伸与发展,为"地方特色"探寻健康有益的发展方向。

崔愷的作品北京数字出版信息中心(2007,图5-96)充分考虑到老北京是由四合院组成的城市,在其起伏的建筑轮廓线与四合院的屋面坡顶之间寻找和谐关系。在立面上,外置的竖向遮阳板和隐框玻璃幕墙解决了东西朝向的遮阳问题,立面尺度适度夸张。遮阳板的组合模拟了传统的博古架形式,与基地西侧的王爷府寻求语境共通。曲面的外墙板延伸至中庭,强调了语言的系统性和空间的延伸感[1]。中国文化通过色彩和材料得以体现,地域性即蕴藏在其中。如地面采用北京地方石材青白玉,其有着细腻纹理,曾被广泛运用于当地古建筑中的地面、台基、御道等,带有强烈的文化意味。东侧立面采用由绿色穿孔铝板与玻璃组成的组合幕墙,竹林种植在幕墙的空隙之中,竹叶随清风晃动,摇曳着光影的变化,原本生硬的材质因植物而被柔化,中国文人的精神在每个细节都能够被寻到。建筑本身所代表的数字信息功能通过北侧墙面上的LED大屏幕得以体现。

---

[1] 崔愷. 北京数字出版信息中心 [J]. 建筑创作,2009(4):42-45.

图 5-96 北京数字出版信息中心

（二）对传统交往空间的把握

空间的形式与人的交往模式的形成有着极为密切的关系。中国传统民居文化中的院落、街坊、巷道等,形成了自身的文化特色。基地规划设计的核心部分在于交往空间,出彩之处也常常体现于交往空间。诚然,传统空间中的交往空间已形成定式,但应对其进行准确把握,适度吸收和扬弃。

能够经得起时间检验,被称为经典的建筑,总是能够与当地的自然环境、人文环境共生,并满足居住人群的心理期待。"就掌灯"居住区(2006,图5-97)位于十三朝古都西安,悠久的历史在为设计提供限定的同时,也为其带来多方面的参考。中国古代建筑平面常用街廊和围合的方式营造出院子,总体来看,围合这种源于四合院的布局方式被现代建筑师广泛使用。但这样的院子却将景观全部圈起来,赋予景观极强的私密性。这与现代住区设计的共享理念并不相符,甚至截然相反。在一些围合布局的高层住宅小区中,"四菜一汤"的平面形式仿佛为居民提供了良好的中心景观园林,但在使用率上却显欠缺。因此,该住区选择使用街廊式的布局方式,真正让景观融入生活,为居住环境增添情趣,也更显其文化底蕴。

图 5-97 "就掌灯"居住区

（三）对自然观和宇宙观的把握

东西方对待自然的态度并不相同,并以此形成地方建筑设计传统,这由自然观和宇宙观决定。西方意图以人力改造自然,而东方却坚持"天人合一"的思想,环境景观的呈现便也分主体呈现和客体呈现。地方的人本文化通过营造方式于此体现。

用批判地方主义的话来说,环境景观应当既是"世界文化"的承担者,又是"全球文明"的载体,这样才能既保持传统文化的延续,而又不被原生文化所局限①。以当地原有形式作为基础,不同建筑师对环境景观的理解相异,理性与非理性共同指导设计。建筑师通过对现有自然条件进行分析,采用合理适用的现代技术,创造更丰富的建筑文明。文化积淀下的人文环境和地方文化精神内涵为建筑师提供创作灵感,即非理性的体现。

建筑的多种属性包括地域属性、民族属性以及文化属性,在三者间应当建立平衡关系,共同引导建筑设计走向。新疆乌鲁木齐市的火炬大厦酒店(1999,图5-98),是集餐饮、娱乐、客房、商务写字间为一体的多功能综合性智能化大厦。主楼以沉稳的红白两色为主色调,浓缩新疆大地的风物和文化——赭红色提取于魔鬼城、火焰山、戈壁滩;白色则来源于皑皑白雪。闪耀在新疆巴音郭楞蒙古自治州开都河上的银光在建筑中也有所体现。同时,火炬大厦酒店穹顶内部各民族的装饰更直接让人感受到新疆地域的悠久历史和文化②。

图 5-98 火炬大厦酒店

① 张浩青. 住区环境景观设计与批判的地方主义 [J]. 华中建筑,2001（3）: 75-76.
② 刘谞. 混沌中的实践: 火炬大厦酒店 [J]. 建筑创作,2008（4）: 66-73.

1.适应性地利用旧建筑

旧建筑记录城市发展,时代的印记在旧建筑中得以体现。因城市扩张、社会发展及现代人需求的改变,许多旧建筑已丧失了原有的使用功能,甚至被遗忘。对这些旧建筑物,令人绝不可弃之不顾,否则这些旧建筑物将与垃圾无异。建筑师的适当改建,能使旧建筑适应当代城市和社会发展的要求,承担起社会生活新职能,重新体现建筑价值,从而适应性地保护城市历史文脉。

中国建筑师李兴钢设计的北京复兴路乙59-1号改造工程(2007,图5-99)位于长安街西延长线复兴路北侧,原建筑于1993年建成,结构形式为九层混凝土框架结构,一至四层为办公场所,五至九层为公寓。基地南侧面对复兴路,东侧紧邻一栋九层住宅楼,西侧为宾馆和加油站,北侧为内院(停车场)。原有建筑的层高和柱网较无规律,在后期改造中建筑师基于原有结构体系确定了幕墙的金属框架网格,根据不同的内部功能对应采用四种不同透明度的彩釉玻璃。同时,根据不同方向的情况,幕墙由原结构分别向外悬挑形成不同尺度的空间以配合使用要求和景观要求,悬挑的空间形态配合幕墙网格,实现整体的立体化和空间化。西侧利用原楼梯间扩展改造而成的立体展廊可被视为一个垂直方向上的游赏园林。这一建筑的改造设计原则是强调基于场地环境和原有建筑自身的结构逻辑,形成一

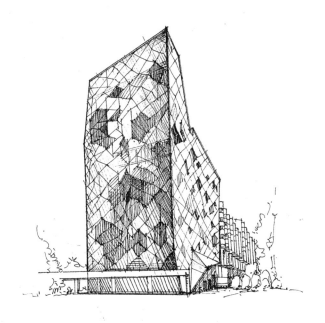

图 5-99 北京复兴路乙 59-1 号改造工程

个小型的城市复合体[①]。

上海雕塑艺术中心(2005,图5-100)的前身为上钢十厂内废弃的冷轧带钢厂(1956),作为在新时期经济发展过程中形成的典型建筑形式,在改造时,建筑记忆最大限度地得到保留,并使这里最终成为一个艺术文化场所。旧厂房具有沧桑感的结构形式与大跨度的特殊空间形式就成为改造中重点保护的一部分。为了削弱使用空间与厂房空间在尺度上的悬殊感,同时又不破坏建筑原有的结构形式,该设计在厂房西部植入了一个三层的建筑空间,解决了艺术工作室所需要的私密性的问题,同时在第一层形成一个贯通连续的空间用于艺术作品的展示。在东部则形成一个尺度适宜的街道空间,天光从建筑的侧上方进入室内,更强化了这一空间。为了保证这个新植入的建筑体与厂房原有的空间氛围的和谐,建筑师在建筑中设置了一系列的平台来增加植入体的空间层次,通过使用混凝土与钢材等材料呼应厂房原有结构,弱化了新建筑与厂房空间的冲突。

图 5-100 上海雕塑艺术中心

适应性地再利用旧建筑的设计手法十分经济和实用,可以广泛地运用于不同的建筑类型,满足使用者趋于多元、复杂的需求,实现了传统外部建筑形式与具有现代功能的室内场所的并置,是一种解决传统与现代矛盾的可行的方法。

2.文脉与建筑个性

城市的文脉强调排他性、唯一性和标志性,在城市空间、人的生活中体现。在城市逐渐发展的过程中,地域自然、人文社会等因素的共同作用,使城市文脉得以延续。市民价值与精神便是其内在驱动力。城市文脉的特性既包括各种物质属性,也包括体验性文化与漫长时间积淀下的各种精神气质。在建筑师看来,这会是建筑创作的灵感启迪,同时也会是注入个性的创作起点。

① 李兴钢. 北京复兴路乙 59-1 号改造工程 [J]. 建筑创作,2008(6):50-51.

崔愷的作品苏州火车站(2013,图5-101)建在苏州古城护城河北面站房原址上,设计考虑到对地域文脉的尊重,从人文环境、文化环境入手,结合苏州站临近古城的环境因素,提炼出菱形体空间作为基本元素,创作出富有苏州地方特色的菱形空间网架体系。大体量的屋顶被分解成高低起伏、纵横交错的屋面肌理和大小各异的采光天井,让大空间、大体量的现代化交通建筑融入和延续古城的城市尺度和城市肌理①。

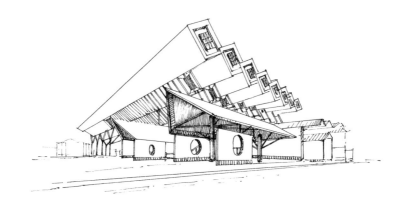

图 5-101 苏州火车站

建筑师摩什·萨夫迪与RDC合作设计了18层的马里士他坊商住楼,建筑居住部分的平面为沿中央走廊两侧布置的对称布局,建筑立面的1~3层为框架形式,入口的尺度反映了传统的骑楼商业街的规模,减小建筑结构的尺度,同时这也有利于烘托热闹的气氛。立方体式的居住单位从第4层开始向上逐层收分,立面开窗形式多样,大面积白墙上的粉红色阳台凹进墙面,形成了高度复杂的建筑形象。该设计显然是对人民公园综合体概念的发展,更富有诗意,在城市环境中突出了独特的建筑形象,与城市环境进行了充分的交流。

20世纪90年代,现代建筑发展更加复杂化,具有象征意义的建筑个性在城市环境中发挥着重要的作用,与城市环境成为有机的整体。NTUC(National Trade Union Corporate,国家贸易联合公司)娱乐中心(图5-102)由巴马丹拿顾问有限公司(P&T Consultants Pte Ltd.)设计,该建筑是一座集商业、公共设施、市政设施于一体的多功能六层综合建筑。建筑设计运用了抽象和象征的手法。建筑由两个简洁的蓝色立方体和两个黑色倒置的圆锥体穿插组成,突出了热带海滨天堂的视觉形象。重复感强烈的波浪形曲线屋顶以及室内的波浪形栏杆强调着热带海滨天堂的主题。部分墙面不开窗,表现了建筑内向和封闭的个性。只有顶层才是人们活动的区域。凉爽的海风吹过,给人带来航行的联想。它提供了一种与繁忙的现代

① 王群,贺小宇,狄明,等.车站建筑的地域文化[J].建筑创作,2009(1):42-55.

生活迥异的悠然的生活感受。该作品的独特做法向传统的商业综合体发起挑战。蓝色海洋的形象被带入城市,起到改善周边环境、丰富人文环境的作用,对周围有秩序但无意义的城市环境表现出一种批判的态度。该建筑既有鲜明的保守性格,又与环境进行充分的交流,在视觉上与城市环境的联系也更加紧密。

图 5-102 NTUC 娱乐中心

　　新加坡格米尔巷5号(2000)项目位于牛车水(唐人街)的保护区域内,并与一处有变电所的商铺相邻,因此该项目需要以一种谨慎而创新的方式设计。周边原有商铺当中不同种类活动存在相互交叉的现象,因此建筑师希望能够在这里创造一处真正的交流空间。建筑师既希望这栋建筑能够融入历史环境,同时又坚信刻板地模仿原有商铺的形式并不是唯一的出路。在这里,当代的设计语汇和方法共同创造了一种新的表达方式。项目采用现浇混凝土和预制构件等完成。建筑立面由19块不同形状的预制混凝土板构成,没有重复使用同一尺度的构件。这是一种由常规线条与非重复性构造共同组成的建筑性表达方式,它将尺度赋予建筑的同时,也与富于变化的室内设计形成了呼应[1]。

　　3.城市居住建筑的发展

　　在热带城市居住模式的影响下,住宅具有较高的容积率。这些住宅为人口快速增长、密集居住的亚洲城市提供解决办法,以减少污染、垃圾、尾气、噪声和由于商业和农业的发展而产生的各类负面影响。城市住宅必须用"小"来解决"多"。建筑师谨慎地塑造空间,为建筑引入自然光,在空间内创造意想不到的惊喜和变化。

　　至1997年,维拉和其妻子已在他们位于曼谷的住宅中居住了20年,之后他们又在车库旁结合两层的书房增加了一座四层附属建筑。新加建筑物与原有建筑垂直,紧临条屋山墙,共同形成一座半联合住宅。窄窄的竖向造型与原有的房子形成鲜明的对比。当今城市土地资源短缺,在有限的用地上建多层建筑能够使土地利用更为高效。新建部分如同藤蔓一样紧紧依附于相邻山墙,既独立又与老房

―――――――――――
① 李璠. 格米尔巷5号, 新加坡 [J]. 世界建筑, 2009 (9): 66-69.

子保持一致。二者共同围合起休闲的小型花园,其中能种植花木,饲养池鱼。新老建筑没有过多装饰,整体风格简洁。加建建筑利用传统居住形式,底层架空,并设车库和入口门廊。如此形式也能够在洪水季节为住宅主人提供庇护之处①。

　　建筑师在住宅设计中经常需要面对矛盾的概念,如透明与封闭、暴露与隐蔽、个性鲜明与普通等,但只要通过适宜的解决方式,便能够将这些矛盾点依次化解,真正提高居住环境的质量。位于新加坡的埃弗顿路住宅(Everton Road House)整体朴素却丰富,建筑外立面与周边建筑融为一体,亚洲城市生活中的多样表征在建筑中都有所体现。莱姆住宅(Lem House)却是在主动追求住宅的私密性,以背立面朝向外部,以此来表达该建筑的"与众不同"与"个人身份"。但建筑的通透却也在一定程度上吸引着公共视野,这反映出当代城市生活中的私人住宅既渴望被认同却也不愿张扬的特征。

　　温莎公园住宅(Windsor Park House)的外墙上使用了大面积的玻璃,既为住宅主人提供全景视野,也将室内活动展露于外。起居室构建出视觉中心,成为家庭中的公共空间,水面围合出这方"舞台",日常生活在此"上演",投射在倾斜的玻璃上。较之更为通透的卡拉格住宅(Carague House),却只是内部开敞,而外部封闭,外面的高墙创造了一种有趣的二元性。它通过这种形式来寻求认同感,彰显个性特征。

　　庭院式贾亚科迪住宅(Jayakody House,图5-103)所在基地存在多种客观上的建设困难,但建筑师巴瓦却抓住机会,设计出一处能让人忘记城市喧嚣的宁静之地。街景立面在细部处理上适度而克制,一条窄窄的街道引导人进入这座由高墙围成的院落。高高的采光井送来充足的日照,阳光透过浴室,创造出斑驳的光影。踏着由钢框封闭着的室外楼梯走上其屋顶平台,感受慢慢在院墙上移动过的变幻莫测的阳光,静静体会时间的流逝,体会反映在建筑中的斯里兰卡文化。

　　吉隆坡的藏红花公寓(图5-104)是洗都再发展规划的一部分,而洗都是吉隆坡的一块城市飞地。建筑师想要在有限的活动空间向内部开发可供休憩的场所,这种内向性形成"绿洲"的概念,为城市带来一座绿色花园,它也自然成了建筑的中心。绿洲提供更多的交流活动空间,呈现出带有古典意味的有序而对称的园林布局,将游泳池、休息区、娱乐场和烧烤区串联在一起,供交流、休闲和社交。为了维护这块绿洲,藏红花公寓由一圈内部道路和绿化将园区与周围城市道路隔开。建筑师还在由城市街道转向藏红花公寓的入口处,设置了一道瀑布,景观十分令人称奇。建筑使用现代主义的基本形式,运用大量简洁的直线。建筑的高度在视觉上被放大,梁线和窗框形成的水平线条在一定程度上缓和了建筑的垂直感②。这片绿洲提供了安逸而愉悦的居住空间体验,使人在快节奏的工作后,更能够感受到家的温暖与身心上的放松。

---

① POWELL R.The urban Asian house [M].London: Thames&Hudson, 1998: 142-147.
② 叶扬.藏红花公寓,洗都,吉隆坡,马来西亚 [J].世界建筑,2011(11):80-81.

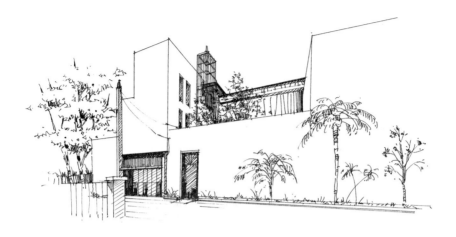

图 5-103 庭院式贾亚科迪住宅

图 5-104 藏红花公寓

第二节　人文环境的关注

在当今世界,随着全球经济一体化进程的加快,经济对建筑的影响越来越大,全球文化的趋同现象也更为严重,这加速了各种文化之间的相互融合。同时,在商品经济的刺激下,文化的产生与传播对技术的依赖与日俱增,越来越多的文化蜕变为一种技术性的产品与附属品,出现"文化产业化"现象。在这种全球化的环境下,地域性与民族性文化受到空前的挑战。但悠久的历史使亚洲各个国家的人们建立起充足的文化自信,力求以所拥有的自然资源和人力财力为基础,探索新的战略,突显文化特色。

当代世界的文化思想和基本观念正经历着深刻的变革,文化交流进程日益加快。但无论社会怎样发展,对人文环境的关注并未因时间变迁而发生改变。人与建筑、环境共生共存,世界更是在积极倡导构建可持续发展的绿色生态建筑。当代亚洲建筑师们从传统的环境观中汲取文化的养分,为地域化探索道路找寻到合适的理论基础和优秀的建筑范例。自然地,他们在这方面的探索成果颇丰。

一、东方哲学的当代表述

禅宗是中日两国佛教史上的一大宗派,它创于中国而后又流传到朝鲜和日本。传于日本的禅宗一派,是由日僧荣西和道元分别传入的临济宗和曹洞宗的禅法。宋元时期中日僧人的频繁交流,使禅宗的影响在足利时代以后的日本迅速扩大。禅宗哲学揭示了在"禅定"状态中,以"直观"世界和"内省"自身的方式认知世界和人的自身。基于此产生的朴素辩证思想与日本建筑师安藤忠雄清水混凝土建筑的精神源泉似乎一脉相承。

裸露着的清水混凝土墙蕴含着安藤忠雄设计中的禅意。现代主义大师柯布西耶亦偏爱这种材料,但他设计的建筑反映塑性、连续、粗犷的精神。与之相反,安藤忠雄却在表现细腻、均质,体现日本传统木屋的趣味,曾经被广泛使用的纸格栅亦是如此。在这其中,建筑师融入切身感受,体现材料属性及其抽象的美学价值,更体现对日本人生活各方面都产生影响的禅宗哲学。

清水混凝土,又称装饰混凝土,一次浇注即成型,除了表面涂有一两层透明的保护剂外,不加任何修饰,直接呈现天然的表面肌理。它与生俱来的厚重与清雅是其他现代建材所无法比拟的,不仅能对人的感官和精神产生极大的冲击,还能传达出建筑师的创作情感。这种潜在的高贵朴素看似简单,却极具艺术感染力,接近于日本的传统美学与禅学思想。利用现代建筑的外墙修补技术结合传统手工艺,拆掉混凝土墙面模板,脱模后的墙面呈现出的自然纹理在缝与螺栓孔的划分限定下,表现出特有的天然质朴与厚实,随季节的变化呈现出不同气质。接近于东方禅学"无为而为"思想精神世界的建筑素材,被以安藤忠雄为代表的日本建筑师广泛融入创作中,其特色得到了淋漓尽致的展现①。

　　住吉的长屋(1976,图5-105)由大阪旧式住宅改造而来,建筑师将原有建筑的部分去除,在两个大小相同的混凝土立方休间插入方柱。建筑外墙严实,光照由占总面积三分之一的中庭引入,这里也是整个条形建筑的中心,形成了微型生态系统。在雨天的时候甚至需要撑一把伞穿过中庭去卫生间。光线落在凹凸不平的清水混凝土墙体上,留下深深的阴影,这便成为朴素建筑的最好装饰。这也反映出建筑师对自然的思考,看似压抑实则豁然的空间感体现出浓厚的禅意,使人在其中思考对自身、对宇宙的认识。外部社会高速发展,住吉的长屋内部却将时间和空间高度压缩,形成一方静谧的天地。这一设计也开新时代建筑创作新风尚。

　　建筑史学家东京大学教授铃木博之(Suzuki Hiroyuki)曾经指出:"安藤忠雄的建筑中,明快的空间构成与禁欲般的表面材质,已经超越了民族与国家,呈现着更为宽广的建筑共鸣。"安藤坚持对清水混凝土的使用,几十年来始终如一,设计了光之教堂、水之教堂、风之教堂等。明确的几何体,清冷的外形,极具震撼力的视

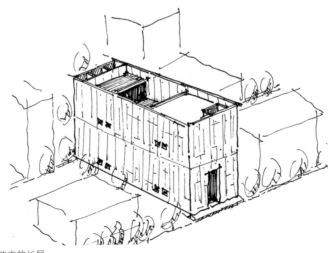

图 5-105 住吉的长屋

① 向正祥. 清水混凝土演绎出的日本禅学:析安氏建筑的精神源泉 [J]. 中外建筑,2006(4):64-67.

觉呈现,使得安藤的建筑具有持续的生命力。通过他的建筑,人们总能够联想起另一个神秘的精神世界。强烈的光明与极度的黑暗产生对比,渲染着戏剧性的室内空间,体现艺术空间的纯粹性。

近津飞鸟曾是日本早期历史的中心舞台,留有日本境内保存最完好的墓葬群。为建造一座完美展现墓葬群的博物馆——近津飞鸟历史博物馆(1994,图5-106),安藤顺应地形坡度,设计出一个庞大的阶梯式广场,可以俯瞰整个墓葬群。博物馆大部分形体隐埋于地下,阶梯广场便成为博物馆的屋顶,为各类表演活动提供场地,成为大地的延伸。如同探秘般,通过一个狭长的逐渐升高的通道,参观者即进入了博物馆内。沿着曲折的参观路线,伴随着时隐时现的灯光,参观者能充分感受建筑所体现的古墓主题。阳光透过天窗落在清水混凝土上,照亮历史与未来。

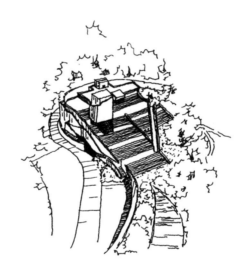

图 5-106 近津飞鸟历史博物馆

在大阪的上方落语协会会馆(2012,图5-107)中,纯净的立方体混凝土建筑顶部被斜切出一个三角形天窗,为室内引入自然光线,首层使用同样的元素塑造了一个简洁的三角形入口。正立面上的细条窗象征着记录落语艺术的古老书籍。

图 5-107 上方落语协会会馆

安藤忠雄的清水混凝土建筑,使人们在直觉中顿悟,这符合日本禅宗哲学主张的以"直观"世界和"内省"自身的方式感受世界、反思自身,这也是安藤设计建筑时的精神源泉。清水混凝土所代表的禅学文化,是将纯净物质形式抽象,使人们冥想人生与哲学,在脑海中构建出圣洁心愿。美学与宗教结合,共同反映民族的性格与文化。

二、传统景观手法的运用

陈从周在《说园》中谈道:"我国名胜也好,园林也好,为什么能这样勾引无数中外游人,(让人)百看不厌呢?风景洵美,固然是重要原因,但还有个重要因素,即其中有文化、有历史……使游人产生更多的兴会、联想……"园林艺术体现造园手法,更体现几千年的文化底蕴和文人情怀。现代生活环境逐渐改变,园林艺术也在随时代而逐渐丰富,时代元素于此体现。

三国民俗文化园是襄阳市大李沟生态景观廊中最重要的人文景观节点。在景观设计工作中,建筑师萃取了古典园林艺术精华,借助艺术处理手法,建设了一条环境舒适,融地方历史、文化、生态、休闲、观光于一体的开放式城市生态景观廊,以改善城市人居环境,带动周边房地产开发,形成新的城市经济增长点,进一步提高城市品位,营造出与历史名城襄阳市文化氛围相和谐的园林气息。在设计之初,基地只是一片平坦的城市预留绿地。为了丰富生态景观,设计者在场地东侧开挖出一湾湖水,又充分利用挖湖土方,在场地西侧湖畔堆积出高低起伏的景观山体。有了这一山一水的整体格局,景点的布置便有了依托:距水岸不同距离布置不同的景区,水榭栈桥滨水而设,于山丘中营造绿野仙踪、探芳幽径,点缀烟雨楼台于其中。所谓"水随山转,山因水活",全园景观融合在山水园林之境,亭台楼阁相映成趣,山林清池相得益彰[①]。

在游园的过程中,园林景致的张弛有度更能让游客始终保持好奇的游览心境。景观疏密有致的排列方式能缓解始终紧张的游览体验。山林、湖泊、人文环境,自然与人工在景色变化中依次展现。传统景观园林中的游赏小径通常迂回曲折,这不仅能够使人放慢游园节奏,拉长游览路线,也能够引导游人进入特定的障景、借景、对景区域,经历特定的心路历程。"欲扬先抑"的传统造园手法将比一般的平铺直叙更能打动人心。无论是何年代的名胜古迹,其园林设计都在娓娓道来其深远的历史渊源,讲述着过去的时光故事。传统园林景观以用典或象征的方式组织游园路线,以含蓄委婉的手法表现景物背后深层的含意,虽"景有尽"但却"意无穷"。

按照造园传统,建筑在"山水"之间最不应突出,王澍在其作品苏州大学文正学院图书馆(2000,图5-108)中将近一半的建筑处理成半地下的空间,从北面看,三层的建筑只有两层。矩形主体建筑漂浮在水面之上。沿着这条路线,由山走到水,四个散落的小房子和主体建筑相比尺度悬殊,但这可以相互转化的尺度便是中国传统造园术的精髓。山水秀建筑事务所祝晓峰在其作品朱家角人文艺术馆(2010,图5-109)中则对园林空间采用了另外一种移植手段。建筑位于上海青浦朱家角

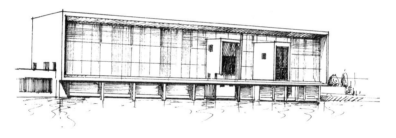

图 5-108 苏州大学文正学院图书馆

图 5-109 朱家角人文艺术馆

① 彭钟. 中国传统造园手法解析: 以襄樊三国民俗文化园景观设计为例 [J]. 华中建筑,2006(2):
129-131.

古镇的入口处,东侧有两棵古老的银杏树。通过使用化整为零的方法,建筑被嵌入江南古镇朱家角的肌理之中。银杏树的位置使得建筑的入口退后,从而形成一个开放的公共空间,银杏树则被组织到这个入口广场中。建筑首层的形态较为完整而封闭。一个二层通高的阳光中庭与建筑内部空间形成强烈的对比,吸引着人们的视线。二层建筑的体量则被分散开来,形成一种与古镇建筑相呼应的形态;建筑师在分散的部分之间插了院落;在面对古银杏树的方位还安排了一个水院;围绕中庭的走廊对外开敞而对内封闭,将人们的视线引向室外,形成了室内与室外空间的交替,明与暗的节奏变化。通高的中庭将两层空间联系起来,成为建筑的核心。内外空间的交替与光影的变化使人在行进的过程中体会到了在园林中漫游的意味。值得一提的是,水院与银杏树相呼应,古树倒映于水面之上,成为建筑借景的一处妙笔。建筑师使用现代建筑语言,通过对江南园林空间的组织与再定义,使建筑在回应江南水乡的同时,又体现出强烈的时代感。

三、古老山水意象的再现

工业化和城市化的大发展,不但使社会不断进步,也产生了相当多的负面影响,自然被毁坏带来的恶果,如气候异常、环境污染等,迫使人类停下来思考"人与环境"这一命题。19世纪末,美国出现"城市美化运动",英国出现"田园城市"的思潮,所有的这一切都反映了人们想要与环境和谐相处、重归大自然的愿望。20世纪50年代中国提出"城乡园林化、绿化"的对策之后,中国"山水城市讨论会"又于1993年2月召开。钱学森指出,21世纪的中国城市应该是集城市园林与城市森林为一体的"山水城市"。吴良镛指出:"中国城市把山水作为城市构图要素,山、水与城市浑然一体,蔚为特色,形成这些特点的背景是中国传统的'天人合一'的哲学观,并与重视山水构图和城市选址布局的'风水说'等理论有关。"

山水景观形象直观地体现象征意象,并体现自然环境对人工环境的影响。基于此,带有中国社会文化烙印、符合自然规律的建筑创造与审美观念形成。在城市建设的长期实践中,自然山水与城市紧密融合,感性与理性连为一体。无论是营造园林还是创造建筑,都是将人与自然共同考虑,将山水浓缩进一方天地,于咫尺之间,创造和谐相生。在可大可小的环境中,叠加组合形成的多彩的自然环境、多样的空间形态,从宏观到微观,彰显不同地域文化的内涵与时代特色。

虽然如今众多城市距离山川河流都较远,目之所及全部都是高楼大厦,似乎与传统建筑理念中强调的依山傍水、左右护砂、青龙白虎、朱雀玄武相差甚远。但其实,在城市井邑之宅的辨形方法中,龙、砂、水、穴被赋予了新的特殊喻义。对于城市、民居建筑而言,与其毗邻的其他屋宇、墙垣及道路等对其影响更为直接。正如《阳宅会心集》中所写:"一层街衢为一层水,一层墙屋为一层砂,门前街道即是明堂,对面屋宇即为案山。"现代建筑师充分利用各个地区的各种先天的优越条件,细心发现个别地区的先天缺陷,并通过各种努力去改善整体环境。

建筑师焦毅强的作品海口国际交易中心(图5-110)是以展览、交易为主,兼具办公、旅馆等功能的综合设施,是海口对外开放的经济和贸易中心。建筑师依循中国传统文脉,合理运用传统建筑意象,将建筑作为"宅"来构思。基地按九宫格划分,建筑主入口设在东南方向,北、东两向安排写字楼、宾馆等主要高层建筑。西南、东南、东北向则安排宾馆侧翼、分会馆等辅助建筑及绿化用地和停车场。西侧和西北安排体形较小的非居住性的会馆,其他为室外展场,以此形成以会馆为中心的围合性布局。建筑布局疏密有致,为未来发展留下了面积余地。室外空间作为交易活动的场地,形成内部围合的"现代院落"模式。写字楼、宾馆、会馆三面围合,形成具有封闭性的两个方形围合院落。院落纵向延伸,为交易中心的内部人流解决交往、休息问题,并提供室外交易场地。两个院落既相隔又相连,形成整个建筑群的"虚轴线",有利于"气"的会聚、疏导、通畅。人们可以从不同的观赏角度,观察连续的建筑空间序列,并感受空间尺度的差异。

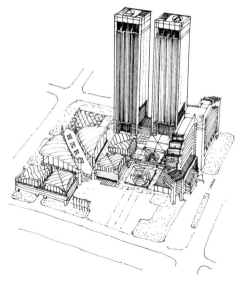

图5-110 海口国际交易中心

中国古代建筑文化体现着中国古代哲学。从当代的视角来看,现代建筑对自然的遵循是古今中外建筑师共同追求的优美与生态健康。建筑师以远、中、近景等多层次的景观实现对景色的多层次划分;配合尺度变化,结合曲线灵动的景观,引入更多公共空间,使建筑与环境相适宜。曲线勾勒出建筑顶部轮廓。体量上的对比均衡使建筑群体呈现出体量上的和谐。

四、古代图式理念的发展

受传统"天人合一"理念影响,亚洲人在设计中常会将自身也纳入其中,以敬畏之心看待自然环境。在广博的宇宙中,人类显得极其渺小,所有那些有关多重神秘中心的几何轴心观念(它们也影响了宗教建筑的布局与形式),对个体的漠视并将整体的普遍性和绝对性凌驾于个体自我之上的观念,以及视空间比时间更重要的思想,在亚洲建筑中都是共通的。这些思想对包括建筑在内的造型艺术产生了巨大的影响。正如远东建筑注重线条和轮廓的清晰,而印度和印度化地区建筑却追求造型的雕塑感(这些地区的建筑往往与雕塑相结合),亚洲建筑既有着与西方不同的各种类型形式,同时又不断地与自身的需求相契合[①]。

尽管建筑能反映社会的某一需求并能满足社会公众的品位,但它却不能像绘画和雕塑那样迅速地完成。这就使得建筑常常需要使用象征的手法,蕴含更深层的象征意义。印度在这方面的成就显著,发展出丰富多彩的象征形式,涵盖范围广阔、流派纷呈的宗教思想。这些思想作用于各种地域性建筑的创造之中,并使其相互交流和融合。除此之外,中亚和远东等也发展出具有丰富象征意义的代表建筑,以空间整体性来表现整个宇宙。

表现世界之轴和宇宙中心的母题,在亚洲建筑中经常出现,并根据不同的时代和宗教流派在形式上有所变化,但每种形式都与其象征的本源即印度文化有着明显的渊源关系,不同文化成分与其重组并获得统一。这种表现形式包括集中式和分散式。集中式,如佛教代表桑吉窣堵坡,其被视为收藏佛祖舍利的主要地点,也象征着佛祖的化身。四个方向的塔门代表四谛;石栏杆形成的回廊表现轮回教义;圆冢相当于圣殿,代表椭圆形宇宙和诸神的故居以及宇宙中心山体的须弥山;冢顶上带3层华盖的小亭是王权的标志,被视为简化的塔;伞柄相当于庙柱,象征宇宙的立轴。桑吉窣堵坡以其直观的艺术感染力营造出整个宇宙。分散式,如北京的天坛,其主要建筑祈年殿,由3层台基(每层设九步台阶以象征九天)、祭殿和其他一些源于中国宇宙观的象征物组成。建筑群中的其他建筑和一些作为整体构件或细部装饰的构成元素形成方形平面,是对大地形状的隐喻。建筑以数字和形式共同诠释"天圆地方"的理念。

建筑师柯里亚充分关注东方艺术个性,延伸印度精神,再现东方神韵,其作品能引起更强烈的视觉冲击与文化回味。从博帕尔中央邦议会大厦到新班卡格特规划再到斋浦尔艺术中心,都使用了古老的"曼陀罗"空间图式,以此表达深厚而独特的印度精神。这种中心型构图模式,代表中心"梵天",其是能量的源泉,是万物之根本。

柯里亚的代表作斋浦尔艺术中心,充分体现了古代图式理念的发展。斋浦尔老城素有"玫瑰之城""粉色之城"的美称。1727年,数学家、天文学家、学者马哈拉吉·贾伊辛格二世(Maharaji JaiSingh Ⅱ)在一片干涸的河床上做了最初的规划,并渐渐构筑起新的城市,并依照印度古老的空间图式"曼陀罗"来布局。斋浦尔艺术中心根据功能被分解成9个独立的组团,每个组团都采用边长为30米的正方形

---

① 马里奥·布萨利. 东方建筑 [M]. 单军, 赵焱, 译. 北京: 中国建筑工业出版社,1999: 10.

平面,由8米高的红色砂岩装饰面墙限定空间。每个组团都代表不同的星座、功能、空间、色彩、内部装饰等完全不同,拥有各自独立的交通系统,互不干扰,但也都面向相邻组团设开口。同时,其中的多功能剧场(木星的星相)向外移动退让出入口空间,使建筑构图在规整之中富于变化。受周围山脉的影响,在建造时,西北角的部分向对角方向进行了移动,所有建筑的外立面都被涂上红色涂料。在建筑整体中形成了一条环形交通流线,人们可以在穿行和游览中感受空间交替和色彩变化带来的强大视觉冲击力。建筑的中心部分设阶梯式的露天剧场,没有任何建筑构件的遮挡,完全向天空敞开。这是实体向虚体的转化,象征宗教的"圣池"。虚空更能容纳万物,将整个宇宙的能量都汇聚其中[①]。

　　图示理念的运用使得建筑拥有某一特定主题,体现玄妙的建筑理念。无论是建筑中的哪一部分,都映射着恒久的宇宙与蔚为大观的哲学世界。在建筑中穿行,不仅是漫步式的游览,更是净化思想的过程。通过对尺度与色彩加以控制,建筑整体呈现出统一整齐的形式之美。

---

① 梁章旎. 地域、气候、文化: 解读斋浦尔艺术中心 [J]. 福建建筑, 2007 (2): 23-26.

第六章　文化融合与亚洲建筑新语境发展

第一节　生态视野的重视

20 世纪以来,科学技术的飞速发展,给东西方观念与意识带来极大的冲击。科技革命在电子计算机、原子能、航天、材料科学和生物工程等领域取得了令人瞩目的成就。高科技成为主导世界经济走向的重要生产力。不同学科之间的渗透与交融比任何一个时代都更加频繁、更为显著。人们开始面对一个更为广阔的世界:从微观粒子到宏观宇宙,从工业社会到信息社会。

生态科学的兴起为科学本身指明了发展道路。其由现代科学,特别是系统理论支持,但却根植于一种超越科学框架的实在感中。当代生态科学关于物种的多样性、丰富性和共生对生态系统重要性的研究,以及提倡的生态系统中的所有事物都是相互联系、相互作用的理论,为现代科学的新发展重新注入了理性的生机。以生态科学的眼光看待当代发展,并非否定理性思维,而是在否定片面、僵死的理性思维,以及对理性主义的非理性偏执。以生态科学的视野来看现代城市与建筑的发展,则是清醒对待人类聚居环境建设追求的可持续性。重视生态环境是未来发展的必然要求,有限的资源需要被合理利用,更需要被循环使用。这应当成为全人类社会的共同选择和一切行为的指导准则。

生态建筑理论的兴起与西方生态科学的发展有着密切的联系。如果说,生态科学理论的核心是如何科学地解决生命系统与环境系统之间的矛盾冲突,如何使科学成为自然和生命的福祉而非祸患,那么,生态建筑理论的核心则是如何使建筑成为生命系统和环境系统之间的纽带,使建筑尽可能多地发挥出有利于生态的建设性效益,尽可能少地出现反生态的负效应。从目前的生态建筑设计实践来看,西方生态建筑发展的主要趋势是生态技术与建筑设计密切融合。许多生态建筑师着力追求的正是通过技术手段,以相对独立的、个性化的建筑,将技术节能、环境净化、噪声治理等与自然环境气候、文化环境因素结合起来,使科技的光芒与回归自然的美学情趣交融。同样,当代生态建筑中也融汇了具有西方后现代文化思维特质的生态智慧与理论。因此,在生态建筑中包含着其他建筑风格所不具备的思想追求与复杂性。同样是要解决空间问题,生态建筑的空间必须比普通意义上的建筑空间更为舒适；同样是要表现特定的地域文化，生态建筑必须更注重文化与环境的关系，强调一种宽厚、包容的精神；同样是利用高科技手段，普通建筑可以尽情表现技术强化后的精美、宏大、超人的美学意态，生态建筑则必须首先降低本身的反生态性，并尽量与周边环境相融合而非对立。

生态文化基于生态价值原则和不同地区的文化，这些地区文化在相容的基础上互相作用。灵活、多样的产品技术，使不同地区能够生产出多种多样的产品。建筑形式在一定程度上源自当地文化和材料，也在一定程度上吸收了、适应了当地条件的外来技术[①]。生态环境视野下的现代地域性建筑便体现着多方面因素影响下的建筑发展特征。

一、生物气候学的理论与实践

（一）生物气候学与传统地域性建筑

生物气候建筑是生态建筑的基础。从自然气候出发，与环境相融合，寻求降低能源消耗的存在方式，便是生态建筑发展的根本。传统的地域性建筑或乡土建筑，历经岁月考验，也通过了地域气候的试炼，真正适应当地的地理特征。即便有些做法简单朴实，但却是智慧和高效的体现。科技和经济的发展虽然为今日的建筑发展提供了更多的参考和更多样的技术，但相关技术的广泛应用却使建筑缺少了地域特征。反观过去所采用的策略，其与现代技术在手法上的相通性及在解决问题的方式上的相似性，使得其对于今日新生物气候建筑的发展仍有着极大的启发性作用。

1.利用本土可再生建筑材料

建筑材料的提取、精炼、加工，材料从产地到工地的运输过程，以及建设过程本身，都会消耗不可再生资源并产生污染。采用怎样的建筑材料组合能够尽量少地引发环境危害，使用怎样的建筑技术能够尽量少地破坏自然生态，这是当代建筑师在创作中必须考虑的问题。许多传统的地域性建筑就地使用泥土、石材和树木，这种方式对自然生态的破坏最小，也能够降低造价。

厦门及闽南地区的风格鲜明的地域性建筑红砖屋（图6-1），所用红砖便是用当地特有的黏性很大的红土烧制而成的，色彩鲜艳且坚固耐用。在烧制红砖的过程中，烧制的工艺与技术不断完善并发展。工匠在红土原料中加入的红糖、糯米、乌樟汁等天然材料，使红砖更加坚固耐用。

但是，当一种地域性材料并不具有可再生性，甚至对它的利用会对当地生态环境产生破坏作用时，就应当立即停止使用。厦门的红砖屋具有无可替代的独特性，然而红砖的烧制对耕地的破坏相当严重。当代社会建设量巨大且工程建设对材料强度的要求进一步加大，红砖已无法适应人们的需求。新时代背景下，建筑材料的绿色环保标准应当具有全新的概念，我们应尝试研制新地域性环保材料[②]。

① 克·埃布尔.生态文化、发展与建筑 [J].薛求理，译.世界建筑，1995（1）：27-29.
② 李可.传统地域建筑与生物气候建筑 [J].山西建筑，2007（9）：55-57.

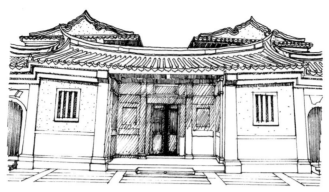

图 6-1 厦门及闽南地区的红砖屋

对于材料,要灵活变通地选择,与时俱进地看待,因为这对建筑本身的表达具有极重要的作用。但当其已经落后于时代,或已不符合当今绿色环保标准的要求时,就应当对生态因素有更多考虑。毕竟多数资源不可再生,因而我们绝不可将目光局限于当前,科技的加持将为地域文化的表达提供更多新思路。

　　面对质朴而具有亲切感的当地材料,建筑师也坦然接受当地的施工方式,这种甚至有一点粗放的建造方式与粗糙的材料更为匹配。只坚持对内在连贯的空间逻辑进行控制,在这个过程中建筑师让自己的角色更近似于工匠,同工人共同探讨如何高效直接地完成建造。尤其对于一些乡建作品,例如华黎的作品高黎贡手工造纸博物馆,徐甜甜的作品浙江松阳县兴村的红糖工坊(2016,图6-2)等项目,由于在地理上处在乡村,面对建造的实际情况,必须考虑以当地材料、低技术或适度技术的方式实现,村民自发参与建设,图纸与尺寸无法严丝合缝地实现,那么在构造上就需要简单而直接。杉木、竹子、手工纸等低能耗、可降解的自然材料能降低对环境的影响,手工技艺在一定程度上体现着建筑的适应性,其以"弱"的姿态成就了环境的"强"。

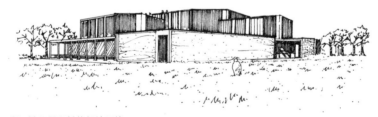

图 6-2 浙江松阳县兴村的红糖工坊

　　如今,严重的环境破坏与急增的生存环境需求之间的矛盾加剧。在全球环境的挑战下,对技术与材料的再思考成为时代趋势,除强制执行的标准与规范外,建筑师自身对未来发展的关切和对所处环境的清醒认知能够使其设计更为切实可行,以完成可持续发展的目标。适合的材料将不仅在外形上使建筑有机地嵌入基地,其可循环性、可再生性也将积极回应生态系统的发展。

2.据现有条件进行灵活设计

生物气候建筑的节能体现在方方面面,并非只是调节建筑性能的技术手段,更能够指导设计本身,从根源提升生态建筑的性能。同样,通过在已有建筑上采用相应的设计手段,将能够完善建筑的功能,使其具有多种不同的用途。这样就可以避免和减少为满足变化的需要而拆除和重建建筑的情况,从而达到降低能耗的可持续性目标。坚固的结构、内部组织结构上的通用性、良好的保温隔热性能、自然的采光通风,这些都是保证建筑形式灵活性的最基本要素。

闽南地区最引人注目的传统地域性建筑非客家土楼莫属,这种罕见的民居以一种极强的灵活性与包容性保护了客家民系文化的传承与发展。直到今天,许多土楼保存完好且仍在正常使用中,这显示出其在时代变迁中的无与伦比的适应能力。无论是其出色的夯土技术,规律而又极具弹性的功能平面,还是考虑了当地季风气候的适应性策略,对于今天的生物气候建筑都有十分长久而深远的启发作用。

显著的生物气候差异和多样的地域文化,使得建筑呈现百花齐放的发展态势。在本土气候条件的影响下,对建筑进行精心设计,既能够实现能源的高效利用,也能够完善本土化的应对地方主导气候和合理利用自然供给资源的方式,充分体现节能设计手法。

不同地区的山势均不相同,或陡峭险峻,或延绵不绝,或高耸入云,或平缓如丘。不同的海拔使得各山地中的气候亦不同。土壤松软程度的不同也决定了建筑存在方式的不同。在被群山环抱的区域,正午阳光直射下的天气干燥炎热,这使得建筑多被掩埋于地下以避免暴晒,营造一方难得的阴凉,如中国西北地区传统的窑洞建筑。而在寒冷潮湿的山区,建筑则被抬高,通过底层架空的方式减少潮气渗入,如阿尔卑斯山脉的谷仓建筑。

适应当地气候与环境特点的技术手段的运用,最能够体现设计智慧。节能是建立在适度、适宜的条件下的。我们应总结与完善传统的设计手法,从中吸取先民智慧,提炼地域特征,并坚持以最佳的方式提高人们的生活质量和改善建筑环境;通过对生物气候学的更深入的理解,使建筑与记忆相接,在二者间建立紧密的纽带,牢牢联系过去、现在与未来。

(二)生物气候学与现代地域性建筑

1.生物气候学理论

建筑高度不断上升,高层建筑鳞次栉比。但人们身处高空之时,目之所及仅仅是对面楼宇及广阔天空,社区中的公共活动空间与绿植远在地面,显得那么遥不可及。根据调查,在英国、日本和中国,在高层建筑中工作和生活的人,40%以上希望能有机会和自然接触。超高层建筑的全人工环境隔断了人与自然的联系。居住在超高层建筑中的人们感受不到季节与气候的变化,被孤独、寂寞等“高楼综合征”深深困扰。人们总是在关心如何使建筑物“高”起来,却很少考虑终于“高”

起来了的建筑该如何更好地与人相处,与自然相处。因此,人性化的高层建筑便是生物气候学在建筑领域的重要体现。

在充分考虑地域的气候特征,试图运用现代先进的技术手段和方法来解决气候问题的过程中,建筑师们接触到了现代社会最敏感的环境和生态问题,认识到单纯地用空调和机械通用设备来降温和通风势必会造成能源浪费。他们在探索各种自然降温和通风的方法时,主要是在建筑上设计可以让空气对流的"通道"和大片的阴影,这样的建筑往往是通透而轻盈的,马来西亚华裔建筑师杨经文便是设计这类建筑的代表人物[①]。

杨经文通过对地方近现代建筑进行探索,提出"炎热地带城市地域主义"(tropical urban regionalism)这一理论。他擅长运用当代技术来表现地域性建筑和自然的特征,特别对气候和生态因素有着更深层的考虑。通过对建筑屋顶和过滤系统的创造性设计,实现对建筑微气候的节能控制和调节。针对世界能源消耗量日益增多和能源资源有限的状况,他认为建筑师必须强调节能意识。他从生物气候学的角度研究建筑设计方法论,其具体目标是满足人的舒适需求和精神需求以及降低建筑能耗。

在热带高层建筑中运用生物气候学是杨经文的主要努力方向,其实践要点如下。

(1)在高层建筑的表面和中间的开敞空间中进行绿化。他认为植物不仅能产生氧气和吸收二氧化碳及一氧化碳,还能缓解所在地区的热岛效应。如吉隆坡包斯泰德大厦(1986,曾获马来西亚PAM[②]建筑师建筑奖的表扬奖,图6-3),建筑师在阳台栏板上设计了植物种植槽。在IBM大厦(1985)的设计中,建筑师将各层阳台栏板上的植物种植槽斜向连起来,使其像一条绿带一样围绕着建筑物。杨经文之后的作品几乎都有这个特点。

(2)沿高层建筑的外立面设置凹入深度不同的过渡空间。它可以是遮阴的凹空间(如广场大厦,1986)、凹阳台(如包斯泰德大厦)、凹入较大的绿化平台(如米那亚大厦,1992,图6-4)等。这种手法不仅丰富了呆板的建筑外表,也为身居高处的人们提供了开窗的可能性。阳台和大平台让人们可以走到室外直接接触室外环境,极大地满足了其心理需求。

(3)在屋顶上设置固定的遮阳格片。起初,遮阳格片被用在低层建筑上,如杨经文自宅,后来被用在高层建筑上,如IBM大厦、米那亚大厦等。建筑师在设计时根据太阳从东到西各季节运行的轨迹,将格片做成不同的角度,以控制不同季节和时间阳光的进入量。遮阳格片使屋面空间成为很好的活动空间,人们可以在游泳池内游泳,在绿化平台休息;同时这也有利于屋面隔热,从而实现节能。

(4)创造通风条件加强室内空气对流,降低由日晒引起的升温。以Pingiran公

① 焦毅强. 马来西亚现代建筑的国际化与地域性 [J]. 世界建筑,1996(4): 16-19.
② PAM, Pertuhan Akitek Malaysia, 马来西亚建筑师公会。

寓(1996,图6-5)为例,每套公寓都是独立的单元,只有少量共用的墙。公共走廊将各单元串联起来,很多通风的空隙被留出。这为建筑室内空间带来凉爽的风,可明显地改进居住环境并节省能耗。

图 6-3 吉隆坡包斯泰德大厦

图 6-4 米那亚大厦

图 6-5 Pingiran 公寓

(5)在平面处理上主张将交通核设置在建筑物的一侧或两侧。一是利用电梯的实墙遮挡西晒或东晒;二是让电梯厅、楼梯间和卫生间有条件实现自然采光通风。电梯厅可以让人们眺望室外,减少照明,并省去防火所需的机械风压设备。

杨经文设计的许多高层办公楼(如IBM大厦、米那亚大厦、包斯泰德大厦等)都使用了这种办法。

(6)对外墙的处理除了做好隔热外,他还建议采用墙面水花系统,促进蒸发以冷却墙面,达到节能的目的。

(7)使用"两层皮"(double-skin)的外墙,形成复合空气间层。这一技术在热带和寒带都有着理想的保温作用。利用上下贯通的中庭和"两层皮"间的烟囱效应创造自然通风系统。

杨经文认为,通过这些措施,热带地区的高层建筑可节省40%的运转能耗。虽然也有人曾对比提出过异议,但是生物气候学在高层建筑中的运用已实现了节能的作用,并为建筑外形变化提供了更多的可能,人们能在高层上接触到自然,建筑物周围的环境条件也能够被改善,因此这些措施具有很大的发展前景。虽然杨经文并不反对使用空调,但他主张通过生物气候学设计的方式来减少对空调的需求以节约能源。注重生态和地方气候的创作思想使他的建筑富于个性和魅力[1]。

以杨经文为代表的马来西亚建筑师利用先进技术探讨生态、节能、绿色建筑的实践说明,在建筑创作中要体现地域性的文化特征并不只有一条出路。即便全球化使得建筑形式和技术逐渐成为固定模式,但其依旧存在极大可能性。通过创新,地域文化会以更多样化的形式展现。

2.杨经文建筑实践

1)杨经文自宅

杨经文的生物气候学试验首先在自家的独立式住宅设计中进行,其位于吉隆坡近郊的一个橡胶种植园附近。建筑师从马来西亚传统的建筑形式中提取出百叶等建筑要素,但并非单纯模仿和使用,最终完成自宅roof-roof住宅(1984,图6-6)。他在该独立式住宅的平屋顶上加上了一个伞状的百叶屋顶,以覆盖、庇护整个建筑,这也提供了遮阳、遮雨、通风、纳凉的有效策略。如同环境过滤器般,风被建筑

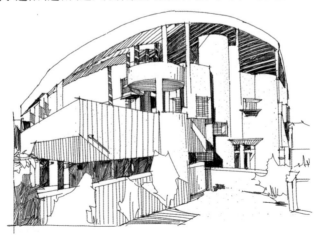

图 6-6 roof-roof 住宅

① 林京.杨经文及其生物气候学在高层建筑中的运用 [J].世界建筑,1996(4):23-25.

构件引导,穿过水池,为周边环境降温,起到自然空调的作用。住宅中设置了格栅、玻璃门、百叶等,通过人工调节,进入建筑内部的气流量被控制,建筑中的小气候得到调节。

2) 米那亚大厦

IBM公司马来西亚代表处的办公大楼米那亚大厦(1992)是杨经文将生物气候学运用于高层建筑的代表作。建筑共15层,被动式节能方式与主动式能源方式在建筑中得到结合。通过分析计算,垂直交通系统被设置在东部,平台、百叶等被置于西侧,它们为建筑内部提供了阴凉。每层办公空间均设有空中平台,平台中种植植物,形成空中花园,成为环境良好的休息区域。这些空中花园在带来绿化和生态效益的同时,也为以人为本的环境设计创造了条件。空中花园沿顺时针方向盘旋而上,也极大地丰富了建筑的立面特征。种植斜屋顶覆盖入口大厅、计算机设备室以及地下停车场。建筑顶部设有由钢结构和铝合金构成的遮阳棚,既可以为顶层的游泳池和健身房遮挡过强的阳光,又可以为未来安装光电蓄电池留下空间。对此,英国的艾弗·理查兹评论道:"建筑的最终形式来源于纯粹的设计原则和几何构图——没有任何痕迹显示它受到实用型建筑外观形式或者马来西亚传统建筑形式的影响,它只是在适应当地的气候和地理位置。"

3) 新加坡 EDITT 大楼

EDITT 大楼(1998,图6-7)是建筑师参与新加坡城市开发管理局举办的会展建筑设计竞赛的作品。该建筑位于新加坡城市中心区,受到诸多严格条件的限制,建筑功能区包括零售区、展览空间、会场及相关设施。杨经文也在这个建筑的方案设计中进一步发展了绿色高层建筑的设计方法。首先,建筑师认为该建筑地处"零种植区域",周边生态系统被破坏,只有地表的覆土上有少量的植被和动物群落生存。因此,恢复此地的生态系统,引入当地的植物群落和生物体系成为建筑

图 6-7 EDITT 大楼

师追求的目标。从地面连续盘旋而上,建筑顶部的露天平台上覆盖着当地植物,与景观坡道共同组成完整体系,复原场地的有机体环境。绿化系统也为这幢26层高的建筑带来一个粗野的、极富特点的外观。该项目设计是由多个团队共同合作完成的,他们对太阳能利用、中水利用、建筑材料的回收与重复利用,以及自然通风和混合模式的使用能量分析等多个方面进行了研究和计算。考虑到该建筑100~150年的使用期,杨经文还制订了一个后期可以将该建筑改造为办公或居住用房的计划,也对未来建筑被拆除后,其材料的重复利用方式进行了前瞻性思考。杨经文建议该建筑的构件全部采用机械连接(螺栓连接)方法,而不是熔接(焊接),这样可以实现构件拆卸之后的再利用。这个设计标志着杨经文的建筑设计由生物气候设计升级到生态设计的阶段。

4)新加坡国立图书馆新楼

新加坡国立图书馆新楼(2005,图6-8)最初是杨经文在1998年参加的一项国际设计竞赛的中标设计,该建筑共16层,面积为70 000平方米。此项目由新加坡图书馆委员会进行国际招标,格雷夫斯、萨夫迪、日建设计等著名设计事务所也共同参与了该竞赛。杨经文的设计让原本仅希望建成一座地标建筑的业主看到了建筑能够实现的更多可能性,最终该方案脱颖而出。在方案中,建筑被划分为两部分:东边用于展览和文化活动;西边则用于图书的收藏、阅读等,较为封闭。在这二者之间是一个高大的中庭以及一条从二者之间穿过的街道,连通两部分的天桥临空飞越。广场的设立为城市创造了一个公共开放的空间,在这个宽敞的、有遮阴的广场空间中,人们可以增设室外咖啡座,或者举办一些图书展售活动甚至市民的演艺活动。方案的评审委员会对建筑师提出的创造市民公共空间的想法印象深刻,业主也开始重新思考图书馆所能发挥的作用。建筑设立的位置既避开日晒,又利于通风。外墙采用Low-E玻璃,玻璃外侧设置了数量充足的遮阳片。同时,建筑顶部安装的宽度达6米的导风翼板的形状容易让人联想到双翼飞机。建

图 6-8 新加坡国立图书馆新楼

筑底层架空,一方面促进空气流通,实现对建筑的冷却,同时也为市民带来公共活动空间。南北向的中庭将风引进,中庭屋顶上装置的百叶使得空气可以对流。

图书馆的建筑功能性质决定了设计需考虑室内光照,尤其是对自然光照的高效利用,减少对电器照明的依赖。该建筑内安装了两套传感器来自动地调节室内灯光,以保证室内照度的基本均匀,并节约照明用电。针对不同的区域,杨经文采用了不同的温度、光照控制策略,在阅读藏书空间和会议厅采用全空调方式和电气照明(主动模式);在底层的架空广场则采用自然通风和天然采光(被动模式);在门厅和休息厅等过渡空间采用自然通风和机械通风混合的方式(混合模式)。

在此建筑中,杨经文也运用了他惯用的竖向绿化系统,建筑中有绿化空间、渗入退台等空间,总计达6 300平方米,六个空中庭院散布在建筑中。在地下层建筑师同样也布置了一个花园,阳光能够直接射入。建筑的充裕投资,使得在设计的不同阶段进行多次关于热工、遮阳、自然照明和通风的模拟计算有条件实现,这使得设计的每一步都可以不断地得到修正调整直到获得最佳效果。在设计时经过测算的年能耗将可能是 $185\ kW\cdot h/m^2$,可以显著低于新加坡标准写字楼的年能耗 $230\ kW\cdot h/m^2$,但从2005年11月开馆以来,该建筑的实际年能耗仅为 $162\ kW\cdot h/m^2$。新加坡建筑署因此授予该建筑以最高的绿色建筑铂金级证书,以嘉奖其在节能方面所形成的良好示范作用。

环境问题引发全球关注,生物气候学理论提供了新的思路,尤其对于高耗能的高层建筑而言。若在当代建筑之中广泛地引入有效手段,那么这将对城市无序扩张、人口快速膨胀等现实问题给予正面回应,提供高效且实际的解决方式。经济发展与能源节约、环境保护等并不冲突,建筑师以适宜方式调节高层建筑中的微气候,为居民提供更为舒适的环境。采用相应的技术手段对选址、构形、空间等各方面进行设计,充分利用当地自然资源,将使整个建筑系统能够以低能耗的方式运转。

二、节能意识与现代地域性建筑

(一)建筑节能意识及其发展

现代地域性建筑的节能意识源于20世纪60—70年代,生态节能成为建筑发展的趋势。工业化和城市化区域需要合适的生态政策以实现良性发展,绿色建筑、绿色城市便成为建筑师们创作的目标。

节能建筑并非一定利用高新技术建成,充分利用现有的环境友好和有益健康的材料,更能够广泛实现能源节约。经济欠发达地区或资源匮乏的国家难以负担过多的资源消耗,这也在一定程度上为节能建筑带来发展的契机。建筑通过自身真实的形式,实现气候调节。这种调节不仅需要外部构件,如百叶窗的设置,还需要从平面、立面、剖面,即建筑本身进行从一而终的联动设计。

在一些老建筑,特别是乡土建筑中,一些基本的、共识的模式为当代建筑设计带来启发。在干热的北印度,当地最常用的是使用公共墙的狭长居住单元模式。两侧长墙阻止热量进入,光照和风从短边进入。应用这一模式,结合剖面设计,便能够有效调节对流,使热空气上升,沿坡面顶棚,从顶端拔口导出,同时又带起底部的冷空气。这种节能的地域性建筑适应了印度的干热气候,因此被广泛采用。柯里亚的作品加尔各答的桑农宅,以一个由棚架覆盖的庭院作为中心,起居室、厨房、卧室和盥洗室均围绕这一中心布局,通过房间的巧妙组合,为起居空间提供凉爽的穿堂风。另外,狭长居住空间模式的变体便是著名的管式住宅——"一个早期的被动式节能建筑"的成功实例。

柯里亚在《气候控制》(Climate Control, 1969)一文中提出"建筑设计概念不能只考虑结构技术和维护设备",印度的国情决定他必须考虑经济条件的制约,采用适宜的建筑形式,调节气候带来的不利影响。在建筑设计中,建筑师着重关注节能措施为人的行为提供的支持。庭院顶部的遮阳棚架产生阴影,为人们提供强烈日光下的遮蔽空间。室内与室外空间贯穿流通,在节能的同时,切实为当地人提供户外活动交流的场所。

(二)现代节能地域性建筑实例

被动房的设计理念极其重视环保节能。现代建筑缺乏通风,因此空气置换装置显得极为必要,用于排散水蒸气等废弃物以创造一个较为舒适的空气环境。同时,为减少能源消耗,被动房通过空气置换装置将隔热转换为供暖,这样,即使在最冷的日子里,室内也能通过供风供暖的方式实现恒温。

在2010年的上海世博会上,汉堡之家(图6-9)是一栋体现最高环保技术水平、融居住与工作功能于一身的示范性建筑。建筑设计风格融合了传统和现代的汉堡元素,堪称符合汉堡港口新城环保金奖标准的节能建筑典范。

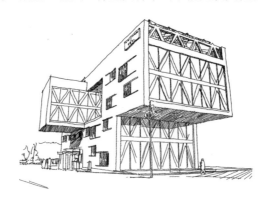

图 6-9 汉堡之家

汉堡之家通过空气置换达到良好的隔热目的,不再需要传统的供暖装置,从太阳光、人体和电器的余热中获得消耗的能量,获得清洁能源,实现建筑自给自足;严格按照世界领先的被动房屋节能标准设计并施工,节能标准超过德国的其他被动房,比一般同类建筑节能90%以上。每年每平方米仅消耗50千瓦能量,相当于德国普通办公楼四分之一的平均能源消耗量。建筑物采暖和制冷所需能量取自通过地热泵装置产生的热水和冷水。它将建筑物地下深达35米的基础桩与地下管网连接,以采集地热。拥有热回收功能的通风设备可为室内提供新风。安装在屋面上的中央通风设备的采暖热回收率至少可达90%,而制冷热回收率最低可达80%。屋面上安装有面积为450平方米的光伏发电设备,可满足建筑运行和使用所需电能的80%左右。此外,这座被动房之所以能够节省如此多的能源,与其围护结构的高气密性密不可分。汉堡之家围护结构的保温效果和气密性良好,消除了热桥,冬季和夏季的采暖、制冷能耗也得以降低。

汉堡之家净使用面积为2 300平方米,其建筑方案以汉堡港口新城的原型建筑设计为基础,充分考虑到上海的气候条件,采用了被动房屋标准的节能建筑原则。它具有良好的室内舒适度,降低了人们对采暖的需求。清洁环保建筑材料的使用,体现人们对节能的城市社会及生活方式所带来的安全感、舒适感和人性化的追求[1]。

北京中国石油大厦(2008,图6-10)于2012年获得住房和城乡建设部评定的三星级"绿色建筑评价标识"。设计运用多种新技术、新材料,以实现建筑节能的目的。建筑基地狭长,为了最大限度地满足南北向的自然采光与通风,建筑采用了分散的建筑布局,取得了层次丰富的整体效果。建筑采用内循环双层呼吸幕墙系统作为建筑的维护结构,同时采用智能装置来控制百叶的角度以控制太阳辐射对建筑的影响。冰蓄冷系统、多机头磁悬浮式冷水机组、低温冷水等技术的应用也使得建筑在高效节能上效果显著。建筑师通过对室内温度、空气质量、噪声等各项物理参数的控制,保证了室内空间环境的舒适性,营造了健康、安全、宜人的空间。

图6-10 北京中国石油大厦

中国建筑师余迅在德国学习工作了十余年,参与过许多节能技术的实际应用。2002年,他回国开办赛朴莱茵(北京)建筑科技规划有限公司,将德国技术成果引入国内,主要致力于推广节能技术。他认为建筑不仅要对空间进行塑造,也

---

① 施彭格勒-维朔勒克,迪特尔特-罗伊姆许塞.2010上海世博会汉堡之家 [J].世界建筑,2010 (2):84-87.

应该与工业、制造业和现代科技相结合。在首钢钢结构多层住宅(2003,图6-11)中,他将在德国已形成的比较成熟的住宅节能技术引入国内。建筑师并非是要设计出一座让人惊叹瞩目的住宅,而是希望能通过实践,在国内推广节能技术。钢结构体系在当时尚不流行,虽然一些建材在德国使用普遍且廉价,但是国内却很少使用,从外国引入则会提高造价。因此,在设计过程中,建筑师致力于寻找适宜的材料,以达到节能、经济的目的。另外,他的几个立面改造项目也采用了节能措施,赋予建筑新的生命力。例如,他为北京远洋德邑城(2002,图6-12)增设了一些工业装置和遮阳措施,在减少建筑能耗的同时也提高了其美观度。

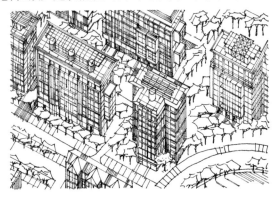

图 6-11 首钢钢结构多层住宅

图 6-12 北京远洋德邑城

三、可持续发展理念的共同主题

(一)建筑可持续发展的兴起

进入20世纪80年代,自1987年世界环境与发展委员会发表题为《我们共同的未来》的报告,1992年可持续发展问题世界首脑会议于里约热内卢举办后,可持续发展战略开始得到较普遍的认识与认同,并被认为是人类发展的共同道路,是21世纪全球发展的普遍原则。可持续发展含义广泛,涉及政治、经济、社会、技术、文化、美学等各个方面的内容。走可持续发展之路是新世纪人类的共同选择，这包括建筑科学技术的进步和对艺术的新创造。其要义在于：第一，人类要发展；第二，发展要有限度，有控制，不能危及后代人的发展，因此要保护环境，要节约资源，要以提高生活质量为目标，要同社会进步相适应。它涉及各个方面，包括如何建造可持续发展的城市和建筑。通过对现代建筑的发展进行反思，人们认识到流行的建筑形式，如摩天高楼、玻璃幕墙、铺张豪华、耗费能源、浪费土地、破坏自然等是不可持续的，必须改弦易辙[①]。

人们对节能方式的探讨日臻成熟，建筑设计学科因此逐渐丰富。当今建筑师不再只关心功能、空间、流线，而是涉足更多学科，综合体会建筑创作与环境发展之间的紧密联系，创新建筑形式，新的建筑形式因此有机会得到更多的关注。

（二）绿色建筑和可持续建筑

绿色建筑是指在建筑生命周期内，包括由建材生产到建筑物规划设计、施工、使用、管理及拆除等系列过程，消耗最少的地球资源，使用最少能源及制造最少废弃物的建筑。这是一个广义的概念，在建筑的整个生命周期内，在经济和环境两个方面，有效地利用现有资源并提出解决方法，将能够进一步改善生活环境，从而极大地减少对环境的影响。

可持续建筑是指以可持续发展观规划的建筑，在对其规划时要考虑的内容包括建筑材料、建筑物、城市区域规模大小等，以及与这些有关的功能性、经济性、社会文化和生态因素。可持续建筑必须反映出不同区域的状态和重点，故需要为其建立不同的模型去实现。

无论是绿色建筑还是可持续建筑都是以人的健康舒适为根本，建造一个满足人类居住需求的室内环境，这不仅包括温度、通风换气的效率、噪声、自然光、空气品质等物理量，还包括建筑布局、环境色彩、照明、空间利用、使用材料及工作的满意度和良好的人际关系等主观心理因素。绿色建筑以建筑在整个生命周期内所产生的废弃物尽可能少为目标；可持续建筑除了包含绿色建筑的研究内容之外，还包含着对城市区域规模大小的研究和对资源的应用效率、能源的使用效率、污染的防止、环境的和谐四个原则的研究评定等内容，更深刻，范围更广泛。因此，节能建筑、绿色建筑都属于可持续建筑的研究范畴[②]。

（三）打造可持续建筑的技术途径

打造可持续建筑的技术应满足对资源的合理开发利用和充分保护，通过加强外围护结构的保温隔热，配合暖通空调系统中的新技术应用，降低建筑的冷热负荷以降低能耗，减少能源消费对环境的有害影响；同时减少污染物排放，充分利用地方材料与现代高科技加工新型生态节能建材，运用可再生能源技术，提高对自然资源及人造材料的重复利用率，实现资源与建材的再生。

---

① 吴良镛. 建筑文化与地区建筑学 [J]. 建筑与文化, 2014（7）：32-35.
② 朱颖. 基于可持续发展理念建立房地产开发企业竞争优势 [D]. 上海：上海交通大学, 2008.

1.外围护结构技术

1)外墙

(1)优化建筑外形,以最小的建筑外表面积包容最大的建筑空间。在设计平面时,将电梯、楼梯、管道井、机房等布置在建筑的东侧或西侧,可以有效阻挡日射,减少室内的热量。

(2)采用保温隔热、传热系数小的墙体材料。此类外墙材料有各类砌块、复合轻墙板,是运用外墙复合体保温技术生产出来的。

(3)外装饰尽量做浅色处理,采用光滑饰面材料,减少表面对辐射的吸收。

2)窗

(1)窗的传热系数比墙要大很多,又经常开启,是冬季耗热的关键部位。应当结合建筑物的朝向、纬度,合理地控制窗墙比,如高纬度南向窗户面积应大一些,以更好地利用太阳辐射,降低采暖能耗。确定建筑物的挑檐、遮阳板的合理尺寸,安装可调式百叶、窗帘以调节室内日照量。或采用遮阳系统,将其安装在向阳的外立面或采光屋顶上,根据不同时间的阳光照射情况,调整遮挡角度。

(2)采用多层或中空玻璃,降低玻璃的传热系数。

(3)采用吸热玻璃、镀膜反射玻璃、夹层玻璃等技术,有效阻止通过玻璃的太阳辐射和室内热辐射。

3)屋顶

(1)采用高保温材料。目前保温材料应用较多的主要是加气混凝土和膨胀珍珠棉,它们可以提高屋顶的保温隔热性能。

(2)蓄水隔热屋面。利用水生植物遮阳,反射和吸收太阳辐射;利用蓄水蒸发来提高隔热效果。条件允许时在屋顶上覆土,种密叶植物,形成植被屋面。植物可以用来遮阳,覆土作为隔热层能够提高层面隔热性能。

苏州市建筑节能示范工程苏州国际科技大厦(2009,图6-13)的屋面采用聚苯乙烯挤塑板,局部采用生态种植屋面。屋顶绿化是在屋面的保温层、防水层上方覆一定厚度的土,种植树木、花草,用土、绿色植被来阻隔阳光的辐射,能有效地起到隔热保温作用。屋顶绿化不仅节能,而且起到了生态、美观的作用。大厦的实体墙采用蒸压砂加气砌块,保温材料采用岩棉(或聚氨酯发泡保温板、幕墙断热型

图6-13 苏州市建筑节能示范工程苏州国际科技大厦

铝型材、Low-E双层中空玻璃。在建筑的外窗中,玻璃面积占70%~80%。受窗户影响的采暖、空调、照明能耗往往占建筑全部能耗的一半左右。通过采用低辐射镀膜玻璃(热反射镀膜玻璃)、Low-E中空玻璃、节能断热型材等组合来提高热抗阻,降低传热系数。利用节能玻璃、节能材料来改善幕墙系统热工性能,在大大减少传热的同时,获得良好的透光性,在夏热冬冷的上海地区,节能效果好[①]。

2.可再生能源技术

可再生能源技术的意义在于变废为宝,同时解决污染问题。利用可再生能源逐步替代不可再生能源,以应对未来建筑必须面临的诸如环境和生态保护,最少能源耗费等方方面面的挑战。一方面要实现自然资源的可再生,另一方面要努力实现垃圾、建筑材料等的可再生利用。

(1)太阳能是自然界中最充分、最便捷的可供利用的绿色能源,应优先选用被动式太阳能技术,将主动式太阳能技术作为补充。被动式太阳能利用包括:通过在地面、屋顶安装的一些装置直接利用太阳能,如太阳能恒温房;在外围护结构的空气层中填以高效热反射材料,达到保温隔热的目的,而在阳光充足的寒冷地区,则可将外围护结构设计成蓄热材料;还可利用太阳能收集器或其他装置将太阳能进行收集、贮存和转换。在设计时,要考虑当地的气候特点,充分利用本地气候资源,避免由于人工能源的大量使用而造成的居住者与自然的人为隔离,同时也可节约能源。主动式太阳能利用可通过窗户集热板系统、空气集热板系统、透明热阻材料组合墙等来实现。

清华大学超低能耗楼(图6-14),2008年作为奥运建筑的示范工程,旨在推广系列节能、生态、智能技术在公共建筑和住宅中的应用。它对可再生能源的利用主要包括以下三个方面。①光电玻璃:超低能耗楼南立面装有约30平方米的单晶硅光电玻璃,采用光伏电池、光电板技术,把太阳光转化为能被人们利用的电能,设计峰值发电能力为5千瓦。其发电过程中不断消耗石化能源,无废气,无噪声,不会污染环境。②太阳能庭院灯:超低能耗楼选用的太阳能庭院灯,为大楼入口处提供夜间照明。蓄电池把白天太阳能电池组件产生的能量存储下来,用于满足连续阴雨天或夜晚照明的需求。光源则选用LED光源。③太阳能空气集热器:超低

图 6-14 清华大学超低能耗楼

① 朱强,廖黎明. 新型节能环保技术在苏州国际科技大厦中的应用 [J]. 中国建设信息,2011(11):45-46.

能耗楼利用联集管式太阳能空气集热器,集热器总面积约为260平方米,产热量峰值为140千瓦。在夏季,通过太阳能获取的热风被用作溶液除湿系统再生器的热源,而冬季则被空调直送入室内[①]。

上海世博会零碳馆(图6-15)汲取BedZED(Beddington Zero-Energy Development,贝丁顿零能耗发展项目)社区的生态设计经验,向世人展示了生态型社区建设的最新成果。零碳馆和BedZED社区一样用安置在屋顶上的五颜六色的"风帽"进行被动式通风。馆内电力需求则主要由太阳光电系统和生物能热电系统满足,它们通过一系列生物技术措施产生电和热。在太阳能的利用方面,在冬季的时候,建筑南面的透明玻璃阳光房将阳光的热量储存起来,并进一步转化为热能从而为室内提供热量。在夏季的时候,建筑表面采用外遮阳措施从而避免阳光的过度直射,目的是为室内提供适宜的温度。建筑屋顶上安装的太阳能板可以将太阳能转化为电能。太阳光的漫反射不仅可以培育建筑背面的绿色屋顶上的植被,还能够满足室内自然采光的需求。在建筑屋顶上安装的雨水收集装置,能够将雨水进行收集、过滤,过滤的雨水还可以被二次利用,用于冲洗马桶或灌溉植物等,以减少零碳馆自来水的用量。

图 6-15 上海世博会零碳馆

(2)地源热泵技术将自然环境(太阳能、空气、水、土壤)中的低位能转化为高位能进行供冷供热,将冷热能量排放进大地而不是空气。

对于可持续发展的建筑,应首先优化设计,结合具体建筑尽可能采用简单适宜的技术,尽量适应环境的特点,依靠自然力来满足舒适性要求。其次,要以辩证的观点、审慎的态度对待新技术。从整体性、协调性的观点来看,有一些所谓的可持续性技术只是对某些环节的某些属性的改善,并不一定代表了整体水平的提高。相反,有时大量高能耗的建筑设施及其施工反而会极大地抵消其积极的一面。为了实现建筑的可持续,应以建筑行业为基点,以材料、自动化等行业为支持,提高建筑的综合效益,让建筑环境与自然环境协调发展。

未来城市规划与建筑设计的发展方向,必然会将可持续发展的建筑观置于重要位置,强调建筑与自然的协调,尊重客观规律,使二者共生共存。从土地开发到建筑设计,再到材料选择、后期维护,甚至被拆除,在整个建筑生命周期内,都应保证自然资源得到了更有效的利用,对自然环境的破坏较小,建筑实现有机发展。

① 何水清,何劲波. 太阳能建筑一体化设计实例 [J]. 新型建筑材料,2011,38(6):89-91.

第二节　技术多元的取向

　　技术的迅速发展由科技发展的程度决定。伴随着新材料、新技术的应用,建筑新形式产生。建筑创作不仅通过丰富的理论提供更多发展依据,也在不断实践中体现出进步之处。但现代科技在带来发展的同时也带有一定的破坏力量,如误用非再生性能源,环境因此急剧恶化,甚至历史文化遗产也在加速消失。科学技术实践的必然结果包括推动建筑的全球化趋同和促进各类做法的迅速传播。即使一些具有地域性的传统做法会在此过程中消失,但不可否认的是,一代代建筑师在努力用自己的方式追求具有地域性的新建筑方式。

一、低技术与传统技术的生命力

　　传统不仅体现在建筑形式上,同样也体现在建造的过程中。旧时遗留下的技术方式、策略手段由手工艺人继承。如今的建筑师虽与匠人不同,但他们也在强调建造过程,这个过程同样充满艺术创造力和生动的表现性。因此,低技术与传统技术依旧需要被继承、发展和创新。

　　建筑师哈桑·法赛提倡传统的自建技术,并将它应用于新建筑中,使之比使用混凝土或钢的价格更加低廉;通过采用泥砖墙、简单的穹顶和圆屋顶的建造体系,探索出一种节约造价、对建造技术要求不高、使用当地丰富材料的理想解决方案。

　　来自英国的建筑师贝克充分认识到印度地方技术的价值,深入研究材料、气候与经济性的关系,吸收了地方技术中大量有效的工艺方法,始终致力于为穷人创作。通过采用砖砌的镂空墙体、砖拱和穹隆的屋顶形式,使用砖、瓦、泥和石灰等当地建材,尽量少地采用玻璃、百叶、框架、窗台过梁等耗资较多的构件,甚至重复使用旧建筑的门框等构件以节省造价。但他的作品并不粗糙,尤其对细部的推敲也十分精细。通过这些方式,他的建筑创作不仅追求着传统建筑与自然的和谐,也体现着适宜技术对客观条件的尊重以及对地方性材料的巧妙利用。

（一）地方性建筑材料

地方性建筑材料反映建筑环境的特征，也体现地域文化的色彩。它既包括特定环境中的自然材料，如石材、竹木、海草等，又包括以地方特有的加工方式和原始材料制成的建筑材料，如土坯砖、瓦等。更重要的是，地方性建筑材料加工技术由千百年实践经验积累所得，其取得与加工的方法已经成熟，由这种材料建造的建筑能与当地生态环境和谐相处，如干冷地区的生土建筑、湿热地区的竹木建筑等。

气候因素决定了西亚各地传统建筑材料的使用。气候条件的变化引发建筑材料的变化。材料的改变在一定程度上又影响着建筑面貌的改变。这是西亚建筑具有多样性的一个原因。在西亚地区，主要的建筑材料有珊瑚、石材、泥砖（黏土砖）和木材。通常，珊瑚主要用于沿海地带，石材主要用于山地，泥砖则在阿拉伯半岛中部被广泛使用。

1.珊瑚

珊瑚在红海和海湾地区的建筑中被广泛使用。这些珊瑚材料有些从水下珊瑚礁现场采集，有些是珊瑚化石。珊瑚建筑主要分布在东非海岸和印度洋周围地带，所以这些地区的建筑有着相似的建筑技术和风格。

这些位于阿拉伯海岸地区的珊瑚建筑的缺点在于耐久性较差。珊瑚砖在潮湿环境和有季节性降雨的情况下会很快腐烂，因此许多人认为在吉达地区没有古代建筑。缺少坚实的基础也是珊瑚建筑容易倒塌的主要原因。珊瑚墙体需要用梁来加固，所以梁的使用在红海海岸的建筑中很常见。在一些珊瑚建筑的墙体中，大约每隔1.2米就布置一根水平的木梁。这些梁对于维持珊瑚墙体的稳定性至关重要，它们的作用主要是克服新采集的珊瑚在干燥过程中产生的收缩应力（珊瑚化石则不会产生这种现象）。

有时在珊瑚墙体外面还要加上石膏涂层，以防止盐分、潮湿和降水等外界因素对墙体的侵蚀。这些石膏涂层又有着装饰作用，在沙特阿拉伯吉达地区以及也门的法拉森岛屿和查迪德地区得到广泛的应用。

2.石材

石材主要用于沙特阿拉伯西部地区和东南地区、西约旦的北界地区以及南叙利亚地区。石材在每个地区使用的程度不同，在沙特阿拉伯中部，石材只是用来做基础和柱子，而在东部，石材则是主要的建筑材料。

石材的使用可以追溯到很早以前，石雕传统便是最好的历史实证。石材作为一种永久性材料，和其他材料一起被广泛使用。同红海岸的珊瑚建筑一样，木梁也被用在沙特阿拉伯西部的一些石建筑中，这是一种属于阿拉伯地区的地域性建筑技术，其使用可以追溯到公元前5世纪。在公元前1世纪后期的卡斯尔·宾特以及佩特拉地区的建筑中都能够看到这种加固方法。

在麦地那和海拜尔地区，石工艺中的黑色石材来自与之相邻的哈拉地区，这是被火山玄武岩覆盖着的平原地区。在一些地方,这种玄武岩和石膏浆一起使用。石膏的作用是填充岩石之间的缝隙,也能够减轻玄武岩的黑色所带来的压抑感。在海拜尔北部,传统的石材仍然被反复地使用着。经过雕刻的石材在这个地区也有使用。

在阿拉伯半岛中部,石材的作用相对小一些,石材只是用于基础和柱子的修建。在四合院住宅和清真寺中,柱子成了一种重要的结构元素。在艾尔迪尔西亚,石材被用在泥砖层下面,与其一起发挥作用。

3.泥砖

泥砖在沙特阿拉伯的沙漠地带、山谷以及也门与阿曼的大多数地区都是主要的建筑材料。向北,在伊拉克和叙利亚的沙漠地带也是如此。泥砖最早在也门、沙特阿拉伯和纳季兰山谷的建筑中都有所使用。622年,穆罕默德把泥砖作为主要的建筑材料来修建他的住宅和清真寺。

在阿拉伯半岛中部,泥砖质量的优劣程度相差很大。曾经,最坚硬的由阳光照射干燥的泥砖产生于拉巴达地区。这些未经灼烧的泥砖像混凝土一样坚硬,同时又有很好的弹性。1817年,这种泥砖的弹性在长达三个月之久的易卜拉欣帕夏(Ibrahim Pasha)炮轰卡西姆的战火中得到验证。

除了弹性和易获得性,泥砖的隔热性能使它成为与阿拉伯地区气候环境相适应的一种材料。在夏天,厚厚的泥砖墙(底层可达1米厚)能保持室内凉爽;在冬天,长期的严寒后,泥砖的蓄热性能又使室内能保持适宜的温度。

泥砖墙体需要在外面涂以石膏泥浆来防御雨水的侵蚀。在古代,人们经常在雨季放弃别的工作来修理房屋。在20世纪80年代暴雨冲毁大量房屋的事件发生之后,许多地方的政府,例如沙特阿拉伯,开始禁止使用泥砖修建房屋。泥砖建筑的构造在此过程中也发生了改变。在阿拉伯半岛中部的许多地方,石灰石被用来填基础槽坑,并建造石体墙基(高于地面1米左右),再在上面用泥砖修筑墙体。

4.木材

木材在阿拉伯地区的使用,既出于结构目的又出于装饰目的。在海岸边上,红树杆随处可见,杆的平均长度大约是2.8米,与房间的宽度相近。红树杆从印度或东非传到阿拉伯海岸。其他的一些木材,包括柚木和檀香树也被使用。

在有关6世纪桑卡的阿伯拉哈教堂、7世纪麦加大清真寺以及麦加住宅的记载中,都有大量使用柚木的记录,这说明在这个时期柚木已经传入该地区。当地的柽柳和棕榈树是主要的木材来源。在这个地区,棕榈树随处可见,柽柳则在阿拉伯半岛中部比较常见。柽柳因为它的长度而被人们喜欢,它在建筑中有着多种用途。细一些的枝条因为有较大的拉伸强度而被用在屋面上,或是两三条编为一组,构建入口的门楣;粗一些的树干,被用来制作门框。柽柳另一个突出的优点,就是它能随着天气的变化而延展或收缩,以防止裂纹的出现。伊斯兰教先知穆罕默德的第一个讲坛就用这种木材制作。

尽管人们偏爱柽柳,但是棕榈树也一直被广泛使用。622年,穆罕默德用棕榈树干支撑麦地那清真寺的屋顶。在纳季兰,两个或是三个劈开的棕榈树干被摆成一定的角度来支撑黏土楼梯。在其他地方,棕榈树干被用来制作门。棕榈树被广泛应用在建筑之中,直到19世纪后期被大量的进口木材取代。除了它的结构功能之外,棕榈树还有一种更为常见的使用方法,就是将它的叶子编成草席用于建筑的天花。在这些住宅中,用柽柳制作的梁和用棕榈树叶制作的天棚一起承担着上面的荷载。木柱也被大量地用在建筑中。有的木柱还雕刻有钟乳石线条般的装饰图案。

(二)不同地区的利用

1. 各地区的不同做法

不同地区的建筑材料具有不同的特性。在亚洲地区,不同于西方大量使用冰冷的石材,木材被广泛运用于建筑中,与园林环境和谐相融。远东地区盛行的木构建筑,在其他地区得到相当广泛的推广。在中亚的西部地区,往往整个宫殿都由木头建成。所有印度的早期建筑都明显地显示出以木构建筑为原型的迹象。石构建筑不仅表现出木构的榫卯节点,而且用雕刻的装饰图案代替了起固定作用的楔形木和(被明显放大了的)金属钉。在石构建筑中,常常能看到圆花饰的母题,偶尔也会发现圆形的叙事性浅浮雕,这些形式之所以令人感兴趣,就在于它们充分利用了圆形空间进行构图和形象设计。一般认为,印度和伊朗对木构建筑的运用都源于印欧语系的建筑传统。但这两个地区从木构到石构建筑的转变都发生在不同的时期。印度地区的这一转型期要晚一些,一方面是因为受到了伊朗人的影响(如阿育王的独石柱),另一方面也表现出印度人自身对岩凿形式的偏爱。石构建筑的产生以使用非耐久材料的经验的积累为基础。其建筑装饰的创造,有时是通过石材之外的特殊材料加工技术完成的(例如在建造桑吉窣堵坡时就有象牙工匠的参与),其目的是将宗教和教化意义固定在永久的建筑之上。在伊朗地区,石构建筑多为宗教、庆典类建筑,同时由于使用了木质的水平梁,也表现出统治者的权势与奢华,它的内部空间获得了充分的发展。

石材的加工和运用,以整个古代近东地区(包括小亚细亚的希腊地区)所获得的全部经验为基础,它们赋予了石构建筑以坚固和永恒的象征意义。这种意义不仅是政治和行政上的,它还有宗教和某种超自然层面上的意义。那些规模宏大的石构建筑是为礼仪庆典而建造的,但其周围的居住建筑大多仍是木构形式的。显然,随着早期帝国的扩张,来到该地区的印欧人所创造的木构建筑传统并没有完全消亡,它们在另一文明创造出的石构建筑获得发展的同时,仍然保有自身的一席之地。木构建筑能够顽强留存下来的原因有多个方面,但经济因素并非最主要的原因。此外,印欧文化对印度河文明的影响,既为印度社会带来了变化,也导致了某些方面的停滞,例如在砖的使用技术上就出现了很大的退步。

尽管印欧人有着木结构的建筑传统,但亚洲地区的木构建筑显然并不都具有同一特征。亚洲大陆的自然生态条件决定了该地区将木材作为首要的建造材料来使用。在中国、日本等地，木构建筑一直具有突出的地位。不过在印度和伊朗，尽管过渡阶段木材仍然被运用在一些混合的结构形式中（如迦腻色迦窣堵坡），在伊朗的首都也有一些木石混合的建筑实例，但与砖石建筑相比，木构建筑已经退居到了次要的位置[①]。

　　但是，这些几近消失的传统技艺重新引起了人们的关注。例如在广西应用物理科学院与日本 OM 太阳能协会合作设计的试验项目南宁中日友好太阳能房中，建筑师便利用传统的技术以及独特的气候类型开发出新的思路。当地夏季漫长湿热、少风少雨，冬季只有两个月，于是在设计时主要采用了被动制冷的策略解决遮阳、隔热和通风等问题。建筑中设置的双层屋面，特殊的通风砖，夹层通风墙，拔风天井等，是对当地传统技术的重新开发。另外还采用了在地下铺设制冷管道，在屋顶运用太阳能光电管等先进技术。

　　巴瓦工作室同样汇聚着各地的建筑技艺，它融合了涉及当时建筑学起源的东西方观念，依赖于当地石材和木材的设计技巧，其中也包含了巴瓦在海滨旅馆、大学，甚至斯里兰卡的议会大楼（1981，图 6-16）等大尺度建筑中应用的设计理念。东南亚的传统木建筑使用范围很广，从棚屋到住宅、宫殿和教堂……传统做法更应当再次发挥更大的作用，以更适应于今日的实践方式存在，体现创新且适宜的技术做法以及建筑师独具匠心的设计策略。

图 6-16 斯里兰卡的议会大楼

2. 本土建筑师的利用

　　许多建筑师在对传统材料进行研究使用的过程中做出了新的尝试，并设计出大量优秀作品。菲律宾马尼拉建筑师恩卡纳西·坦（Encarnacion Tan）发现，竹子最多可以存活 100 年，当地的竹造建筑却可以存在 800 余年。经充分研究和挖掘，建筑师掌握了这种经口述方式才得以流传的技艺，并在住宅设计中使用了这种方

① 马里奥·布萨利. 东方建筑 [M]. 单军，赵焱，译. 北京：中国建筑工业出版社，1999：12.

式。恩卡纳西·坦所建住宅代表的不仅仅是一种简单朴素的生活空间,也代表着一种对传统建筑材料的极具意义的探索。建筑位于奎松城(菲律宾吕宋岛西南部城市)郊区的一个宅院中,在这里建筑师建立了一个简单的、以砌体为基础的方形住宅。住宅的上部是用竹子建成的,地板是用劈开的竹条铺成的,竹片之间留有缝隙以便于空气流通。二层的外围有一个环廊,其上方是一个宽敞伸挑的波浪状铁皮屋顶。这是亚洲热带住宅中的典型传统,表现了模糊边界和过渡空间。这一住宅是对传统竹造建筑的重释,是地方材料的回归。竹子与其精神层面的意义紧密相连。

活跃在亚洲其他地区的建筑师,如埃及建筑师哈桑·法赛,印度建筑师柯里亚、多西、里瓦尔,和在印度进行创作的英国建筑师贝克,都从解决贫困和发挥地方技术的思想入手,以低技术创造高艺术,服务人民大众。

哈桑·法赛一生都致力于研究适应干热气候的地方建筑,探索地方的建造方式,为无力采用新技术的贫困地区人民服务。其著作《为了穷人的建筑》(*Architecture for the Poor*, 1973)影响了广大亚洲以及其他地区的青年建筑师,如埃及建筑师阿布德尔·瓦希德·艾尔-瓦基尔(Abdel Wahed El-Wakil)和约旦建筑师拉森·巴德兰等中东地区的建筑师,都直接受到他的影响。

哈桑·法赛关注的是建筑的基本问题,他将光、热、风、雨、经济技术条件和审美等,视为建筑的基本要素。他提倡适用技术的推广运用,以科学的方法来衡量建筑的最终效益、造价、能效、材料、空间体量,并进行大量的试验,以验证技术的适应性。他鼓励使用者(当地乡民)参与建设,发挥建筑的自由度,降低造价(约50%),同时利用当地的建材(如土坯砖)和传统技术(砖拱和穹隆结构,砖土砌筑通风孔等)使建筑呈现艺术与自然的和谐。他还成功地运用了伊斯兰特有的捕风塔,引入高空的凉爽空气,在对其进行过滤、降温处理后,将其输送至室内,而热空气则由穹顶的出气孔排出。采用这一做法的古尔纳(Gourna)女子学校校舍成功地使室内温度比室外低10 ℃。透空砖墙也是贝克吸收传统建筑经验而经常使用的一种手法,在其作品中大量出现。

利用现代语言包容传统内涵,各国建筑师的作品都体现出对现代建筑理念的思考,以更简约的手法表达他们被激发的想象力。无论是柯里亚、多西还是里瓦尔的作品,其精妙之处不仅在于形式,更在于其彰显着传统技术的生命力。中国建筑师在这方面的探索亦是层出不穷。在建川镜鉴博物馆暨汶川地震纪念馆(2010,图6-17)的项目中,李兴钢采用红色和青色的砖以及混凝土,用当地变化多样的堆砌手法在墙壁上构造不同的孔洞,以满足建筑内部不同房间的采光要求,营造光影变化的空间氛围,砖块堆砌的方法符合模数要求。建筑师还发明了与之相符的钢板玻璃砖,镶嵌在墙体的孔洞上。低技术手段完全可以通过建筑师的巧思妙想得到利用,获得超出常规的艺术效果,赋予建筑更丰富的社会和文化内涵。

新的材料往往能够为建筑界带来新的灵感。维思平建筑事务所的作品南京

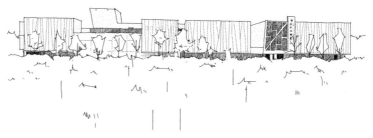

图 6-17 建川镜鉴博物馆暨汶川地震纪念馆

长发中心(2003,图6-18)将打孔铝板作为建筑双层表皮的外层材料。这种设计令建筑外立面简单整洁,灵动飘逸,充满了灵性之美。建筑底部设置下沉庭院美化小环境。而且这种建筑材料通风透气,既能遮阴,也能够透进阳光。双层表皮的中空夹层能够放置绿化植物,提供逃生通路,保证消防安全。这座大厦摒弃了以玻璃幕墙为主建筑外立面的思路,极大地减少了光污染和能源消耗,为中国高层建筑设计提供了优秀的生态节能范例。维思平建筑事务所还在天津万科金澳国际展示中心项目(2007,图6-19)中对钢材料进行了研究。与其他材料相比,钢材料各个构件均采用标准化施工,建设周期短。钢材料较轻,具有较强的变形能力,能够承受较大重量,便于形成开敞空间,施工时也不需将基础埋得太深,对基地的土壤和环境破坏较小,生态环保。

图 6-18 南京长发中心

图 6-19 天津万科金澳国际展示中心项目

宁波博物馆(2008,图6-20)由王澍设计。建筑形态以山、水、海洋为设计理念。第一层为整体,但从第二层开始,建筑开始分体并倾斜,形成山体形状。加上场馆北部的水域,整个建筑形似一条上岸的船。这种建筑格局体现了宁波的地理形态和作为港口城市的特色。宁波博物馆墙面通过两种方式装饰而成:第一种方式,利用从民间收集的上百万片明清砖瓦手工砌成瓦片墙,体现了江南特色和节约理念;另一种方式,在竹条中加入混凝土,在表面展现竹的纹理,既体现环保理念,又洋溢着浓浓的乡土气息,访客仿佛置身古老街巷,神游江南竹林,这正是建筑师对"新乡土主义"建筑理念的表达。这是中国国内首个大规模运用废旧材料建造成的博物馆。上海世博会宁波案例馆(2010,图6-21)的内外墙也采用了类似的装饰方式。

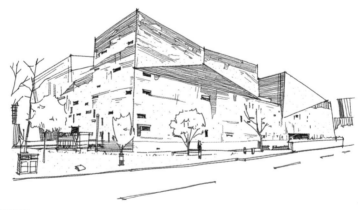

图 6-20 宁波博物馆

(三)低技术方式兴起

低技术甚至无技术的自我适应方式,普遍存在于不发达的地区,这些简单的方法依旧为各地建筑师所用。他们为建造做减法,使用现有材料堆砌围合出所需

图 6-21 上海世博会宁波案例馆

要的空间,营造出更适宜人类居住的场所。身处高原,则使用岩石进行建造;进入森林,则使用木材进行建造;地处平原,就建造坚实的土坯房;行进戈壁,就在岩体上挖洞以栖身……无论身处何处,通过利用现有资源,以简单的建造方式,营造让人心安的庇护所。这样的建造充分发挥了手工艺建造的特点,体现了与自然共生的态度,从中能让人领悟到建筑的真实。根据需要,用自然的材料对环境稍加改造而形成的建筑,以手工的方式,就近选择材料。这些材料来源于生态环境,若将其移动并以一定的方式充分改造,则基本上不消耗能源,既解决了生存和生活的基本问题,又实现了无污染的可持续目标。

当代建筑中的地方主义反对以前占据统治地位的国际运动,它提倡满足地方建筑形式和环境的需要。联系中心的周边理论、国际风格和相关的西方运动也可以理解为新殖民统治的结果,因此代替当地建筑形式而产生的文化负效应,寻求用建筑来表达地方特征,我们可以将其理解为发展中国家要求变革世界经济秩序的另一种文化运动。

在农村地区,基于传统模式形成的住宅和聚落形式可能较适合普通收入水平的阶层。例如,传统马来西亚木框架住宅,提供了许多"现代"和"近于完美的解决方式"以适应气候,包括多功能空间、灵活的设计以及复杂的装配体系,其可随家庭的扩大而扩展。

低技术的传统建造方式大多适用于小规模的建筑形式,如乡村和社区中的小教堂、商店和学校等。传统中国式的联排"商店-房屋",包含多种功能用途,其大进深和院落平面为高密度聚落提供了一种可参考的模式[①]。

低技术——地方技术是传统经验积累的结果,也是经过气候等外界条件长时间考验之后保留下来的财富,特别是在发展中国家有其重要的价值。因此,低技术常出现在那些受经济因素制约的第三世界国家的建筑作品之中。正是因为这

① 克·埃布尔.生态文化、发展与建筑 [J].薛求理,译.世界建筑,1995(1):27-29.

些低技术的应用,人们有机会对这些国家的建筑文化传统进行再认识。低技术方式能够保持永恒生命力的原因包括多个,具体如下。

1.经济性

经济性是主要原因。第三世界国家经济不发达,决定了其在引进西方国家的先进材料和技术时,必然会背上沉重的浪费恶名。放弃大量唾手可得的当地材料,例如砂石、大理石等不去使用,而一味地追求西方现代高科技材料,这是极不明智的选择。低技术的劳动密集型生产方式,在降低建筑造价的同时,又给劳动力过剩的国家带来更多的就业机会。

2.地理气候

在阿拉伯地区,炎热的气候要求建筑要有良好的隔热和通风性能。对减少热传导的要求,决定了低技术手段和地方材料的适用性。厚重的砂石墙体传递热量的性能自然要低于未经过特殊处理的钢和玻璃等现代材料。如果使用特殊技术对钢和玻璃进行处理,则加大了经济上的消耗,这也是当地人们所不能接受的。

3.生活方式

地处沙漠的生活环境以及伊斯兰教《古兰经》中的规定,使得一些传统建筑形式长期存在。例如教法规定"凡理智健全、身体健康的穆斯林,在经济条件许可和路途安全的情况下,一生中应前往麦加集体朝觐克尔白一次",因此每当进入朝圣期,朝圣地的临时住宅就会非常紧张,而建设大量的永久性住宅(高造价住宅)又为当地经济情况所不允许。传统的帐篷建筑,因为建造和拆除方便,恰能满足这些要求,就有了继续存在的可能。

4.文化及审美

确立的审美标准,已经决定了人们很难接受传统之外的美学原则,无论它是否具有先进意义(例如用钢筋混凝土和玻璃幕墙等来塑造具有宗教意义的建筑的手法),老一代人更坚守这种观念。低技术塑造出的伊斯兰传统的装饰符号,往往使人想起古老的文化传统,而这早已被整个社会所接受。

在具体的建筑处理手法上,低技术使用最简单、最直接的手法恰当地解决了各种复杂的气候、地理、人文环境及建筑本身的问题,节省了复杂建筑工序的耗资。在西亚国家的建筑作品中,低技术手段在满足低造价的同时,还要提供表达个性和塑造可识别性的机会。具体来看,古老伊斯兰建筑所使用的地方技术,就是穆斯林生活中必不可少的创作来源,同时,建筑的创作力也使得建筑师对材料的处理更为敏感。在伊斯兰建筑中,材料、技术和设计结合成一个完美的整体[①]。

叙利亚穆罕那三兄弟(Raif Mubanna、Ziad Mubanna 和 Rafi Mubanna)在德拉省设计的艾斯思维达学校(School in Es Suweida,1990),采用了当地天然的石材,整个设计很好地把传统形制和地方特色结合在一起。他们不仅节省了花费,而且使学校和当地的建筑保持协调。建筑师们认为这种方式比起使用混凝土能节省一半的造价,并且建造时间也会缩短十分之一。这种形式也被运用到住宅、汽车旅馆

① 王育林.现代建筑运动的地域性拓展[D].天津:天津大学,2005.

和工业建筑等其他类型的建筑中。

沙特吉达的艾尔-苏来曼宫(Al-Sulaiman Palace, 1981, 图6-22)体现了建筑师艾尔-瓦基尔(Abdel Wahed El-Wakil)对传统技术的认识。他说："在设计中我首先想到的是通过解释存在着的沙特传统建筑技术来加强当地建筑的特色。丰富的理念并不一定要采用昂贵的材料,而是使用未经加工的材料,通过设计和施工来获得建筑的丰富性。我希望建筑能够体现出传统阿拉伯住宅的明确的设计哲学。"[1]

图 6-22 沙特吉达的艾尔-苏来曼宫

图尔古特·坎瑟尔海洋考古学研究所总部(Turgut Canserve Institute of Nautical Archeology Headquarter, 1988, 图6-23)的独特性在于它对巴鲁姆(Balrum)地方建筑的阐释。其目的在于实现对传统的材料、技术、功能以及精神的表达。它试图克服对"现代"这个概念的误解,即抛弃所有传统文化在地方的应用,通过人工技术完成半米厚石墙的修筑,获得宁静清晰的氛围。当地传统建筑技术水平得到了充分发挥,大小不一的地方石材被重复使用,构成了整体体量和传统"装饰性"的特征。

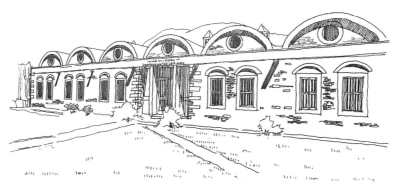

图 6-23 图尔古特·坎瑟尔海洋考古学研究所总部

---

[1] KULTERMANN U. Contemporary architecture in the Arab States: renaissance of a region[M]. New York: McGraw-Hill Professional, 1999: 133.

　　中国西北地区的建筑师对传统的地域性建筑技术做了一些有益的探索。他们将攀西和滇西北民居中的一系列适应日照干旱气候的地域性技术(如外墙实多虚少,设置水院、绿荫院、复合空间、空气间层的保温隔热构造、遮阳灰空间等)应用到城市设计中。为适应高海拔地区的昼夜温差营建相对聚合的建筑群,形成相应的阴影空间;开发滨水区,诱导并加强河谷风,以调节城市热岛效应,从整体上建立起城市的自然空调系统。

　　地方材料的使用能赋予建筑以特定的环境特征,使之很好地融入自然环境,从而使之在新时期散发出独特的魅力。菲律宾建筑师马诺萨(Francisco Mañosa)设计的椰子宫(Coconut Palace, 1981,图6-24)是一座现代的"传统屋",其造型、用材以及各种装饰都取材于菲律宾的椰树。这座奇异的住宅由122根倒置的椰子树干支撑着,并由用椰子纤维织成的棕席覆盖着,以椰子木铺就拼花地板。它矗立在马尼拉湾海边,与海岸、阳光、椰林和人群相互映衬,体现出热带岛国建筑特有的艺术气质。

　　类似的作品又如中国建筑师戴复东设计的山东荣成北斗山庄(图6-25)。建

图 6-24 椰子宫

图 6-25 山东荣成北斗山庄

筑就地取材,仿照当地海草石屋建造现代化的旅馆。海草石屋是胶东半岛的传统民居建筑,通常用海草做顶、乱石垒墙。石屋冬暖夏凉,难燃防火,具有很好的耐久性。建筑通过对地方材料的适当使用,体现出浓厚的地域色彩。

新加坡的瑞士会所(Swiss Club,1986,图6-26)由马来西亚建筑师戈登·本顿(Gordon Benton)在对热带生态系统进行深入理解的基础上进行设计。该建筑半新建半恢复旧建筑,与周围的热带雨林环境十分协调,与原有的俱乐部形成对话。俱乐部原有部分建于1927年,在1983年扩建。建筑师从传统的双坡顶马来民居和殖民时期的"黑顶白墙样式"住宅形式中吸取创作灵感,创造了与热带雨林环境和谐共生的场所,这也是新乡土语言的运用实例。新建部分包括网球场、板球场、羽毛球场、游泳池、多功能厅、餐厅、厨房、会议室、办公人员休息室等,其中除了厨房等房间使用空调外,其他场所都利用自然通风。建筑师的创作为整个建筑提供了凉爽、愉快的空间环境。

刻在刘家琨骨子里的乡土情结让他对低技术有着非比寻常的执着。良好的文学素养通过低技术体现,与文化一起融入建筑之中。2000年之前,何多苓工作室(1996,图6-27)等作品就体现了其朴实的建筑观。2000年之后,随着实践经验的丰富,他对建筑材料和构造的运用更加成熟。在鹿野苑石刻博物馆项目(2002,

图 6-26 新加坡的瑞士会所

图 6-27 何多苓工作室

图6-28)中,因为当地的建造技术比较落后,从未使用过清水混凝土这种工艺,于是建筑师决定采用框架结构、清水混凝土与页岩砖组合墙的施工手法来弥补当地不成熟的技术带来的不足。由于施工方无法保证直接浇筑墙体的垂直度,建筑师建议采用先堆砌内部墙体,之后再建造外部墙面的施工顺序。用内部墙体作为参照物,就可以让外部墙面保持良好的垂直度。建筑的外部墙面是粗糙的,有竖向狭小条纹,这种质感不仅让建筑与其石刻主题相符合,也带来质朴粗犷的乡野气息,同时也能遮掩一些因施工不精留下的瑕疵。建筑师通过在鹿野苑石刻博物馆中的低技术实验来寻求一种经济、易于实现又能满足建筑艺术表达的建筑策略。

建筑师马清运对石头房子情有独钟,借给父亲建造住宅的机会,他将对石头材料的理解淋漓尽致地体现在了父亲的住宅(玉山石柴,2003,图6-29)之中。蓝田玉山上数量众多的石头在雨水日积月累的冲刷之下有了圆润表面,形状多样、五彩斑斓,这为建筑师提供了实现其天马行空的想象的可能。依据这些石头的色彩、大小和形状,建筑师将它们排列起来,用最简单的贴面砖手法将其镶嵌在建筑的外院墙上。每当雨水冲刷外墙之后,这些原本存在于河水之中的小石头便会有不同程度的色泽变化,混合了时间元素的建筑材料带给建筑立面无限的可能性。混凝土框架也没有任何装饰,自然地呈现出材料粗犷的质感。整个建筑的外立面就像一幅有着混凝土边框的抽象艺术画,这些石头排列出变化万千的图案。这种简单的石材铺设出的变化既强调建筑中的功能分区,又暗含着阴阳的哲学思想,

图 6-28 鹿野苑石刻博物馆

图 6-29 父亲的宅——玉山石柴

反映了中国传统的价值观。

地方材料与地方技术为当代地域性建筑创作提供了既能节省能源、资金，又能改善建筑环境的方法。但是，有些曾经具有节约效果的处理方法如今已造成了人力和原材料的浪费，建筑师必须视当地、当时的具体情况调整技术组合方式，探索适宜技术。

建筑技术在变化发展中有自己的发展原则，其中一条就是必须"以人为本"。正如阿尔托所说："只有把技术功能主义的内涵加以扩展，使其甚至覆盖心理领域，它才有可能是正确的。这是实现建筑人性化的唯一途径。"

（四）乡土与现代结合

乡土建筑本身就是一种朴素的当代生态建筑，其特点是就地取材。乡土技术与现代技术的结合正成为世界各地的一种新风尚：尽量运用、采集、运输当地的材料作为建筑和营造环境的原料和装饰元素，包括充分利用当地的地理条件和气候因素完成建筑使用功能的打造，结合现代常用技术，减少资源的浪费，做到环保、节能、循环利用与可持续发展。

在中国攀西及滇西北地区，海拔高、日照足、气候干旱，民居中所体现出的地域性技术为当代建筑师所广泛应用。围合空间所使用的墙体，既体现空间设计的匠心独运，也代表着当地民居的建造方式和手工技术的当代适用性。所建立的各类适应性空间和建筑形态模式似在用无声的方言诉说着当地的文化。

1.外墙实多虚少

墙厚窗小适应高海拔干旱山区直射日光强烈而昼夜温差大的特点，可使室内保持相对稳定、适宜的温度。今天大量的多层建筑继承了外墙实多虚少的传统营造方式，符合建筑节能的要求。与大量使用人工空调的能耗相比，在墙体上加大投资就显得微不足道了。实多虚少的墙体也能够塑造出高日照地区建筑的独特的、质朴有力的艺术形象。

2.水院、绿荫院、风管

干热气候下利用空气热动力学原理蒸发制冷，形成了以水院和绿荫院为中心的自然空调系统。由热压力差形成的空气运动，将干热空气引入封闭庭院，其掠过水体和绿荫，使庭院和室内环境得到了良好的降温、加湿和净化效果，凉爽而适宜。

用风管收集空气，在改善多风少雨的高海拔干热山区的建筑环境方面也同样有效。风压使空气在风管、地下室（水池）、绿化庭院中流动，调节气温，创造舒适的微气候，并提高庭院户外活动的吸引力。

3.复合空间与空气间层

复合空间是另一种适应高海拔干旱山区、高强日照和昼夜温差大的营造方式，摩梭民居的墙体的密实性和保温隔热性差，所以产生了复合式的主房平面构成，有火塘的堂屋是主房的中心，堂屋被嵌套在中央，无论是南面的前室，还是东西两侧的卧房和厨房,抑或是北面的仓储室,都起到了空气间层的热工作用:白天阻止了强光和热辐射的进入,夜晚则对冷空气进行预热,减少内部热空气损失,增强了堂屋室内的热稳定性。

空气间层也被运用于干热地区彝族土掌房屋顶及楼层构造中,以适应凉山州山区的昼夜温差变化。

4.遮阳空间、集中空间

高强的日照造就了高海拔、高日照山区建筑在遮阳设计上的突出地位。摩梭民居主房入口前的大檐廊下的阴影空间成为一种灰空间,是户外活动的理想场所。中国西南地区的传统建筑十分明晰地体现出对阴影空间的追求,因此产生了滇西北"聚落"的高密度,即在良好组织通风的前提下,建筑相对集中,形成阴影下的街、巷、庭院等,以适宜进行户外活动。

以上传统建筑中面向地域自然和气候条件的营造,历经岁月的锤炼而形成地域性技术,并升华成为建筑文化的构成部分,是地域建筑学的精髓,这是一种质朴、广义的生态设计。其中所体现出的"因地制宜、就地取材"的原则以及采用生态设计手段创造环境微气候的思想,仍是照耀今日营造的不朽光辉[1]。

在印度,即便建筑技术材料具有极大的局限性,钢材昂贵,木材缺乏,但建筑师依旧能够发掘出当地材料的潜能。许多构件是建筑师以混凝土和当地的石头或砖为原料,用很简陋的工具现场制作完成的。在合理的建造方式下,具有地方特色的建筑被创造出来。

即便因劳动力素质及生活环境因素产生了手工建造较粗糙等问题,但这种低技术不失为一种适宜当地经济条件的建造方式。建筑师在设计中也尽量考虑了施工条件。贾殷在设计甘地发展研究学院时,为了减小爬坡游廊的施工误差,将长廊分成若干段,用台阶相连。里瓦尔设计的国立公共财经学院(图6-30)外墙饰面使用当地砂岩石板,虽然这种材料非常便宜,但用来对其进行固定的金属钉却很贵。为此,他自行设计了一种带圆头的"钉"。在阳光的照射下,钉子闪闪发亮,创造出动人的艺术效果。

图6-30 国立公共财经学院

画家、雕塑家兼建筑师古杰拉尔(Satish Gujral)设计的新德里比利时大使馆

---

① 毛刚,段敬阳.结合气候的设计思路[J].世界建筑,1998(1):3-5.

(图6-31),用红砖墙和拱券创造出一种可与之交流的"雕塑语言"。这个造型使人联想起集中式墓穴或台阶式庙宇的形象。古杰拉尔的拥戴者赞叹其摆脱了现代主义过于苛刻的束缚(尽管他从康处学到了很多)。反对者则称其为"舞台式的东方情调"[①]。

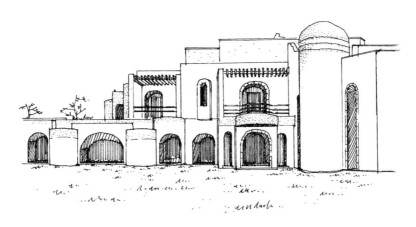

图 6-31 新德里比利时大使馆

　　地方技术的应用为现代地域性建筑注入了新的活力。埃及建筑师哈桑·法赛创造性地发掘地方技术的做法对西亚诸国甚至整个亚洲均产生了深远的影响。他长期致力于研究对传统民族风格和地方土著技术的应用,通过向传统的阿拉伯建筑模式和埃及的装饰艺术学习,将这些元素和空间类型巧妙地融合到自己的建筑创作中去。虽然科技的进步带来的新技术在建筑业中得到了发展,但它同时也导致了传统技术的日渐消失,许多地区也无力采用新技术。有鉴于此,哈桑·法赛重新探索地方建造方式之根源。他提倡在建筑中运用传统的自建技术,以满足实际中大量建造的需要。创新的土坯砖穹隆结构体系就是基于埃及民间传统技术完成的。除提高它的适应性外,建筑师将它引入了一种高度的、新的建筑艺术境界,即提升文化在建筑表现中的作用。

　　一般情况下,为穷人设计的房屋仅仅只为满足最基本的功能要求,这种基于人道主义的救助,往往对美观、艺术性忽略不顾。但对于建筑师哈桑·法赛来说,即使是用粗陋的泥土做成拱或穹隆,也要使之体现艺术的魅力。评论认为,哈桑·法赛"在东方与西方、高技术与低技术、贫与富、朴质与精巧、城市与乡村、过去与现在之间架起了非凡的桥梁。他的作品是对乡土文化的贡献,也是对20世纪建筑的宝贵贡献"。可以说,其作品是针对发展中国家的经济现状和广大居民的实际需要,通过挖掘传统的建造技术,并赋予其特定的文化内涵,使之上升到建筑艺术的高度,成为极富地域特征的建筑实例,为亚洲建筑师的创作提供了优秀的参考。

① 毛刚,段敬阳.结合气候的设计思路 [J].世界建筑,1998(1):3-5.

在刘家琨的犀苑休闲营地(1996,图6-32)项目中,整个建筑群采用廉价易建的砖混结构,使用的材料有当地的红砖、灰砖和鹅卵石等。建筑选择的石、木、铁等材料的做法均为粗作工法,对技术没有特别高的要求,解决了不发达地区的技术通病。当地材料和施工方式的延续,不仅使建筑与环境很好地融合,同时也使地域传统文脉得以延续。汶川大地震发生后,建筑师为震后改造做了大量工作。在再生砖项目中,刘家琨将汶川震后废墟中未经筛选清洗的断砖碎瓦作为骨料,打碎后直接使用,将这种建渣与适合的秸秆混合配比制成或再生砖。这种砖就地取材,加工工艺简单,不仅很好地利用了建筑废料,也很好地满足了震后重建的需要。

图 6-32 犀苑休闲营地

二、现代技术与地域性建筑的发展

亚洲各国各地区的经济发展不平衡,科学技术发展存在很大的差距,现代技术结合传统技术发展出更适宜当代建筑的实际操作方式,也为现代建筑的打造提供了更多的选择。采用何种技术手段,其依据的更多的是各国各地区具体的经济和技术发展水平。技术本无高低贵贱之分,适合本国本地区发展的,才最符合现代建筑的健康发展方向。反之,若片面追求技术表达,滥用高技术,甚至只看重技术体现,反而会为建筑带来诸多矛盾和困境,阻碍人居环境持续发展。

(一)张拉膜结构的生命力

在西亚地区有着一种最为古老而且最为适用的建筑体系,即帐篷建筑(tent architecture),它早在伊斯兰教形成之前就已经存在了。这种结构能够很好地适应当地的干热气候。纵观历史,帐篷是人类最为重要的建筑形式之一,曾存在于世界的许多地方,是对沙漠地区受生态因素限制的一种适应性应对。它和菲律宾巢居、西双版纳干栏住宅以及中国西北地区的黄土窑洞一起,展示着生态气候建筑的强大生命力。

西亚的传统帐篷结构能够适应气候并创造舒适的建筑空间。其柔软且容易支立、拆卸,既可通风又可遮阳,便于迁移的轻便性及其经济性,使得帐篷结构在当地曾被广泛使用。然而,在西方文明的影响下,这种结构曾一度被遗忘,或只是偶尔被用在临时建筑之中,例如马戏团的帐篷顶。

在当代建筑中,为了满足对经济性、灵活性和多种使用目的等的新需求,一种张拉膜建筑形式被运用。这种轻型结构体系因为能够满足现代建筑对大跨度、大空间的需求,而备受建筑师青睐。这种来源于古老帐篷的现代建筑形式,使得传统建筑形式焕发出新的生机。

张拉膜结构满足"最小面积"理论,即在闭合的框内用最小覆盖面积形成一个马鞍形弯曲形体,此时帐篷膜在所有方向的受力均等。这种形式遵从自身受力规律,并不以设计者的意志为转移。形式和结构在此形成了一个不可分的整体,共存于同一形体中。

在满足气候、结构和经济等方面的条件的同时,帐篷建筑也获得了颇佳的艺术效果。浅色柔软的纺织品质地的帐篷,不仅可以反射强烈的太阳光,同时与坚硬粗糙的深色砂石墙体形成鲜明的对比。在干热的沙漠中,它们宛若一朵朵盛开的喇叭花,是沙漠中的"绿洲"。作为伊斯兰文化具有代表性的现代表达形式之一,帐篷建筑有着强大的生命力。

在西亚地区,随着城市化进程的加快,帐篷建筑也从最初的简单住宅向更多类型的建筑发展,例如办公楼、机场和体育馆等。这些改变都是为了适应现代生活对建筑功能的新需求而产生的。此外,外来建筑师进入西亚建筑市场后,更是加快了这种传统建筑形式的更新和完善。

自从德国建筑师弗赖·奥托使张拉膜建筑在阿拉伯世界复活之后,大量优秀的帐篷建筑诞生在西亚地区,包括沙特阿拉伯麦加的奥托会议中心及饭店(Otto's Conference Center and Hotel,图6-33)、吉达皇家阿卜杜勒·阿齐兹大学体育会堂(King Abdul Aziz Sports Hall)、麦加附近的穆那朝圣者住宿地(Pilgrims' Accommodations)以及科威特体育中心(Kuwait Sports Center)等。

图 6-33 沙特阿拉伯麦加的奥托会议中心及饭店

奥托会议中心及饭店建筑群,是将现代技术和功能形式结合在一起的一次尝试,在直接而简化的风格中,铝板饰面强调了会议中心的机械美。悬挂于金属桅杆上的帐篷状的屋顶体现着伊斯兰文化的文脉。

利雅得土维克宫的设计灵感来自沙特的沙漠气候和自然环境。"缠绕的、堡垒状的外墙,清晰点明建筑的主题,并可以保护项目中心的人造绿洲。朴素的砖-黏土外墙,被几个小洞穿透,有点像传统的伊斯兰建筑结构。大的张拉膜结构向外伸出,使人联想到游牧者的帐篷,体现沙特当地特色。"[①]建筑融合了轻与重、花园与沙漠、现代与传统、开放与稳固等对照的理念。

富有想象力的叙利亚拉塔吉亚体育中心(Sports Center in Latakia,1987,图6-34)是体育建筑中的杰作。在这里,张拉膜旧有的传统功能被赋予了现代形式。在吉达皇家阿卜杜勒·阿齐兹国际机场中,张拉膜建筑不仅表述着西亚传统的建筑语言,也契合着建筑的机场功能,在视觉上建筑形式轻巧灵动。

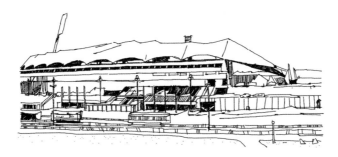

图 6-34 叙利亚拉塔吉亚体育中心

2010年开放的"沙特尔可汗"(Khan Shatyr)大帐篷(图6-35)由总部设在英国伦敦的福斯特建筑设计事务所(Foster Partners)设计。"沙特尔可汗"大帐篷位于哈萨克斯坦国家石油和天然气公司阿斯塔纳总部的拱道中央、阿斯塔纳城区中轴

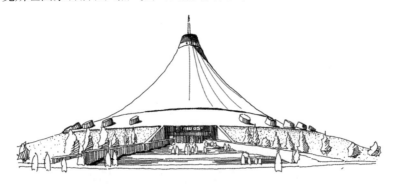

图 6-35 "沙特尔可汗"大帐篷

① DAVIDSON C C. Legacies for the future: contemporary architecture in Islamic societies[M]. London: Thames & Hudson,1998: 16.

线的人行道的终点,另一端则是被称为"和平与复和之殿"的金字塔状文化研究
中心帐篷。"沙特尔可汗"大帐篷用时三年半建成,内部建有人造沙滩、瀑布、一座
迷你高尔夫球场和植物园。据说这是世界上最大的帐篷,更准确地说,这应该是
世界上最大的张力结构。一条高约150米、重2 000吨的三脚桅矗立在"沙特尔可
汗"大帐篷中央,支撑起巨大的钢索网和三层透明塑料,这三层塑料在引入阳光的
同时,还能保持内部的温度。如今,"沙特尔可汗"大帐篷已成为这座城市新的地
标式建筑。

（二）适应现代功能的尖塔

传统伊斯兰清真寺中的尖塔(宣礼塔)控制着整个建筑组团,也控制着整个城
市的轮廓线。修长的外形和优美的装饰纹样,是对伊斯兰文化最好的表达。作为
宗教建筑,它是对穆斯林的心灵呼唤。

伴随着科学技术的发展和交流,一些尖端科技也落户西亚。大量传统文化未
曾接触过的产业例如计算机和信息产业,在进入这块土地的时候,也在寻求着与
建筑形式的结合。同时,一些长期困扰着阿拉伯国家的问题,例如水源问题,在现
代科技为其提供了技术和物质基础之后,也纷纷有了现代的解决方式和相应的建
筑表达。新功能的出现和对单一建筑复合功能的需求,使得传统清真寺尖塔被赋
予了新的功能和内涵。

现代的水塔和电视塔也是对伊斯兰文化的现代表达。它们有着伊斯兰教寺
院尖塔的外貌或神韵,并且容纳着现代功能。其中最为突出的实例即是沙特阿拉
伯利雅得水塔(Water Tower, Riyadh, Saudi Arabia, 1971,图6-36)、科威特塔(Kuwait
Tower, 1977,图6-37)、吉达水塔(Water Tower, Jeddah, 1977)和利雅得电视中心
(Television Center, Riyadh, Saudi Arabia, 1983,图6-38)。

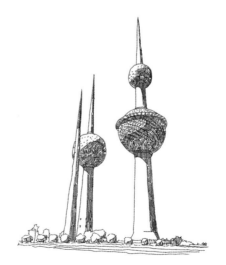

图 6-36 沙特阿拉伯利雅得水塔　　　　　　　　　　图 6-37 科威特塔

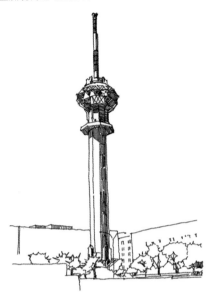

图 6-38 利雅得电视中心

西亚地区缺水少雨,水资源具有重要的战略意义,是中东和平进程的主要障碍之一。水作为沙漠人口的生命之源,在西亚地区一直扮演着最为重要的角色,因此相应地成为建筑的表达主题。由瑞典工程师撒尼·林达斯塔维姆(Sune Lindstrvem)和丹麦工程师马里·比琼(Malene Bjoen)设计的各式各样的水塔是现代科技在西亚城市更新中应用最成功的典范。

利雅得水塔以现代科技为支撑,被设计成蘑菇形状,除了作为水源储备装置外,还可以为行人提供阴凉,被誉为"开敞的大厅"。水塔采用了一种模式系统,可以用标准的支架建造并重复使用。这种做法的经济与高效已经得到证实。水塔的外表面被施以大面积的几何图案,计算机技术被应用于对施工的精确控制之中。

科威特塔继承了利雅得工程的实践经验,是阿拉伯国家的水塔中最成功的一例。自从1977年竣工以来,它已经成为科威特城的显著标志。它将供水的功能与附加的休闲功能以一种理想的方式结合为一体。水塔位于港口最显著的位置。第一个塔高180米,有两个球体。第二个塔高140米,带有一个球体。第三个塔高100米,仅仅起到照亮另外两个塔的作用。最高的塔包含了一个位于低处的4 500立方米的球状水容器,水高于地面75米,满足了科威特中心地区的用水需求。在它之上的第二层,是餐馆和室内花园。最高塔的上部球体,包括一个观景平台和一个旋转咖啡厅,在这里可以看到整个城市和波斯湾的优美景色。餐馆、咖啡屋、室内花园丰富了这些塔的外形。大塔的两个球体和小塔的球体的外表面都覆盖了可反射辐射热的薄片,这些薄片集中在铝制空间网架的侧面。从远处看,带有颜色的材料不仅具有装饰性,而且与海湾中水的颜色和传统阿拉伯建筑的玻璃贴片具有相似的效果。

　　这些水塔的设计和建造受益于科技的力量。与人类习性相协调的高科技工程设计和环境规划消除了对环境产生的消极影响。"水,是沙漠中生存的希望,建筑师将生命对水的需求与渴望全部凝结在一个雕塑之中,也将古老传统和时代特征联结。这建立在现代科技文明的基础上,而非限定于某种机械的解决方式。"①

　　利雅得电视中心是城市的另一个亮点。传统清真寺的宗教联络内容由电子通信内容取代。建筑的内部空间包括四个演播室,一个电影播放室,一个可容纳850人的剧场,一个外形同清真寺相似的餐厅(建筑材料使用混凝土和玻璃)以及其他附属功能房间。塔高175米,在灯光下,这座塔为城市带来了现代气息。

三、高技术向地域性建筑语言转化

　　若孤立地看待高技术和低技术,会将建筑营造的实现方式引向片面,这与现代建筑发展的辩证思维对立。低技术与高技术看似相对,但在使用上,二者拥有共同的目的,即更合理地实现建筑营造。这只是一种方式的选择。若只单纯地追求高技术或低技术,则会束缚设计手法,反而限制了现代建筑的多样化发展。同时,二者也可以相辅相成,相互借鉴,相互结合,使低技术应时应势地补充完善自我,使高技术能够逐渐渗入各地建设。地域的发展应该和区域的相关潜能相适应,适当、合理地使用自然资源,这对以创新和吸收的态度正确理解技术风格、尊重自然生态系统和当地社会文化传统大有裨益。

(一)当代地域性建筑中的高技术成分

　　物质技术水平的提升推动了建筑的发展。新材料、新结构、新工艺、新设备、新设计方法、新施工方法等都为建筑的创新提供了无限的可能性。先进技术的发展以极快的速度促进全球范围的进步。20世纪90年代以来,大跨度建筑、高层建筑、生态建筑、智能建筑等类型的逐渐发展,打破了建筑发展的技术局限,拓宽了现代建筑发展的方向,更培育出信息时代的技术美学观念。通过引入并使用计算机技术,在亚洲经济快速增长的背景下,高技术更科学地指导着建筑结构、形态的发展,最高效地利用现有资源,使用适当工艺实现建筑师的地域性创作。

　　同时,这也体现出建筑创作由单纯的"机器美学"向"后高技"美学的过渡。一方面,建筑创作继续吸收各种先进科技,在建筑中体现"技术美"的魅力;另一方面,在建筑能耗、建筑与环境的关系及建筑的表情等方面向相关学科和其他建筑流派学习,日益完善自身体系,从而创造"后高技"建筑。现在,随着信息技术的飞速发展,新技术在建筑中的应用呈现出新的变化。建筑物上开始装备各种电神经系统,如网络连线、隐藏在墙壁中的电缆以及各种信息设备,这些变化可能带来了一场更加剧烈的建筑革命(表6-1)。

---

① KULTERMANN U. Contemporary architecture in the Arab States: renaissance of a region[M].New York: McGraw-Hill Professional, 1999: 177.

表6-1 技术审美的阶段特征比较

特征	早期高技建筑	后高技建筑	信息智能建筑
空间体验	实体空间	实体空间	实体与虚拟空间
生态观	忽视生态	物质环境的可持续发展	物质-信息平衡利用
外界反应	对外界无应变	人为控制产生应变	自主应变、调试
技术重心	结构体系	设备系统	网络、通信多媒体系统
造价	昂贵	注意经济性	力图开发信息经济效能
信息利用	被动接收外界信息	单向响应外界信息	互动传输信息
应用技术	机械技术、空调、升降机	电子通信技术、生态技术、再循环和资源替代技术、环保技术	网络技术、通信多媒体技术、虚拟现实技术

(二)高技术与地域文化的结合

1.建筑技术的变革

不断更新的施工手段和性能更优的建筑材料,成为新建筑形式坚实的物质基础。此外,由于高技术能更好地满足现代建筑设计对变异、求新的需求而广受欢迎。计算机产业和信息产业最能代表当代新技术,对建筑技术的发展起到更大的推动作用。计算机技术的诞生使得建筑更能够实现不间断的发展。"科学技术的发展,使建筑空间的跨度、高度、空间品质有了更大的自由度;电脑与网络技术的发展,将改变人们的空间观念及空间使用方式。"①计算机对建筑形体的高分析能力,对建筑施工的高效控制能力以及对新材料的开发能力,在20世纪的最后十几年中发挥得淋漓尽致,表现出现代技术的强大创造力。研究和应用多功能、高效能的墙体材料,进一步开拓新型混凝土技术,研究性能优良的复合材料,研究仿生材料及智能型材料,开发利用绿色材料和发展替代技术,为建筑创新提供了诸多契机。

随着信息技术的发展,建筑技术与信息技术日益结合。信息技术被用来控制在变化的气候环境条件下的建筑环境特征,预示着机器和自然的一种新的关系的产生。智能建筑的出现,以它先进的楼宇自动化系统、通信自动化系统、办公自动化系统、业务管理自动化系统、报警自动化系统,为人们提供了一个高效舒适的建筑环境。

和世界其他地区一样,高技术的应用同样给西亚地区的建筑带来了现代气息。新材料和新结构的发展促进建筑以更多元的形式呈现,充分体现现代建筑发展的强大创新力和日益新颖的审美趋势。而计算机和信息技术的使用也极大地

---

① 国际建筑师协会第20届世界建筑师大会.面向二十一世纪的建筑学:北京宪章 分题报告部分论文 [M].北京:北京百花文艺出版社,1999:29.

提高了建筑师的创作能力。

　　阿联酋阿布扎比的鱼肉蔬菜市场(Meat, Fish, and Vegetable Market, 1992, 图6-39)利用现代材料钢筋混凝土的高强性能,模仿当地传统建筑形式,创造出一种全新的、轻盈的拱券组合形式,这是传统技术和材料从未实现过的建筑创新。

图 6-39 阿联酋阿布扎比的鱼肉蔬菜市场

　　科威特国家博物馆(Kuwait National Museum, 1983, 图6-40)由建筑师米歇尔·埃科查德(Michel Ecochard)设计建造,是完美使用现代结构形式的典范。建筑围绕开放的天井花园展开,其上部的空间网架结构将周边的四座配楼联系在一起。

图 6-40 科威特国家博物馆

　　约旦为解决居住问题提出"高效模式的居住土地规划"(Residential Land Planning Using Optimization Models)方案,这也充分体现对信息技术和计算机技术的应用。这个方案以非线性方法分析解决土地规划的问题,借助中央和个人计算机对信息的集中处理方式,使用焦点搜索法(Focus Search Method)对数据进行分析,顺利解决研究中出现的随机问题。

　　李兴钢团队在设计作品山东威海Hiland·名座(2006,第三届中国威海国际建筑设计大奖赛优秀奖,图6-41)时,为了使建筑融入当地的气候环境,将当地的风力作为设计的重要考虑因素。建筑采用自然通风方式并结合低技术的使用,利用气压差与对流的原理,结合当地夏季、冬季的主导风向,在建筑内部设置风径,在

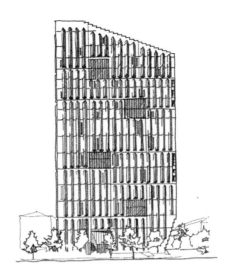

图 6-41 山东威海 Hiland·名座

夏季引入舒适的风,并避开冬季风的不利影响,改善建筑内部的小气候。建筑在CFD(computational fluid dynamics,计算流体动力学)计算机模拟系统的辅助下,验证了建筑内部风、湿、热等物理指标,保证了建筑使用的舒适度。建筑围绕风径进行空间的组织,实现了建筑被动式节能的生态目的。建筑从气候的角度,借助计算机的辅助,实现了建筑深层的地域化转型。

2.建筑审美的改变

科学技术的发展促进了建筑技术的发展。建筑技术的交流促进东西方美学、哲学观念的相互影响。东方在古建筑技术上的发掘,深化了东方建筑哲学、美学对世界的影响。技术是适应生产的物质基础和手段。技术的表现力主要来自建筑创作、哲学和正确对待技术的美学观念[①]。美学的变革也正是在高新科技的不断进步中产生的。

法国建筑师让·努维尔(Jean Nouvel,2008年普利兹克建筑奖)一直在探索对现代技术和材料的运用,创造具有特殊含义的空间和场所。他认为技术是20世纪的重点之一,但是,技术也隐藏在建筑之中,突出建筑的艺术性。其作品阿拉伯世界研究中心(Institute of Modern Arab,1987,1990年阿卡·汗建筑奖,图6-42),就是用高科技的美学观来表达伊斯兰建筑的魅力的最好实例。虽然它并未建在西亚地区,但却用令人陶醉的优雅向人们展示了伊斯兰建筑的另一种发展方向。在这座建筑中,努维尔将代表阿拉伯古老文化的要素与现代建筑技术成功地结合。在外部立面上,上百个基本单元的金属方格窗被称为照相感光的窗格(photo-sensitive panel);阿拉伯文化中常用的几何图案的使用,引发人们对伊斯兰文化的联想。在建筑的内部空间,他用框架和滤光器处理光线,同时配合利用类似相机光圈的易

① 国际建筑师协会第20届世界建筑师大会.面向二十一世纪的建筑学:北京宪章 分题报告部分论文[M].北京:北京百花文艺出版社,1999:29.

图 6-42 阿拉伯世界研究中心

变控光装置,成功地创造出了一个充满阿拉伯风情的建筑光影空间。他不仅设计了可通过计算机控制的形似传统阿拉伯图案的遮阳系统,而且把清真寺宣礼塔的主题融入建筑内部,使这座带有浓厚"高技派"色彩的建筑能够引发人们对历史和文化的联想。

技术发展所建立的新审美规则不同于后现代主义生硬的拼贴,亦非流行的国际主义风格,而是将建筑设计成一个精密的科学产品,将阿拉伯文化符号巧妙地融入建筑语境中,在建筑的外部和内部都形成深具文化感染力的空间氛围。但在高技术带来福音的同时,高科技产生的负面影响(如温室效应、光污染等问题)也不容忽视。因此,必须尽可能避免高科技的负面效应。科学技术成果虽然促进了各地区建筑的发展,但是也加速了建筑风格的融合与趋同。地域性在此过程中被严重削弱甚至破坏。因此,需辩证地看待科技的价值与影响。"没有别的词比'技术'一词更能体现社会情况和相互关系。现实中存在着不同的技术和对这些技术的不同看法,其中一些技术维系着人类和自然之间的平衡,而其他一些却不可避免地使自然和社会环境遭到破坏。人类不应放弃全部先进技术,而应实实在在地沿着生态原则进一步探求发展的技术,这将有利于自然世界的发展,也有利于构建一种新的社会和谐。"①

皮亚诺的作品吉思·玛丽·吉巴欧文化中心对高技术的运用有着很好的诠释。努美阿是新卡里多尼亚的首府城市,市政当局决定将一个美丽的半岛作为文化中心的基地。这个半岛的南端浸没在湛蓝的太平洋中。筹备初期,人们曾用诺弗克岛松取代了当地的灌木。这种漂亮而笔挺的松树令西南太平洋岛的天际线

① ABEL C. Architecture & identity: responses to cultural and technological change[M]. Oxford: Architectural Press, 2000: 203.

更加清晰而多姿,为文化中心的建立打下了良好的自然基础。

皮亚诺在构思之初,曾被岛国海天的关系、生态系统和反映当地文化的神话深深打动,从而建立起一套岛屿文化模式的人类学框架。而这也成为其设计的切入点,成为其表达地方精神的地景和联系历史与现代、地方与世界的桥梁。他从当地的棚屋中得到启发,进而提炼出其中的精华所在——木肋结构。当地棚屋的木肋是用棕榈树苗制成的,上面加有覆层,而文化中心的每一根弯曲的木肋都与一个竖向结构相连。这些竖向结构同时作为围合空间的周边结构。木肋之间用不锈钢构件在水平和对角线方向加以联结,不锈钢与木材连接得非常紧密。木肋高挑着向上收束,其造型与原始棚屋有着异曲同工之妙。10个抽象的棚屋高低不等地沿着半岛微曲的轴线一字排开,形成具有不同机能的3个村落。在这些村落中,绿色的庭院不时渗透到建筑物内部。

正如皮亚诺之前的作品一样,技术处理在设计中占据了重要位置。基于岛屿炎热的气候特点,文化中心采用被动制冷系统。这套系统曾在计算机上多次模拟并进行过风洞实验。开放性的外壳将来自海上的风传递到室内,通过天窗百叶的开合对气流进行机械控制,从而改善室内的风环境。木肋之间的水平构件还有助于减弱高处风力对建筑物的影响。

弯曲的木肋具有强烈的象征意义。由于技术处理的要求,棚屋最终的形象同皮亚诺在竞标时所畅想的略有不同。"我决定在'我的'棚屋与降低高度、增强空间开放性之间达成调和……结果木肋不再像最初设想的那样交会于顶部",但皮亚诺的这一妥恰恰使得文化中心引起了更大的反响。风,穿越了开放性外壳的木肋,赋予棚屋以语言,这正是卡纳克村落和森林的独特表达。

文化中心得到人们特别是当地居民的认可。它仿佛在替他们向世界宣布:"我们既不是史前的逃逸者,也不是考古学的残留物,而是有血有肉的人。"文化中心使用来自世界各地的现代材料建造而成,最终表达的仍是传统文化。皮亚诺善于融合各地特色,从这个意义上讲,文化中心的确将新卡里多尼亚与世界、历史,与现代紧密地联系起来。正如皮亚诺所说的:"建筑真正意义的广泛性应通过寻根、通过感激历史恩泽、尊重地方文化而获得。"[①]

马来西亚吉隆坡石油双塔的造型借鉴了伊斯兰光塔的曲线外形,不仅表现出标新立异与地域风情的完美结合,更反映出高新技术在塑造建筑形象时的巨大潜力和创造力。建筑师西萨·佩里在谈到设计构思时说:"我们试图回应马来西亚的热带气候,占重要地位的伊斯兰文化,以及我们可以在传统的马来西亚建筑和物体中发现的形式和图案。"马来西亚吉隆坡八打灵再也的UEM学院(2007,图6-43)具有能够满足当前和未来功能需求的灵活性和适应性,意欲创造一种能够共同发挥作用的美学上的异质形式。建筑师采用了一种有趣的手法将现存预制混凝土建筑转化成一座容纳有大礼堂、接待中心、训练中心、办公空间以及工业化

① 马笑渐. 海天之恋: TJIBAOU 文化中心, 新卡里多尼亚 [J]. 世界建筑, 1999 (3): 3-5.

图 6-43 马来西亚吉隆坡八打灵再也的 UEM 学院

建造系统(industrial building system，IBS)展示空间的综合性建筑。新建部分通过预制混凝土、轻质混凝土、玻璃、热轧冷弯型钢以及其他构件与现状建筑交织在一起。整体设计以"壳与插件"的概念为基础，原用以容纳工作室、商店、办公室和卫生间的两个长方形作为"壳"的基础，在改造过程中仅保留预制混凝土柱、梁以及楼板。新的功能作为"插件"被纳入由不同材料包裹下的钢筋结构所构成的各种形状的"囊"中。"囊"中容纳的各种功能在原有的"壳"结构的内与外、水平与垂直等各方向展开，构成了灵活多变的无定型空隙。由钢筋和玻璃构成的新表皮则将一切包裹在一起。这座建筑在具有穹拱形的混凝土壳、鲜明的现代建筑特征下采用了具有当代性的"囊"结构，通过对原有建筑的再利用得到了一个新的建筑整体[1]。

　　北京市建筑设计研究院建筑师邵韦平在设计作品北京凤凰国际传媒中心(2012，图6-44)时，将绿色节能设计和建筑的美学表现自然结合起来。这一作品在建筑形式上充满创意，通过计算机技术完成计算，同时针对建筑自身条件量体裁衣地采用了一系列适宜的绿色节能技术，在确保建筑创新性的同时，满足了低碳与节能的新要求。建筑优美光滑的外立面未设一根雨水管，所有表皮承接的雨水会顺着外表的主肋被导向建筑底部连续的雨水收集池，经过集中过滤处理后供艺术水景营造及庭院浇灌所用。建筑柔和而富有表现力的外壳，除了自身的美学价值之外，也有缓和北京冬季强烈的街道风的作用。建筑外壳同时又是一件"绿色外衣"，它为功能空间提供了气候缓冲区。建筑的双层外皮很好地提高了功能区的舒适度，降低了建筑能耗。共享空间利用30米高差产生的下大上小的烟囱效应，在过渡季中，可以形成良好的自然气流，节省能耗。设计利用数字技术对外壳和实体功能空间进行准确定位，使二者的空间关系精确吻合，减少了空间与材料的浪费。北京凤凰国际传媒中心的设计没有仅仅停留在概念上，而是基于现代建筑标准开展了全面的技术与美学设计刻画，构建了具有独创性的几何形态、结构体系和表皮肌理，从而得到了独一无二的完美的建筑效果，产生了广泛的社会

───────────────

① 李璠.UEM 学院，八打灵再也，吉隆坡，马来西亚 [J]. 世界建筑，2011（11）：76-79.

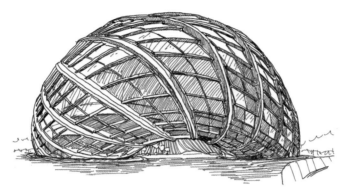

图 6-44 北京凤凰国际传媒中心

影响[1]。

四、适宜技术与中间技术的美好前景

(一)适宜技术与中间技术

不同地区的客观建筑条件不同,技术发展不平衡,技术文化背景存在差异,因此低技术和高技术必须共同发挥作用,根据实际情况,以"适宜技术"体现不同的地域特色。

"适宜技术的观念更多来源于对千变万化的社会的审视,和对自我依赖的住宅和社区的观察,也来自技术本身。……适宜技术挑战着业已存在的事物的秩序,特别是中央集权政府、社会事业机构和工业化的价值观。"[2]技术选择,同样体现当地文化,这也是地域展现的重要方面。高技术自低技术发展而来,除经济上的区别之外,二者对实施环境的要求也不同。相较来说,高技术的实施需要更严苛的环境,而低技术也会因一些无效的操作产生更大的偏差。

英籍德国著名经济学家舒马赫(E. F. Schumacher)在1961年参观完印度之后提出了"中间技术"(intermediate technology)的概念,以发展适合小范围乡村生活的技术。其典型特征是:低资金投入;使用当地随处可得的材料;劳动力密集型;小规模,容易被低教育程度的人们接受;使用分散的可重新利用的资源(例如风能、太阳能等);能够适应变化的环境,并继续使用。这种技术因更具灵活性,而被更多人群接受。尤其是在亚洲多个发展中国家,中间技术发挥着极大的作用,解决了当地贫困人口的居住问题,还解决了快速城市化带来的环境恶化问题。

(二)契合地域的适宜技术

建筑材料的简单堆砌和死板结合从来都无法创造建筑精品,建筑精品还应蕴含着时间的痕迹和生活的方式。美观实用是建筑设计向前发展的不竭动力。契

---

① 邵韦平. 凤凰国际传媒中心建筑创作及技术美学表现 [J]. 世界建筑, 2012 (11): 84-93.
② ABEL C. Architecture & identity: responses to cultural and technological change[M]. Oxford: Architectural Press, 2000: 203.

合地域的技术实现是各类建筑得以发展的共同特征,地域性设计思想的互融与植入从根源上保证了建筑的适宜性,更保证了建筑在过去与未来一直存在,不被时代发展所淘汰。

新加坡建筑师郑庆顺的作品新加坡技术教育学院(1993,图6-45)是运用高技术语言来探索适应热带气候、表达地域特征的典型例子。建筑在外形上运用大跨度的钢和混凝土结构充分表达了技术的先进性。建筑由两座长250米,以170米的内径略微弯曲并平行向前延伸的曲线形体组成,它们被一条18米宽的绿化带隔开,二者之间以几座钢架桥相连。然而,建筑师并非仅仅追求高技术的运用,在此他更关注的是对建筑地域特性的表达,即如何体现和回应热带特有的气候特征。建筑师一改往日用平面、立面、虚实等构筑建筑的做法,而是强调用线、网和阴影等建筑语汇来创作适应热带气候的建筑。在此,巨大而密实的曲线形屋顶出挑很深,有效地避免了烈日和暴雨的侵袭。而与大屋顶形成鲜明对比的是其下开敞通透的建筑立面,这种处理为建筑引入了良好的自然通风。在这座建筑中,建筑师运用先进技术针对特定地域进行了一次颇富诗意的阐述。

图 6-45 新加坡技术教育学院

作为一种新兴的建筑,在现代理念及技术的影响之下,现代地域性建筑又发展出更多新的特点。

1.绿色技术与现代地域性建筑

绿色技术是受环境价值观影响而产生的一类科学技术,即指在发展和提高生产效率或优化产品效果的同时,能够提高资源和能源的利用率,减轻污染负荷,改善环境质量的技术。绿色技术作为绿色建筑技术的核心,其本质要求就是要在提高生产率的同时,关注能源资源利用率的提升,从而改善环境污染的问题。通过尽量使用环保的材料和更节能的做法,例如,直接利用地方技术装置,将太阳能、风能转化为人们生活的动力能,间接利用生物能循环,减少装饰,减少视觉污染,使建筑更加贴近自然。多维度促进绿化覆盖率,不仅在平面上,同时也向立体方向发展,如屋顶绿化、墙体绿化等,让它们共同调节室内外气候,实现建筑的低碳运行。

苏州生物纳米科技园管理中心(2009,图6-46)的设计目标是打造一个生态节能的科技园区管理中心,维思平建筑设计事务所在这个园区管理中心的设计中通过大量低技术和地方材料的使用来体现其绿色环保概念。办公建筑中间是一个通透的条状广场,上面覆盖着铝镁合金穿孔板。在遮阳板的支架上可以栽种爬墙虎等攀爬植物。这种材料价格便宜,材质轻便,又有良好的透光性和通风性。技术简单易行,材料十分常见,适合大范围推广使用①。

图 6-46 苏州生物纳米科技管理园中心

2.节能意识与现代地域性建筑

传统建筑能够源源不断地为当代建筑节能提供值得借鉴的方法,尤其在技术方面,其对更合理地利用资源、实现能源节约具有现实意义。处于炎热地区的人们发展出各类传统民居,以实现自然通风。多样的传统建筑防热技术,体现着千百年来人类适应自然、与自然共处的智慧。湿热地区的传统民居的外表常表现为:建筑的窗户开阔,墙体轻便,挑檐很深;较高的建筑顶棚设置有通风口,引入凉风;建筑往往被架空,以避开地面的潮气和热气,在地面提供更多的荫蔽。这些做法隐藏着劳动人民利用自然通风技术的朴素观念。人类在长期的发展过程中,以调节室内环境的原始手段获得舒适的室内通风环境。即便今日空调技术得以普及,但为节约能源、保持良好的室内空气品质,当代建筑师与科学家都无法忽视实现自然通风的传统技术,并将类似的生态技术重新引回现代建筑中。

北京百度大厦(2009,图6-47)是以低碳、节能、节地为指导原则而创建的。项目用地南北狭长,但设计努力通过良好布局,尽量增大南北朝向的建筑体;大厦以小进深(12~15米)、双面采光、线型板式建筑为主体,围合出的多重内院花园呈"目"字形布局,"目"字形与百度搜索的意象相吻合,这种布局较好体现出企业文化(搜索框)、地域文化(北京四合院)、现代人文精神(花园式办公)以及节能理想

---

① 吴钢,姚力.巨型花架:苏州生物纳米科技园管理中心 [J].建筑创作,2010(3):142-147.

图 6-47 北京百度大厦

（春秋季可自然通风而节能，自然采光让大量办公区可不用人工照明而节电）等多方面的整体化结合①。

早在1987年，世界环境与发展委员会提出了"可持续发展"的定义。时至今日，各类节能建筑已发挥出其应有的作用，逐步改善建筑环境，且仍存在极大的潜力和价值，有效减少建筑能耗，减少二氧化碳排放量。世界各地都出台了相关政策、政府计划以强制方式来刺激市场建造（净）零能耗建筑，如欧盟的《建筑物能源性能指令》（Energy Performance of Buildings Directive，EPBD）等。（表6-2）

政策的指导，已成功的建筑探索，都将成为实现（净）零能耗建筑营造的良好开端。一系列举措，将真实地为建筑使用者创造更加舒适的室内微气候，并实际减少建筑运营成本。同时，这也将为未来建筑本身有能力抵御极端气候、实现建筑室内微气候自循环提供更多可能性，这就决定了其存在的长期性。能够确定的是，未来节能技术将愈发先进，节能系统也将愈发完善。随着公众意识的提升，建筑将逐渐减少对外部环境的依赖，共同构建出适宜的人居环境和更美好的可持续城市。

3. 可持续发展与现代地域性建筑

地域性建筑本身就具备许多可持续发展的特点，它们是根据当地的自然生态环境，经过多年的经验积累而形成的符合生态学、建筑技术科学的基本原则，采用简单有效的技术手段，合理安排并组织建筑与各自然环境因素间的关系，使其成为与环境共生共存的有机结合体。可以说，地域性建筑是一种最为朴素的可持续发展观的产物。

可持续发展并不是一个崭新的概念，地域性建筑重视与自然环境结合本身就是一种对可持续发展概念的体现。当代建筑师将这些理念加以提炼，用新材料、新技术与老材料、老技术相结合表达出来，形成现代地域性建筑的形式。例如，福

① 曾宁燕，汪恒，时红. 关于"低碳"节能节地建筑设计的几个理念和做法：以百度大厦设计为例 [J]. 建筑创作，2010（3）：40-51.

表6-2 国际节能目标时间

地区 （国家或组织）		时间			
		2018年之前	2019年	2020年	2030年
亚洲	中国				2030年,30%的新建建筑要实现超低能耗和近零能耗,可再生能源满足新建建筑30%的能耗,既有建筑通过改造30%实现超低能耗
	日本			2020年,新建公共建筑应实现零能耗	2030年,所有新建建筑物实现平均零能耗
	韩国	2017年,实现被动房目标			2025年,实现零能耗建筑目标
美洲	美国				2030年,所有新建业务用办公楼实施零能源技术改造;2040年,50%既有业务用办公楼实施零能源技术改造;2050年,100%既有业务用办公楼实施零能源技术改造
欧洲	欧盟	2018年,所有新建公共建筑为近零能耗建筑		2020年,所有新建建筑必须为近零能耗建筑	
	英国	2016年,100%居住建筑实现零碳排放	2019年,100%非居住建筑实现零碳排放		
	德国		2019年,100%政府拥有和使用建筑实现零能耗	2020年,建筑不需要化石燃料仍可运营	
	法国			2020年,建筑实现对外供能	
	挪威	2017年,执行被动房标准			
	丹麦			2020年,建筑能耗比2006年降低75%	
	荷兰			2020年,建筑实现能源综合	
	匈牙利			2020年,建筑实现零碳排放	

斯特建筑设计事务所设计的德国柏林国会大厦改建工程(1999,图6-48),采用现代技术解决光线和节能问题,形成一个高效能的玻璃穹顶,使建筑向自然界和景观展开,可自供能量并减少污染物的排放①。又如亚洲地区的日本宫城县"能"剧舞台,包括传统木构大屋顶的舞台、钢框架支撑反坡屋顶的观众台、混凝土的展厅和一片钢骨架木条组成的半透空"屏风",在树林中组成一幅舒展、和谐的画面。同时这也是对日式屋顶的再现,用抽象的形体和细部暗示地域文化的内涵,体现文化与材料所表现出的持久的生命力及其对可持续发展做出的贡献。

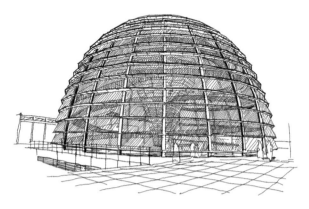

图 6-48 德国柏林国会大厦改建工程

---

① 郑东军,于莉.当代地域建筑文化分析 [J].中外建筑,2005(4):39-41.

结语　亚洲现代地域性建筑发展前瞻

地域性建筑营建是一种本土现象。不同国家和地区在长期的历史变迁和自然条件下，形成了各自具有独特风貌的建筑。在如今经济蓬勃发展的全球化信息社会，快节奏、高效率的时代特征决定着建筑发展的新趋势。面对现代建筑技术的标准化、功能类型的同一化所带来的建筑文化国际趋同化潮流，当代亚洲建筑师已经不再单纯模仿传统地域形式，而是致力于在现代新技术、新功能和新审美观念的基础上，对地域性建筑进行全新的诠释和演绎。

一、信息社会中的地域性建筑的发展

（一）社会成因与经济基础

在信息社会中，当代地域性建筑作为应对建筑文化趋同的一种策略，它起到了连接地域性建筑文化与全球建筑文化这两级的链环作用。而当代技术的支持、信息的广泛传播、哲学观念和现代生活方式的演变，则是它产生的重要基础。信息时代的节能技术也不再只是一句空喊的口号，而是可以经过计算机程序的严密计算得出的精确数据。绿色建筑不再是一种感性的想法，而是一个科学理性的定义，渗透于建筑的设计、施工和环境的方方面面。21世纪以来，亚洲各国建筑师在建筑空间和形态上进行了较多的尝试和探索，能够将新的理念融入实际作品中。

1.信息时代与国际性建筑

传统的地域性建筑产生于封闭的农业社会。当人类进入工业社会后，人类因技术的进步在一定程度上而逐渐脱离自然环境的制约。多样化的信息传播技术和多种类型的交通工具，使传统的文化隔离机制的作用日益减弱，使时空概念也发生了巨变。与此同时，大众传播媒介的应用和跨国经济的影响，使文化交流日益广泛。因而地域界线被模糊，传统地域性建筑的产生机制受到一定程度的破坏。在此情境下，人类的共同利益催生全球性共同意识，并使各国建筑文化的发展均超越自我封闭的阶段，受到全球性文化的影响，这就是国际性建筑语言存在的基础。

2.观念变革与地域性建筑

信息社会下国际性建筑的泛滥、建筑和城市文化特色的消失，使人们越来越意识到恢复建筑文化与地域的关联的重要性与紧迫性，创造当代地域性建筑文化已成为众多建筑师的追求目标。当人类跨入信息社会，数字化技术逐渐模糊了物质与精神、现实与虚拟、主体与客体之间的界限，它进一步导致了人们对传统工具理性和逻辑理性的怀疑。人们纷纷发现"传统与现代""本土与外来""地域性与国际性"等二元对立思维方法已经过时，在许多场合，它们相互融合，相得益彰，完全可以"多边互补"，进而满足人们多元的审美要求和多样化的功能需要。因此，在全球化时代，要避免文化趋同，就意味着要打破狭窄的地域视野，摒弃封闭保守的文化观念，容纳全球意识，努力发掘地域文化精华，应用新技术和新材料，根据当地条件和现代生活方式创造最符合生态节能原理和经济规律的现代地域性建筑。只有这样,才能满足地域文化可持续发展的时代要求①。

地域主义发展至今,其兼收并蓄的开放品格表现在空间和时间两个维度上。在时间维度,从浪漫地域主义到工业时期的地域主义,再到后工业时代的地域主义;在空间维度,地域主义和多种建筑思潮长期并存,并非一直作为主流派别存在,但也从未退出历史舞台。地域主义将长期成为活跃的思潮并在当代建筑界占有一席之地。(表7-1)

表7-1 当代地域主义与之前的地域主义的比较

特征	思潮类型			
	浪漫地域主义	工业时期地域主义	批判地域主义	当代地域主义
创作手法	片段的组装拼贴	形式的模仿模拟	分解、提炼、重构	多元重构
审美趣味	浪漫怀旧	商业化、符号化	象征性、隐喻性	情感化、大众化
创作观念	保守性、主观性	延续性、主观性	双重批判性、客观性、相对性	批判性、开放性、整合性
审美价值观	单一文化	单一文化	地域文化和世界文化的结合	多元共生文化
发展观	回归自然的发展观	回归传统的发展观	可持续的发展观	生态地域的发展观

(二)哲学特征与观念比较

在当代建筑创作中,地域性建筑的哲学特征主要表现在边缘拓展、对立共融以及多维探索三个方面。

1.边缘拓展

边缘拓展是当代地域性建筑创作观念的重要哲学特征。其具体表现在从传统狭义的地理环境概念向广义的地域文化观念发展。在保持原有气候环境的地域共同性的基础上,打破封闭和单一的观念,向美学观念、生活模式、宗教信仰等文化的地域共同性的方向扩展;从封闭的自律性生存系统,向开放的他律性社会文化系统转化。

同时,这种拓展也表现为深度拓展。如对气候环境的处理,不仅强调对宏观气候环境的适应,也重视建的微气候设计,即在充分考虑区域性气候影响的同时,针对建筑自身所处的环境特征,在建筑设计中对其气候因素加以充分利用和改善,以创造能充分满足人们对舒适生活的需求的室内外环境。

2.对立共融

对立要素的互融与共生是当代地域性建筑创作观念的另一哲学特征。例如,在设计中体现传统文化与现代文化、外来文化与本土文化互融,以及国际文化与地域文化相互转化的观念,或运用将乡土技术与现代技术嫁接,高技术与传统手工艺并置,现代生态技术与传统节能技术相互结合等的设计手法。

① 曾坚,蔡良娃.建筑美学 [M].北京:中国建筑工业出版社,2010:227.

同时,在新能源、新材料和现代信息技术的影响下,建筑师在创作中努力体现可持续发展观念,注重物质与精神并重、技术手段的软硬并举、材料的新旧并用……使各种矛盾元素出现多元对立又互融共生的现象。技术的生态化、地域化与情感化,改变了其与人文对立的倾向,使当代地域性建筑具有广泛兼容的特点。同时,通过矛盾因素的相互作用和相互制约,在它们的互融共生中,建筑文化系统始终保持动态平衡状态,从而充满勃勃生机。

3.多维探索

多维探索是当代地域性建筑创作观念的又一哲学特征。这一探索包括对气候与环境、技术与人文、信息与能量、生态与社会等从宏观到微观的多维探索:从关心建筑的地理特征,到表达建筑的文化环境特性;从具象形态模拟,到场所精神反映;从景色和空间的巧为因借,到气候和环境的灵活适应;从被动应对自然环境,到主动维护生态环境和创造绿色建筑的发展。同时,语言学、类型学和符号学等领域的方法的运用,极大地拓展了传统地域性建筑的艺术表达空间。

(三)一种典型的实践探索

近年来,在追求技术与人文结合的观念的影响下,当代地域性建筑又出现了"高技乡土"这种典型的实践探索,它是当代地域性建筑在技术探索方面的一种特例。所谓"高技乡土"是将高技术与地理气候、地域环境、乡土文化以及建筑的营造方法相结合,追求既有信息、智能以及生态技术功能,又充满地域文化特色的建筑创作倾向。"高技乡土"既是信息时代适宜技术的建筑观与社会审美取向互动的产物,也是全球环境下"高技建筑地域化"与"乡土建筑高技化"两极并置与互融共生的结果。

一方面,"高技建筑地域化"源于建筑中运用的生态、节能技术,其本身就必须要与地理气候环境相结合,采用适宜技术方式,节省能源,减少污染和对环境的破坏,而可持续发展设计原则的实现,更必须与自然及人文环境紧密相连;另一方面,随着信息技术与网络化技术的飞速发展,社会结构、城市功能以及生活模式均发生了极大的变化,导致一大批生态园、软件园等高新技术园区,以及大学城等知识产业园区出现,这些园区大都位于在风景秀美的近郊或远郊,追求环境、生态与信息的融合,这为"高技乡土"的出现提供了极大的可能。

"乡土建筑高技化",则是科技全球化以及世界性旅游热等因素综合作用的结果。例如,旅游、疗养与工作有机结合的现代生活模式的出现,使得风景名胜区以及生态旅游区中的建筑的功能在不断演化,并促使娱乐、商务、技术培训和科研诸功能相结合。新功能必然要求服务设施不断更新,这使这些地域性建筑的科技含量不断提高。尤其是在建筑师的主动追求下,不少地域性建筑向"高技乡土"转化。同时,在全球化环境下,出于对文化趋同的反抗,人们努力维护地域特色,而高技术条件下对情感的追求,则进一步加速了这种"高技"与"乡土"结合的创作趋势。这种创作倾向促使高技术建筑的文化内涵从全球性向地域性转化,其审美追求也从以表现"标准构件""银色外表"为特征的"高技外表美学",向以绿色、生态和信息为内涵的"高技功能美学"转化。

在当代建筑创作中,"高技乡土"大致包括乡土技术的改进与升华、乡土技术与高技术的结合以及用高技术创造当代乡土建筑等若干种探索手法。

1.乡土技术的改进与升华

乡土技术的改进与升华即提炼乡土技术中至今仍然适用的因素,并将其融入当代建筑的设计方法中,以创造新的乡土技术和适宜技术。由于采用乡土技术这种低技术可以显著地降低建筑造价,又可以赋予建筑以强烈的地方特色,作为乡土建筑现代化的过渡产物,改进与提升后的乡土技术在经济欠发达地区运用得尤其广泛。例如,埃及建筑师哈桑·法赛设计的拱顶,印度建筑师柯里亚的"管式住宅"和"开敞空间",均是这一倾向的代表性作品。再如中国建筑师冯纪忠设计的上海方塔园大门及茶室(1986,图7-1,图7-2),其基本形式取自传统民居,轻盈的竹、木材料与钢材相配合,以类似网架的现代结构系统,支撑优美、舒展的曲面屋顶。它既有乡土建筑的独特风韵,又有当代技术的精美和力度。

图 7-1 方塔园大门

图 7-2 方塔园茶室

2.乡土技术与高技术的结合

乡土技术与高技术的结合有多种方法。如"乡土与高技并置",或以高技术手段重新诠释传统乡土技术的特征等。"乡土与高技并置",是在当代建筑中同时采用乡土建筑材料与当代建筑材料,同时采用乡土技术与高技术,并且从视觉上和技术上将二者结合在一起的一种设计手法。沙特阿拉伯利雅得土维克宫借用当地堡垒和钢索拉膜帐篷的构造,成功融合了传统技术与高技术。

以高技术手段诠释乡土文化,则是完全脱离传统建筑材料和形式,在空间、形式、结构、构造等方面吸收乡土建筑精华,并以高技术的语言对其进行表达的设计手法。杨经文的"生物气候地方主义"建筑充分体现了这类建筑手法的特征,他借鉴马来西亚传统营造方式中的许多做法,如骑楼、平台、双层墙体等,但是其中几乎看不到传统材料或形式的影了,这种建筑完全是建立在新的材料、技术基础上的全新的建筑。

3.高技术创造当代乡土建筑

早期的"高技派"建筑强调建筑自身结构、功能和形式的完整性,而忽视了建筑与自然和人文环境的关系。"高技乡土"在建筑创作中,努力实现技术与自然和人文环境的完美结合,针对特定的地域环境,为乡土建筑文化注入新的内容。在以高技术创造当代乡土建筑的创作倾向中,常见的有高技术回应人文环境以及高技术回应自然环境两种倾向。

(1)高技术回应人文环境。由于地域文化特征与传统建筑语汇密不可分,在当代,一些建筑师试图发挥当代技术的巨大优势,超越以往对历史符号的肤浅模仿,以高技术抽象地提示地方文化,营造能够充分表现地域人文特点的、给人以文化认同感与归属感的场所空间。

(2)高技术回应自然环境。对特定自然环境(包括地理、气候、资源等)的重视与回应,是乡土建筑最重要的特征之一。用高技术回应自然环境并非简单地利用现代技术和新材料去模仿地域性建筑的外形,而是运用生态学的原理及信息技术,以高信息、低能耗、可循环和自调节性的设计,去创造一个适应地理气候环境、具有节能特点的新型地域性建筑。目前,为合理利用自然资源,大量生态建筑材料得到开发,包括透明绝热材料、经过改进的日光反射系统以及新的墙体构筑方式等。另外,不少应用空气动力学、仿生学等高科技领域的新材料、新技术已经研制成功,并在实践中取得了很好的效果。正确应用这些成果,能够更好地满足适应气候、节约能源等需要。例如,德国建筑师托马斯·赫尔佐格创造的仿生复合材料墙体可以随季节变化而随时调节,建筑外观也可以因之改变。

(四)若干技术性创新手段

当代地域性建筑创新的一个重要实现手段是运用可持续发展的设计模式。在建筑创新的实践探索中,当代地域性建筑灵活运用了各种设计构思方法,而"再现与抽象""对比与融合""隐喻与象征"以及"生态与数字化"则是常用的创新手法。

1."再现与抽象"表达

当代地域性建筑是在研究乡土建筑营造方式的基础上创作出来的,因此,这类建筑多包含对乡土建筑形式的再现与抽象。这种再现并非简单模仿,而是根据当代建筑的功能、结构,结合新材料、新技术创造的新的乡土建筑形式。厦门高崎机场T3航站楼(1996,图7-3)的巨大混凝土屋顶框架,体现了福建传统建筑屋脊和屋面曲线的韵味;坂仓准三(Junzo Sakakura)设计的神奈川县立近代美术馆(Museum of Modern Art, Kamakura & Hayama,1951,图7-4)使用纤细的钢框架支撑,并在建筑中布置了日本传统庭院,这些均展现了日式传统建筑的风骨。中国建筑师苏童的作品伊金霍洛旗大剧院(2011,图7-5),从当地以成吉思汗征战为内容的雕塑作品中汲取灵感:将军队中供休息之用的毡房抽象为规整的体块,并且通过体块的错动表现军队前行的动态;将战车、毡房的花纹等民族元素加以提炼和抽象概括作为建筑的装饰,使建筑具有了浓郁的地域气息[1]。崔愷设计的拉萨火车站(2006,图7-6)运用了从当地建筑形式和色彩以及山体势态中提取出的地域元素,用白色墙

图 7-3 厦门高崎机场T3航站楼

图 7-4 神奈川县立近代美术馆

① 苏童,赵园生,于洋,等."前行金帐":伊金霍洛旗大剧院 [J].建筑技艺,2009(10):90-93.

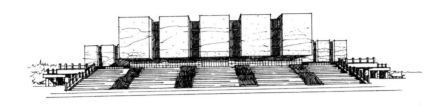

图 7-5 伊金霍洛旗大剧院

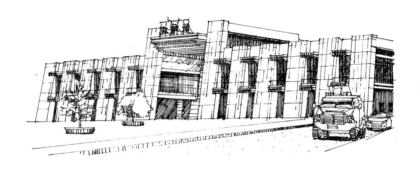

图 7-6 拉萨火车站

体和红色屋檐以及倒梯形的体块表现藏族建筑语汇,同时通过竖向的条状开窗将
建筑在水平上进行切割,从而形成前后的错落,使建筑具有山体重峦叠嶂的形态。
建筑与西藏的蓝天白云、积雪高山交相呼应,既有布达拉宫的雄浑质感又有藏族
风情,与环境文化浑然一体,宛若天成。

2."对比与融合"技巧

"对比与融合"即将传统乡土建筑的材料、构造和布局方式与当代材料和技术
结合,在质感、色彩、形体等方面取得优雅的对比效果,体现冲突中的和谐、对比中
的统一。贝聿铭设计的日本美秀博物馆(Miho Museum,1997,图7-7),虽采用传统
的建筑形体和园林式布局方式,但材料、细部等均采用高技术的处理方式。这种
手法,不仅会带来视觉上的强烈效果,而且能够唤起人们对历史和现实的双重认
同感。

3."隐喻与象征"手段

当代地域性建筑通过空间、形体、细部的处理,利用隐喻与象征的手法表达
地域文化的内涵。利哥雷塔设计的德国汉诺威2000年世界博览会墨西哥馆方案
(图7-8),是以钢与玻璃建构的具有墨西哥传统及地域特征的象征性模型。其设计
理念类似于中国造园思想的精华——"壶中日月",以小见大,它象征性地表达了
一种文化观和宇宙观。诺曼·福斯特在日本的建筑作品东京世纪塔,同样采用了

图 7-7 日本美秀博物馆

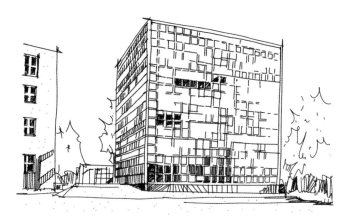

图 7-8 德国汉诺威 2000 年世界博览会墨西哥馆方案

隐喻的手法。建筑外立面的"八"字形框架、悬吊的楼板以及无柱的开敞空间体现了高技术的理念，而"K"字形的外露框架则明显借鉴了日本传统的"鸟居"形象。东京世纪塔是典型的高技术与地域文化融合的产物。

4."生态数字化"与运用

生态建筑并不是一个崭新的概念。乡土建筑重视与自然环境的结合，本身就是一种朴素的生态建筑观念。当代建筑师将相关方法加以提炼，用新材料、新技术表达出来，就形成了前所未有的建筑形式。例如，澳大利亚卡丘卡塔文化中心呈现出的形态，使建筑看上去仿佛是从地里生长出来的，该建筑完全采用自然通风，并将部分雨水收集利用；诺曼·福斯特设计的伦敦市政厅(2002，图7-9)，利用独特的形体——变形的球体，通过计算和验证来尽量减小建筑在夏季受太阳直射的面积，同时采用一系列主动和被动遮光装置，有效降低能耗。数字化技术的应

图 7-9 伦敦市政厅

用,是广义地域性建筑的又一典型创新手段。无论是在设计过程中数字化模型对建筑空间、形体的塑造方面,还是在建筑的智能化管理、生态控制等方面,数字技术都起到了越来越重要的作用。例如,日本东洋村的砖石工艺博物馆,其屋顶采用传统的木构,同时借鉴当代空间网架的做法,并以钢件加固。建筑师在研究木杆件与钢件的空间组合方式时,使用了计算机模型。美国加利福尼亚再生研究中心则是利用数字化生态控制建筑系统的范例。该建筑采取高科技控制手段,充分利用太阳能等自然资源,满足通风、温度调节、采光、供电等需求,并实现了能源的循环利用。

以上提到的探索方向与建筑创新手法,往往同时出现、相辅相成。信息社会下的当代地域性建筑的发展是一个开放和动态的过程,其生命力在于融合与拓展,尤其是在信息和生态技术的支持下,其已成为21世纪以来建筑发展的重要方向。

二、对中国地域性建筑创作的反思

中国的地域性建筑创作在不同的时代背景下表现出不同的特点。中华人民共和国成立以来,国内变动的政治环境始终影响着地域性建筑的创作。改革开放以后,国内的政治环境相对于前30年而言更为稳定与连续,国内经济的高速发展与政治环境的开放也为建筑创作提供了良好的条件。在全球化语境下,中国建筑如何在走向现代化的同时又找回自己的"民族之根"是中国建筑发展面临的实践性课题。中国由于不同地区的社会环境差异较大,在历史长期磨炼中产生了多种多样的地域性建筑文化,这对建筑师而言是一笔巨大的精神财富。在全球化带来的现代价值观与本土的地域性建筑文化相互冲突并相互交融的今天,在现代与传统之间如何抉择,在新的时代背景中如何实现中国地域文化的成功转译,将是建筑师长期面临的一个重要问题。

中华人民共和国成立以来,地域性建筑的发展始终充满着挑战与矛盾。现代建筑的强势入侵破坏了中国城市的特色并唤起了中国建筑师对自身文化的觉醒,但是在西方建筑理念指导之下的地域性建筑创作又出现了很多与中国现实环境相矛盾的地方,这使得中国建筑师开始深入自己的传统文化之中去寻求问题的解决之道。另外,一些建筑师受制于现实的社会环境,社会责任感缺失,这使得一些劣质设计充斥着中国的建筑市场,在传统的乡土建筑不断被破坏的同时,也使得地域性建筑的发展受到了很大程度的制约。在有关地域性建筑的探索中,虽然不乏成功的建筑作品,但是从总体来看更多的建筑还是停留在形式层面,难以从更深层次的角度去表达地域文化精神。

进入新纪元,中国建筑师在世界站稳脚跟,这与其优质的建筑实践作品和获奖后得到多次曝光的机会密不可分。他们的创作理念能够为西方价值观念所认可,他们想要表达的建筑观念能够为世界主流所接受,这在很大程度上推动了中国当代建筑的向前发展,提高了其国际定位。从无到有到多的获奖现象绝非偶然,获奖建筑与建筑师足够成为这个时代的风向标。建筑师群体的建筑实践与多元环境融合,他们的技术创新探索能够为未来提供启示和借鉴,进而使更多富有人文关怀、真实呈现地域文化、融合传统与现代的建筑出现,促进中国建筑实践水平的整体提升。多元文化嵌套,本土与全球的融合,这些挑战需要以超越时空、跨越界限的视角去再次审视。一代代中国建筑师的努力与突破,预示着更为理性的传统文化的诠释和新技术美学的树立。由此,在文化重新洗牌后,中国现代建筑实践发展的新境域将形成。

弗兰姆普敦曾经说过:"所有文化,不论是古老的还是现代的,其内在的发展都依赖于与其他文化的交融。"[1]地域性建筑本身就是建筑师的态度与社会责任感的体现,在当前西方价值观与中国传统理念相互冲突的环境下,对地域性建筑文化的继承不仅是保留中国传统文化的一种重要手段,同时还是向世界展示自我、使中国文化走向世界的一个重要途径。

在全球化的信息时代,相对于工业时代更注重的是综合性的思维模式,它突破了二元对立的文化价值观念,着眼于资源上的优势互补。中国地域性建筑文化的发展需要植根于各地本身的地域特点,结合自身的实际状况找出问题的症结并提出相应的解决方式,并以此为基点来选择性吸收现代建筑理念中的成分,将其整合到自己的地域性建筑中去。不论是对地域性建筑文化的继承,还是对现代建筑理念的吸收,都必须考虑到地域环境中的真正需求,既不能对传统建筑照搬照抄,也不能盲目引进现代建筑模式。体现个性与创意的建筑形式是由地方特点发

---

[1] 肯尼斯·弗兰姆普敦. 现代建筑: 一部批判的历史 [M]. 张钦楠, 等译. 北京: 生活·读书·新知三联书店, 2004: 355.

展出来的,能够让使用者感受到其独特性。建筑师必须全身心地投入创作之中,用空间表达所想,体现当地特色。正如地域性建筑大师巴瓦所言:"人们感受到空间的乐趣就如同我在设计和建造房屋时所感受的一样。我深信建筑是无法用言语来解释的,必须去体验,就像人生一样!"在全球化的潮流中,建筑师需要摒弃浮躁的心态,正确认识各种建筑流派与观念,认清所应担负的责任,而如何立足于地域文化与人们的真实需要设计出实在的建筑,需要结合文化与时代特征,认真思索。